国家出版基金资助项目

Projects Supported by the National Publishing Fund

国家出版基金项目
NATIONAL PUBLICATION FOUNDATION

钢铁工业协同创新关键共性技术丛书

主编　王国栋

钢包底喷粉精炼技术

New Refining Technology of Ladle Bottom Powder Injection

朱苗勇　娄文涛　程中福　著

北　京

冶 金 工 业 出 版 社

2021

内 容 提 要

本书主要介绍钢包底喷粉精炼（L-BPI）新工艺。该工艺通过专用底喷粉元件及装备系统，以氩气为载体，从钢包底部喷入精炼粉剂实现钢包内高效脱硫等处理。本书从钢水渗漏、粉剂堵塞、喷吹元件使用寿命、底喷气–粉–钢液多相流行为与脱硫动力学、工业应用等方面详细阐述了该新工艺的理论和技术的突破性创新成果。

本书可供从事钢铁生产的工程技术人员、管理人员阅读，也可供冶金工程专业的高等院校师生及科研人员参考。

图书在版编目（CIP）数据

钢包底喷粉精炼技术/朱苗勇，娄文涛，程中福著 . —北京：冶金工业出版社，2021.5

（钢铁工业协同创新关键共性技术丛书）

ISBN 978-7-5024-8939-7

Ⅰ.①钢⋯ Ⅱ.①朱⋯ ②娄⋯ ③程⋯ Ⅲ.①钢水—喷粉（冶金）Ⅳ.①TF769.3

中国版本图书馆 CIP 数据核字（2021）第 197109 号

钢包底喷粉精炼技术

出版发行	冶金工业出版社	**电　话**	(010)64027926
地　址	北京市东城区嵩祝院北巷 39 号	**邮　编**	100009
网　址	www.mip1953.com	**电子信箱**	service@ mip1953.com

责任编辑　卢　敏　美术编辑　彭子赫　版式设计　禹　蕊
责任校对　石　静　责任印制　李玉山
北京捷迅佳彩印刷有限公司印刷
2021 年 5 月第 1 版，2021 年 5 月第 1 次印刷
710mm×1000mm　1/16；15.5 印张；303 千字；234 页
定价 112.00 元

投稿电话　(010)64027932　投稿信箱　tougao@cnmip.com.cn
营销中心电话　(010)64044283
冶金工业出版社天猫旗舰店　yjgycbs.tmall.com
（本书如有印装质量问题，本社营销中心负责退换）

《钢铁工业协同创新关键共性技术丛书》总　序

　　钢铁工业作为重要的原材料工业，担任着"供给侧"的重要任务。钢铁工业努力以最低的资源、能源消耗，以最低的环境、生态负荷，以最高的效率和劳动生产率向社会提供足够数量且质量优良的高性能钢铁产品，满足社会发展、国家安全、人民生活的需求。

　　改革开放初期，我国钢铁工业处于跟跑阶段，主要依赖于从国外引进产线和技术。经过40多年的改革、创新与发展，我国已经具有10多亿吨的产钢能力，产量超过世界钢产量的一半，钢铁工业发展迅速。我国钢铁工业技术水平不断提高，在激烈的国际竞争中，目前处于"跟跑、并跑、领跑"三跑并行的局面。但是，我国钢铁工业技术发展当前仍然面临以下四大问题。一是钢铁生产资源、能源消耗巨大，污染物排放严重，环境不堪重负，迫切需要实现工艺绿色化。二是生产装备的稳定性、均匀性、一致性差，生产效率低。实现装备智能化，达到信息深度感知、协调精准控制、智能优化决策、自主学习提升，是钢铁行业迫在眉睫的任务。三是产品质量不够高，产品结构失衡，高性能产品、自主创新产品供给能力不足，产品优质化需求强烈。四是我国钢铁行业供给侧发展质量不够高，服务不到位。必须以提高发展质量和效益为中心，以支撑供给侧结构性改革为主线，把提高供给体系质量作为主攻方向，建设服务型钢铁行业，实现供给服务化。

　　我国钢铁工业在经历了快速发展后，近年来，进入了调整结构、转型发展的阶段。钢铁企业必须转变发展方式、优化经济结构、转换增长动力，坚持质量第一、效益优先，以供给侧结构性改革为主线，推动经济发展质量变革、效率变革、动力变革，提高全要素生产率，使中国钢铁工业成为"工艺绿色化、装备智能化、产品高质化、供给服务化"的全球领跑者，将中国钢铁建设成世界领先的钢铁工业集群。

2014 年 10 月，以东北大学和北京科技大学两所冶金特色高校为核心，联合企业、研究院所、其他高等院校共同组建的钢铁共性技术协同创新中心通过教育部、财政部认定，正式开始运行。

自 2014 年 10 月通过国家认定至 2018 年年底，钢铁共性技术协同创新中心运行 4 年。工艺与装备研发平台围绕钢铁行业关键共性工艺与装备技术，根据平台顶层设计总体发展思路，以及各研究方向拟定的任务和指标，通过产学研深度融合和协同创新，在采矿与选矿、冶炼、热轧、短流程、冷轧、信息化智能化等六个研究方向上，开发出了新一代钢包底喷粉精炼工艺与装备技术、高品质连铸坯生产工艺与装备技术、炼铸轧一体化组织性能控制、极限规格热轧板带钢产品热处理工艺与装备、薄板坯无头/半无头轧制+无酸洗涂镀工艺技术、薄带连铸制备高性能硅钢的成套工艺技术与装备、高精度板形平直度与边部减薄控制技术与装备、先进退火和涂镀技术与装备、复杂难选铁矿预富集-悬浮焙烧-磁选（PSRM）新技术、超级铁精矿与洁净钢基料短流程绿色制备、长型材智能制造、扁平材智能制造等钢铁行业急需的关键共性技术。这些关键共性技术中的绝大部分属于我国科技工作者的原创技术，有落实的企业和产线，并已经在我国的钢铁企业得到了成功的推广和应用，促进了我国钢铁行业的绿色转型发展，多数技术整体达到了国际领先水平，为我国钢铁行业从"跟跑"到"领跑"的角色转换，实现"工艺绿色化、装备智能化、产品高质化、供给服务化"的奋斗目标，做出了重要贡献。

习近平总书记在 2014 年两院院士大会上的讲话中指出，"要加强统筹协调，大力开展协同创新，集中力量办大事，形成推进自主创新的强大合力"。回顾 2 年多的凝炼、申报和 4 年多艰苦奋战的研究、开发历程，我们正是在这一思想的指导下开展的工作。钢铁企业领导、工人对我国原创技术的期盼，冲击着我们的心灵，激励我们把协同创新的成果整理出来，推广出去，让它们成为广大钢铁企业技术人员手中攻坚克难、夺取新胜利的锐利武器。于是，我们萌生了撰写一部系列丛书的愿望。这套系列丛书将基于钢铁共性技术协同创新中心系列创新成果，以全流程、绿色化工艺、装备与工程化、产业化为主线，结合钢铁工业生产线上实际运行的工程项目和生产的优质钢材实例，系统汇集产学研协同创新基础与应用基础研究进展和关键共性技术、前沿引领技术、现代工程技术创新，为企业技术改造、转型升级、高质量发展、规划未来发展蓝图提供参考。这一想法得到了企业广大同仁的积极响应，全力支持及密切配合。冶金工业出版社的领导和编辑同志特地来到学校，热心指导，提出建议，商量出版等具体事宜。

国家的需求和钢铁工业的期望牵动我们的心，鼓舞我们努力前行；行业同仁、出版社领导和编辑的支持与指导给了我们强大的信心。协同创新中心的各位首席和学术骨干及我们在企业和科研单位里的亲密战友立即行动起来，挥毫泼墨，大展宏图。我们相信，通过产学研各方和出版社同志的共同努力，我们会向钢铁界的同仁们、正在成长的学生们奉献出一套有表、有里、有分量、有影响的系列丛书，作为我们向广大企业同仁鼎力支持的回报。同时，在新中国成立 70 周年之际，向我们伟大祖国 70 岁生日献上用辛勤、汗水、创新、赤子之心铸就的一份礼物。

中国工程院院士　王国栋

2019 年 7 月

前　言

　　洁净钢生产事关企业的效率、水平和竞争力。目前生产低硫钢或超低硫钢的冶炼工艺路线主要通过铁水预处理-转炉-精炼-连铸长流程工艺来实现，存在生产流程长、消耗高、效率低等问题，迫切需要开发高效、低成本的炉外处理新技术。东北大学在国际上首次提出了钢包底喷粉精炼新工艺技术（L-BPI），其通过专用底喷粉元件及装备系统，以氩气为载体，从钢包底部喷入精炼粉剂实现钢包内高效脱硫等处理。该技术成功开发后，可实现免铁水预脱硫处理工序生产低硫钢，而且通过 RH 底喷粉（RH-BPI）实现免 LF 工序生产超低硫钢，从而缩短钢铁冶炼生产工艺流程，大幅提高生产效率，降低生产成本与能耗。

　　L-BPI/ RH-BPI 是具有变革传统洁净钢生产流程的重大创新技术，其成功开发及应用，不仅给钢铁行业提供了一项新的精炼技术，改变我国在炉外处理工艺技术方面依赖引进、跟踪、模仿而无原创性技术的局面，而且对钢铁生产的节能减排影响深远；不仅可实现不用铁水预脱硫生产低硫钢，而且也为 LF 脱硫高效化或取消 LF 脱硫处理生产超低硫钢开辟一条新途径。尤其是 BPI 与 RH 结合形成的 RH-BPI 新工艺，其发展潜力巨大，将对高端产品的高效、低成本生产产生极其重要影响。

　　本书的主要内容是基于东北大学冶金学院朱苗勇教授课题组长期在新一代喷射冶金技术研究开发的工作积累。通过十五年的努力，并在国家自然科学基金委的资助下，课题组目前已解决了此精炼新工艺所涉及的渗漏、堵塞、安全、稳定、高效等关键科学和技术难点问题，研制出了适用于大吨位钢包的抗磨损和耐侵蚀的喷粉元件，开发了长寿命防渗漏装置，解决了由渗钢所造成的喷粉元件堵塞难题；突破了超细狭缝元件中粉剂输送的关键工艺技术，开发了新型喷粉装置和"一键式"操作控制系统，实现了"喷气—喷粉—吹扫—回收"一键自动控制，确保了底喷粉系统的稳定长效运行机制，完成了工业级钢包底喷粉应用试验研究。

全书共分为8章，第1~5章主要针对底喷粉元件钢水渗透和粉剂堵塞问题，从理论上描述了钢液缝隙渗漏行为，揭示了粉剂堵塞缝隙的机制和磨损规律，提出了底喷粉元件的设计理论。第6章介绍了抗磨损和耐高温侵蚀喷粉元件的研制，以及新型喷粉装置和一体化自动控制系统的研发情况。第7章介绍了钢包底喷粉新工艺多相流传输行为及精炼动力学反应的内在机制，阐明了喷粉工艺参数对精炼效率效果的影响规律。第8章介绍了钢包底喷粉的高温热态实验和45t钢包工业试验情况。

限于作者的水平，书中错误和不足之处敬请读者谅解。感谢国家出版基金资助以及冶金工业出版社的大力支持。

作　者

2020 年 12 月

目　　录

1 钢包底喷粉精炼新工艺

1.1 洁净钢与炉外精炼技术

1.1.1 洁净钢

随着科学技术的进步和经济的发展,尤其是航天、造船、核工业、建筑、交通等行业技术的发展,对钢的质量提出了越来越高的要求,促进了钢铁材料生产行业洁净钢生产技术的迅速发展。近年来,优化钢铁生产流程、升级钢铁产品、提高企业竞争能力已成为钢铁企业发展的核心任务,建设和优化高效率、低成本洁净钢平台已成为当今世界钢铁企业重要发展目标[1]。

洁净钢(clean steel)一词最早是 1962 年由 Kiessling 给英国钢铁学会起草的特别报告中首先提出的[2],泛指 O、S、P、H、N 以及 Pb、As、Cu、Zn 等杂质元素含量低的钢,由此衍生了洁净钢生产技术的快速发展。20 世纪 70 年代末至 80 年代初,大型油气田的开发及油气输送对钢材耐高压、耐 H_2S 和 CO_2 腐蚀、耐低温及海底环境方面提出了更高的要求,在这种大环境下,各国钢厂激烈的竞争促使洁净钢从理论走向量化生产,洁净钢生产平台在欧、美、日的一些著名钢铁企业出现,并从超低碳钢到高碳钢的广泛领域拓展[3]。进入 21 世纪,洁净钢生产技术走向成熟,洁净钢生产水平已成为体现企业综合竞争能力的重要标志之一,探究建设低成本、高效率洁净钢平台的共性技术成为国内外钢铁企业关注的焦点[4~6]。

1.1.2 洁净钢生产流程

用户对钢产品生产和使用性能不断提出越来越高的要求,这从客观上要求钢铁企业生产优质的钢材。钢中有害元素和非金属夹杂物的数量、形态、尺寸及分布对钢的加工性能和使用性能具有重要影响,降低钢中有害元素和非金属夹杂物的数量,改变夹杂物形态和分布,减小夹杂物尺寸可有效提高钢产品性能。因此,优异的钢品质与钢的洁净度密不可分,生产洁净钢是提供优质钢材的前提。

炉外精炼是生产洁净钢不可缺少的技术手段,其冶金功能是传统炼钢方法无法比拟的,采用炉外精炼技术不但可以提高钢质量、扩大品种、缩短冶炼时间,而且还可以降低成本,提高生产率,明显改善生产节奏。近 20 年来,洁净钢生产平台迅速发展，基于炉外精炼技术逐渐发展起来的洁净钢生产流程主要分为两类[7]，一类是欧美国家广泛采用的洁净钢生产流程，称为传统洁净钢生产流程；另一类是日本开发的洁净钢生产流程，又称为新一代洁净钢生产流程。图1-1给出了传统洁净钢生产流程示意图，由图可知，该流程采用了高炉→铁水预处理→转炉→钢液二次精炼→连铸生产的工艺。

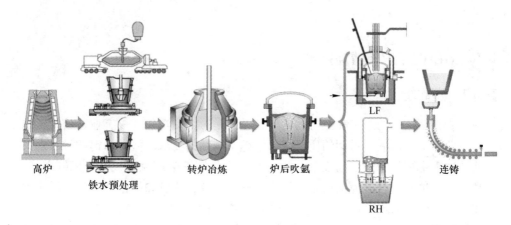

图1-1　传统洁净钢生产流程图

显然，该工艺有如下特点：全量铁水进行脱硫预处理，传统转炉脱磷、脱碳，LF深脱硫和脱氧，RH脱气，以及全连铸工艺。传统洁净钢生产流程存在如下诸多技术问题：

（1）炉外精炼技术是传统流程中钢液提纯的主要手段，这导致生产批量小，精炼工艺流程长，不稳定因素增加。

（2）生产过程中存在回硫、低碳脱磷和钢液过氧化等基本矛盾，精炼反应导致钢液反复提纯而又反复污染，造成洁净钢生产不稳定。

（3）渣量大，渣循环困难。

这些问题必然导致洁净钢生成过程不稳定、生产效率低、能耗高、二氧化碳排放量大，从而极大增加了洁净钢生产成本，更不利于发展环境友好型洁净钢生产技术。

为克服传统洁净钢生产工艺的弊端，日本学者提出了"分阶段冶炼"洁净钢生产工艺，该工艺经过20年发展和完善形成如图1-2所示的生产流程，即采用对硅含量进行严格控制→全量铁水"三脱"预处理→转炉少渣冶炼→高碳出钢→RH-KTB热补偿→连铸的生产流程，在提高生产效率、降低成本以及稳定控制生产节奏方面取得不错的效果。

这一类洁净钢生产流程与传统欧美洁净钢生产流程最大的差别在于铁水预处

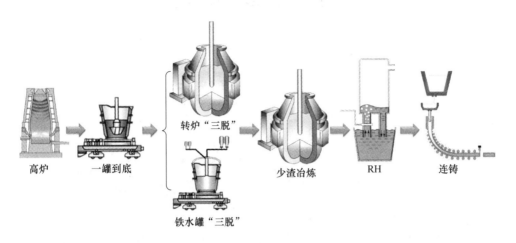

图 1-2 日本洁净钢生产流程

理脱硫后的操作,即在两个转炉上分别进行了"三脱"处理,钢液中杂质元素去除率明显提高,我国首钢京唐公司采用了这一类洁净钢生产技术[8]。尽管该洁净钢生产流程较传统流程在稳定生产、提高生产率、降低成本等方面有了明显提高,但生产流程长、效率低、能耗高、企业三废排放量大仍是不争的事实。因此,建设和优化更高效率、更低成本的新一代洁净钢生产平台仍是当前钢铁企业广泛关注的问题,也是钢铁工业绿色化发展的内在要求。

1.1.3 炉外精炼

铁水预处理和钢液二次精炼作为炉外精炼的重要技术手段是当前洁净钢生产流程中必不可少的。通过铁水预处理可实现脱硅、脱硫及同时脱磷、脱硫的目的,采用钢液二次精炼可完成脱除有害元素（C、H、N、O、S）、去除夹杂物及控制夹杂物形态、调整成分和均匀温度等任务。因此,炉外处理技术在提高钢质量、扩大品种、缩短冶炼时间、降低成本、提高生产率、改善生产节奏等方面起着至关重要的作用,是推进高效率、低成本洁净钢生产重要的技术基础。

采用炉外精炼技术不仅可以显著改善冶金化学反应热力学条件,加速熔池传质速度,增加渣-钢反应面积,提高化学反应速率,而且还可以调整钢液成分、均匀温度,精确控制化学反应条件,使冶金反应更趋近平衡。自 20 世纪 60 年代以来,炉外精炼技术蓬勃发展,欧、美、日的一些钢铁企业发明了许多钢液炉外处理的新技术,所采用的手段主要包括搅拌、加热、真空冶炼、渣洗、喷吹和喂丝等。表 1-1 给出了典型钢液二次精炼技术发展简况、主要功能及相应的衍生技术[9]。

表 1-1　典型钢液二次精炼技术及相应衍生技术[9]

方法简称	方法简述	开发年份及公司	主要功能	衍生技术
RH	钢液真空循环脱气法	1957 年德国的 Ruhrs-tahl-Heraeus	真空脱碳、脱气、脱硫、脱磷、升温、均匀钢液温度成分和去除夹杂物	RH-OB、 RH-KTB、RH-PB、RH-Injection
ASEA-SKF	电弧加热真空钢包精炼法	1965 年瑞典的 ASEA-SKF	电弧加热、带电磁搅拌和真空脱气，用于生产不锈钢和轴承钢	
VOD	真空吹氧脱碳	1965 年德国的 Witten	脱碳、脱氧、脱气、脱硫及合金化，主要用于生产不锈钢或超低碳合金钢	SS-VOD、 K-VOD、VODC
VAD	真空电弧加热去气法	1967 年美国的芬克尔父子公司·摩尔公司	电弧加热、吹氩搅拌、真空脱气、包内造渣、合金化	K-VAD
CAB/TN SL	钢包喷射冶金	1974 年德国的 Thyssen-Niederrhein，1976 年斯堪的纳维亚喷枪公司	根据工艺要求进行充分脱氧，然后脱硫，也可以喷吹合金粉，进行合金化处理	
CAS	成分调整密封吹氩法	1975 年日本的新日铁、八幡制铁所	调整钢液中合金元素含量，均匀温度和成分	CAS-OB

各类精炼手段相互结合衍生出一系列的钢液二次精炼技术。根据方法原理、工艺及装置上的特点，大体可分为循环真空脱气法、电弧加热真空精炼法、真空钢包处理、钢包吹氩、钢包喷射冶金等，这些炉外精炼工艺及设备自然成为洁净钢生产关注的焦点，是洁净钢生产的核心技术。

1.2　喷射冶金

1.2.1　喷射冶金及其发展

喷射冶金是 20 世纪 60 年代发展起来的一项冶金技术，其采用压缩气体（氩气、氮气等）作载体，将精炼粉剂或合金粉末连续喷入钢液内部，实现快速调整钢液成分、脱硫、脱氧、去夹杂、改变夹杂物形态、提高合金收得率与钢洁净度的目的。该技术的出现就在世界各国迅速发展，广泛应用于钢包精炼、真空钢包处理、循环真空脱气钢包等，如图 1-3 所示。

1.2.1.1　钢包喷射冶金法

钢包精炼过程中涉及喷射冶金的精炼方法较多，主要有法国的 IRSID 法、德国的 TN 法和瑞典的 SL 法。其中，IRSID 法是法国钢铁研究院于 1963 年首先提出的，该法配以辅助喷粉设备，采用喷枪将精炼粉剂或合金化粉剂直接喷入钢包

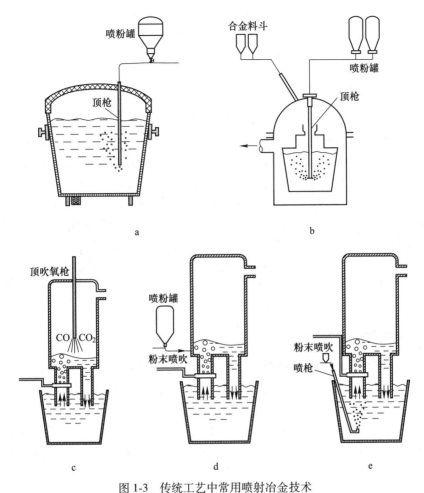

图 1-3 传统工艺中常用喷射冶金技术

a—SL；b—V-KIP；c—RH-Kawasaki Top Blowing（RH-KTB）；d—RH-PB；e—RH-Injection

熔池中，以实现精炼的目的；TN 法是德国 Thyssen-Niederrhein 公司于 1974 年开发的，采用浸入式喷枪向钢液喷射碱土金属或其他化合物的精炼方法，如图 1-3a 所示；SL 法是瑞典斯堪的纳维亚喷枪公司（Scandinavian Lancers AB）于 1976 年研制成功的，投产后得到了迅速发展和推广，该方法也是采用浸入式喷枪直接将精炼粉剂或合金粉剂喷入熔池内部。

1.2.1.2 真空钢包处理喷射冶金法

代表性的真空钢包处理喷射冶金法是 V-KIP（Vacuum-Kimizu Injection Process）法，如图 1-3b 所示，新日铁于 1984 年研发成功，并在君津制铁所第二炼钢厂投产。该方法采用浸入式喷枪从钢包顶部连续不断地将粉剂喷入钢包熔池，具有 KIP 钢包精炼和真空处理的双重功能，处理时间短，精炼效率高。由于在真空条件下进行喷粉精炼，因此其脱氢、脱硅、脱氧、脱硫的能力大幅度提高，而且还可以向钢液中连续加钙，显著改善耐酸管线用钢的耐裂性能。

1.2.1.3 RH 喷射冶金法

喷射冶金与循坏真空脱气 RH 结合实现的喷粉技术主要有 RH-PTB、RH-PB（见图 1-3d）、RH-Injection（见图 1-3e）等。其中，RH-PTB（Ruhrsstahl Heraeus-Powder Top Blowing）法是在 RH-KTB（见图 1-3c）基础上配备喷粉装置，采用顶枪向真空室钢液喷吹粉剂进行脱硫处理。喷粉过程顶枪未与钢液接触，属于非接触式喷粉，该方法喷枪不受钢液侵蚀，无耐火材料损耗，无堵塞，喷吹稳定。

RH-Injection 法和 RH-PB 法都属于浸入式喷粉，喷枪都与钢液直接接触，其中 RH-Injection 法直接将喷枪插入钢包熔池，通过附加喷粉装置将粉剂喷入钢液内部；RH-PB 法是在真空室底部配备喷粉装置，将粉剂直接喷入钢液内部，该方法通过喷吹脱硫剂可产出 $w[S] \leqslant 0.001\%$ 的超低硫钢液，而经过 RH-PB 喷粉脱磷处理可产出 $w[P] \leqslant 0.002\%$ 的超低磷钢[10]。

1.2.2 喷射冶金技术特点

如上文所述，喷射冶金利用气体作载体，连续不断地将粉体喷入钢液内部，明显改善冶金过程物理化学反应的动力学条件，增强传质传热过程，过程连续可控，喷射冶金有如下技术特点[11]：

（1）加快反应速率。冶金物料以细粉体形态喷入钢液深部，能够显著增大反应表面积，粉体上浮过程与钢液充分接触，增强了与钢液之间传质传热能力，熔池内反应动力学条件好，反应速率高。

（2）吹气搅拌作用。喷吹精炼过程，载气流对熔池有强烈搅拌作用，不仅促进了粉体-钢液间热交换和传质过程，而且还具备吹氩搅拌技术的优点。

（3）提高合金收得率。常规加料方法不仅合金收得率低，而且对于密度与钢液相差很大的合金材料、活性元素材料（Al、Ti、B 及稀土元素等）及在炼钢温度下蒸气压高的元素（Ca、Mg 等）很难加入钢液中，采用喷射冶金方法可以很好解决此类元素的加入问题，而且能够防止其氧化，有效提高合金收得率。

（4）实现连续供料与控制供料。采用喷射冶金技术可以实现连续稳定供料，控制粉剂加入种类、喷入速率、喷吹时间、喷吹次序及喷入量等，合理地控制熔池内反应，控制夹杂物去除及夹杂物形态，提高精炼效果。

（5）设备改造成本低，灵活性大，易实现。

1.2.3 传统喷射冶金的缺陷

虽然国内外学者自 20 世纪 70 年代以来对喷射冶金工艺技术进行了大量的理

论、实验研究及工业实践，但精炼粉剂或合金粉末的喷吹都是通过由耐火砖制成的顶枪插入铁水或钢液来实现的。根据喷枪与钢液的接触方式，传统喷射冶金方法可分为两类，即非接触式喷粉和直接接触式喷粉。像非接触式喷粉，如 RH-PTB，在操作过程中常遇到如下问题[12]：

（1）枪位控制问题。枪位过高，脱硫效果差，且粉气流易冲刷真空室内壁，缩短 RH 服役寿命；枪位过低，喷枪易被钢液烧坏，或黏结钢液形成结冷钢，造成喷吹堵塞。

（2）喷枪成本问题。喷枪结构复杂，包括水冷装置及粉气流通道，由多层无缝钢管制成，成本高。

（3）应对突发事件（停电、停水等）不够灵活，易引发事故。

对于直接接触式喷粉法，如 SL、TN、KIP、V-KIP、RH-PB 等，通过浸入式喷枪，向钢液喷吹合金粉或精炼粉剂，大大改善了熔池内反应动力学条件，该工艺反应速率快、处理周期短。20 世纪七八十年代，该技术在世界各地区的钢厂得到迅速推广和应用，但此工艺亦存在以下诸多缺点：

（1）喷枪服役寿命问题。喷枪直接浸入到钢液中，受钢液侵蚀严重，属于消耗品。目前浸入式喷粉法采用的喷枪多为非自耗式喷枪，价格高，服役寿命短，大大增加了精炼成本。

（2）操作稳定性问题。精炼过程钢液深度变化较大，而喷枪行程一定，喷枪的浸入深度不稳定，不利于生产顺利进行；另外，喷枪下降过程容易触碰凸包，严重影响钢液处理计划和生产调度。

（3）钢液二次污染的问题。喷枪工作环境恶劣，枪体耐火材料易剥落或断裂，严重影响钢液质量。

（4）应急处理问题。应对诸如停电之类突发事件不够灵活，若遇停电，喷枪将被损毁，整包钢液亦可能报废。

显然，无论接触式喷粉还是非接触式喷粉都受诸多技术难题制约，开发高效率、低成本、安全稳定的炉外处理新工艺技术显得十分迫切而重要，也是建设新一代洁净钢冶炼平台的内在要求。

1.3 钢包底喷粉精炼新工艺

当前，通过安装在钢包底部的透气砖吹氩已是最为普遍而简捷的炉外精炼手段，如果能开发出通过安装在钢包底部透气砖位置的元件喷吹精炼粉剂或合金粉的精炼新工艺，就可以克服上述顶枪喷粉工艺存在的缺陷，并有可能解决目前炉外处理中存在的问题。正是基于此思路，东北大学朱苗勇教授[13]提出了采用狭缝式透气砖进行钢包底喷粉精炼的新一代钢包喷射冶金工艺技术 L-BPI（Ladle-Bottom Powder Injection），如图 1-4 所示，该工艺可以通过以下步骤来实现：

（1）研发可安装在钢包底部透气砖位置的底喷粉元件以喷吹精炼粉剂或合金粉。

（2）开发配套的喷粉设备及控制系统，以精确检测和控制粉体喷吹速率，实现自动喷粉。

（3）改造供气系统以适应钢包底喷粉精炼新工艺要求，实现精确可控、连续稳定供气。

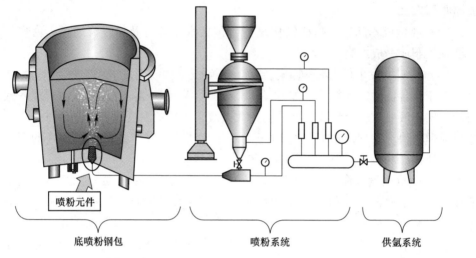

图 1-4　新一代钢包喷射冶金工艺技术——钢包底喷粉精炼新工艺

L-BPI 不同于传统的喷射冶金工艺，它摒弃了昂贵的顶枪设计以及相应的升降设备，在不改变原有钢包底吹氩工艺的基础上，以底喷粉元件取代吹氩透气砖，采用配套喷粉设备将粉剂从钢包底部连续稳定地喷入钢液内部，在继承传统喷射冶金技术优点的基础上，该工艺还具有如下优势：

（1）成本优势。该工艺不改变原钢包底吹氩工艺布局，改造成本低，易实现；采用喷粉元件替代顶枪装置，安全可靠，不仅避免了钢液二次污染，而且喷粉元件制作工艺及热更换技术成熟，有利于生产顺利进行。

（2）冶炼效果优势。气量可调节的范围大，可满足各种条件的底喷粉要求，搅拌效果比顶吹理想，该工艺脱硫率可在 85% 以上，脱硫时间可有较大幅度缩短；喷吹合金粉末时，合金收得率明显提高，冶炼成本大大降低。

（3）应用前景优势。钢包底喷粉技术作为一项基础的炉外精炼手段，可以与诸多炉外精炼工艺结合开发新的冶炼技术及工艺，例如，钢包底喷粉工艺与真空循环脱气 RH 技术结合可开发真空循环脱气底喷粉 RH-BPI 工艺[14]，如图 1-5a 所示；与单嘴真空脱气精炼技术 DH 结合可开发单嘴真空脱气底喷粉 DH-BPI 工艺[15]，如图 1-5b 所示；与真空钢包处理技术结合可开发真空钢包底喷粉工艺[16]，如 VAD-BPI 法、VOD-BPI 法等，如图 1-5c 和 d 所示。这些新兴的工艺技术将明显提升二次精炼效率和效果，对炉外处理和生产流程的变革有着重要的作用。目前对超低硫钢生产是在铁水预处理和转炉冶炼的基础上，还需要进行钢液二次深脱硫，方法主要有 LF 搅拌脱硫、RH 喷粉脱硫、钢包顶枪喷粉脱硫。采用钢包底喷粉精炼新工艺，不仅可以考虑不进行铁水脱硫预处理，而且也可以考虑不进行 LF 长时间深脱硫处理，以实现超低硫钢生产。

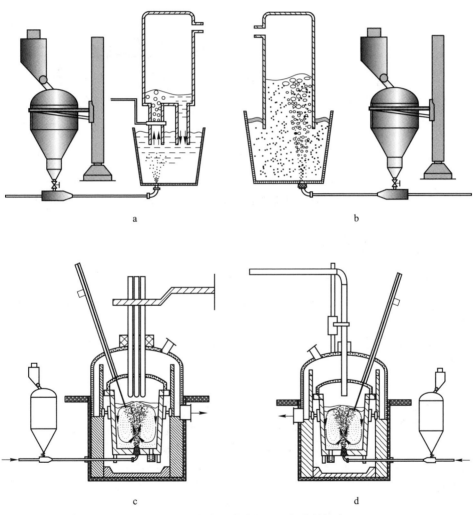

图 1-5 钢包底喷粉精炼衍生的底喷粉技术
a—RH-BPI；b—DH-BPI；c—VAD-BPI；d—VOD-BPI

（4）形成新一代洁净钢生产流程。钢包底喷粉精炼新工艺属于一种全新的炉外精炼工艺，对钢的炉外处理和生产流程变革具有重要影响。如图1-6所示，采用L-BPI技术形成新一代洁净钢生产流程，不仅明显提升了钢液二次精炼效率和效果，而且对于低硫钢生产可以考虑不进行LF处理，甚至可以考虑不进行铁水脱硫预处理工艺。因此，该技术在缩短整个生产工艺流程、节能降耗、降低成本、提高效率方面具有无可比拟的优势，对高效率、低成本洁净钢平台建设具有重要意义。

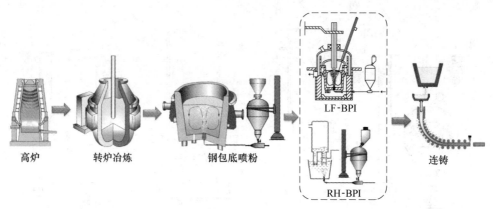

图1-6　应用钢包底喷粉精炼技术的洁净钢生产流程

1.4　低硫钢冶炼新流程

传统铁水预处理脱硫工艺中，KR法的温降约30℃，周期约30min，运行成本17元/t；喷吹法的温降约10℃，周期约10min，运行成本19~30元/t，它们都存在铁损大、转炉回硫、搅拌器或喷枪污染等问题。

传统的LF钢包炉脱硫工艺，钢渣接触面积小，直接限制了脱硫的速度，钢中的硫必须传到钢-渣界面进行脱硫反应，一般需要处理40min才有可能使L_P达到400以上（$L_P = (S)/[S]$）。

钢包底喷粉精炼工艺，用粉剂作为脱硫剂，脱硫剂与钢液拥有巨大的接触面积，而且因钢液中有很多弥散的粉剂，硫在钢液的传质不需要完全传到钢-渣界面，而是可以进行局部脱硫，使脱硫更加高效。如采用石灰（CaO）粉剂，从热力学上考虑可以将钢水中的硫降至0.005%以下，如采用石灰基复合脱硫剂，理论上可控在0.001%以内。80t钢包底喷粉脱硫动力学过程模拟结果表明，喷粉量为1.5kg/t时，喷粉20min，平均硫浓度[S]由0.025%降至0.00356%，脱硫率为85.7%，体现了处理效率高、时间短、温降小、成本低的特点。与普通LF搅拌脱硫相比，如底喷粉工艺脱硫率由50%提升至85%以上，脱硫时间由40min缩短至20min以内，底喷喷吹合金粉剂，提高合金收得率，节约冶炼成本。

具体对两个新生产流程与传统工艺流程进行如下比较（见图1-7~图1-9）。

高炉炼铁　　　铁水预处理　　　转炉冶炼　　　LF精炼　　　RH精炼　　　连铸

图 1-7　传统工艺流程

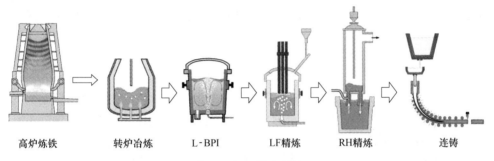

高炉炼铁　　　转炉冶炼　　　L-BPI　　　LF精炼　　　RH精炼　　　连铸

图 1-8　新工艺流程 I

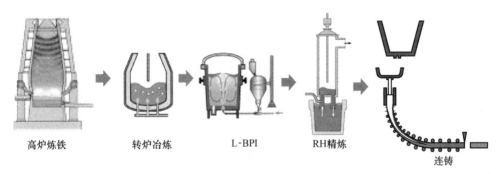

高炉炼铁　　　转炉冶炼　　　L-BPI　　　RH精炼

连铸

图 1-9　新工艺流程 II

（1）新工艺流程 I：适用于出钢温降较大的钢种（合金加入量大），LF 精炼主要用来加热，脱硫由钢包底喷粉（L-BPI）完成，可用于超低硫钢（如管线钢）的冶炼（见表 1-2）。

新工艺流程中 LF 精炼时间主要依赖加热，而不是脱硫。以管线钢 X80 为例，LF 精炼脱硫时间通常需要 40min，如果采用底喷粉脱硫新工艺，加热时间仅需 20~25min，精炼时间可以缩短 15~20min。铁水预脱硫成本最低 17.21 元/t（KR 法），虽然钢包底喷粉的粉剂要贵 2 元/吨，但因省去了铁水预脱硫，则最终脱硫成本至少降低 15.21 元/t，如大规模采购粉剂成本则会进一步下降。

表 1-2 LF 精炼脱硫与 L-BPI 脱硫对比

LF 精炼脱硫	L-BPI 脱硫	成 本 差
传统透气砖	底喷粉透气砖	无明显差异
渣料顶部加入温降	粉剂底喷温降	温降成本相近
底吹气体搅拌	底吹输送、搅拌	无成本差
渣料	粉剂（最终进入渣相）	脱硫粉剂贵 0.4 元/kg（小规模采购价）

（2）新工艺流程Ⅱ。适用于出钢温降较小的钢种（合金加入量小），脱硫由钢包底喷粉（L-BPI）完成，适用于合金成分少的低硫钢冶炼。省去铁水预脱硫和 LF 加热，则最终成本降低 39.9 元/t。

1.5 关键科学技术问题

L-BPI 工艺首先要解决钢液渗透和粉剂堵塞的问题。使用狭缝以克服钢液的渗透是一种较佳途径，狭缝型供气元件的防渗透能力、气体可控能力强的特点已得到实际验证。狭缝型喷粉元件作为底喷粉新工艺重要功能元件，在二次精炼底喷粉领域属于一种新的尝试。因此，研究设计既能防钢液渗漏又能防粉剂堵塞的底喷粉元件结构进行底喷粉以实现钢液脱硫，乃至脱氧合金化处理是首先要解决的关键问题，是 L-BPI 工艺成功的关键；其次，粉气流对喷粉元件的狭缝会产生摩擦和磨损，喷粉元件工艺的稳定性及其使用寿命以适应钢包精炼炉次的要求是需解决的第二个关键问题；涉及钢包底喷粉精炼效率与效果的传输现象及反应工程学理论探索与描述是需要解决的又一个关键问题。

针对此新工艺所涉及的重大理论与关键技术问题开展深入研究，以奠定此新精炼工艺技术工业化的理论和应用基础。为此，需要解决 L-BPI 工艺开发所面临的理论与技术难点。

（1）底喷粉元件的设计理论。揭示钢包底喷粉的钢液渗漏和粉剂堵塞机理，提出底喷粉元件的设计理论，这是此精炼新工艺能否实现的前提条件保证，也是此新工艺技术研究开发的基础。要实现钢包底喷粉，既要保证输送过程粉气流稳定和连续，不发生脉动现象，喷粉元件不发生堵塞，压力损失小，粉剂的浓度和流量在一定范围内可以调节和控制，气固混合物具有较大的喷出速度，使颗粒能进入金属液中以提高其利用率，又要保证喷粉元件安全可靠，不发生漏钢的危险。为此，需要从理论上研究分析了决定钢包底喷粉元件中缝隙内钢液渗漏的极限力以及影响钢液向缝隙内渗透的影响因素，揭示钢液渗漏速度和渗漏深度随时间变化规律；需要从理论上对粉气流在喷粉元件内的运动规律作出描述，揭示粉粒速度、气流速度与气流密度、颗粒尺寸、气体黏度等的定量关系，以及粉气流行为与喷粉元件内缝隙尺寸之间的内在关系。

（2）抗磨损和耐高温侵蚀的喷粉元件。揭示钢包底喷粉元件磨损与高温侵蚀机理，研制出抗磨损和耐高温侵蚀的喷粉元件，这是此新工艺技术成功的关键。底喷粉元件所处的环境较传统的钢包底吹氩透气砖更加苛刻，在实际工作条件下，其表面将受强烈的机械磨损，同时喷吹粉粒与其作用导致化学侵蚀，而且实际还需要承受因温差而产生的热应力作用。为此，研究粉气流行为对不同材质喷粉元件磨损的影响规律，研究喷粉元件在实际高温工作环境条件下承受热冲击、钢液搅拌冲刷蚀损以及高温熔渣侵蚀的能力，掌握其材质、性能、使用条件或环境对其工作状态的影响规律。

（3）钢包底喷粉射流行为和精炼动力学。揭示钢包底喷粉射流行为、多相流行为和精炼动力学，这是此新工艺技术实现工业应用的重要理论基础。喷枪喷粉与狭缝元件喷粉其射流形态会有很大的不同，必然会带来不同的熔池特性，进而影响粉剂在钢液中的行为。需要定量描述各工艺参数对底喷粉过程鼓泡流和射流形成的影响规律，揭示颗粒粉剂粒度、固气比、狭缝几何参数、载气操作参数、钢包参数等对粉剂的穿透比、气粉流在钢液中行为的影响规律，以及与精炼效率之间的内在关系。同时，通过钢包底部喷入精炼粉剂，在钢包熔池内形成气-固-液的多相流，其行为极其复杂，不仅直接对钢包底喷粉的效果和效率产生直接影响，而且在一定程度上会对底喷粉元件的寿命产生影响，需要全面真实揭示钢包底喷粉过程中熔池的多相流行为和反应动力学，为工业试验和应用提供依据和指导。

（4）L-BPI 工艺的可靠性与应用可行性。L-BPI 工艺的可靠性与应用可行性，这是此新工艺应用和推广的技术保障。需要在实验室理论与实验研究的基础上，进行中间规模的现场试验，重点研究考察研制的钢包底喷粉元件的工作状态、喷粉工艺参数对喷粉元件工作状态及效果的影响规律，为工业试验积累数据和经验。在此基础上，对底喷粉元件和喷吹参数做出进一步完善，进行实际生产的应用试验研究，研究探讨工业应用的可能性和可操作性，并实现工业应用。

参 考 文 献

［1］ 殷瑞钰. 关于高效率低成本洁净钢平台的讨论——21 世纪钢铁工业关键技术之一［J］. 炼钢，2011，27（1）：1~10.

［2］ Kiessling R. Clean Steel［R］. London：The Iron and Steel Institute，1962.

［3］ 徐匡迪. 关于洁净钢的若干基本问题［J］. 金属学报，2009，45（3）：257~269.

［4］ Atkinson H V，Shi G. Characterization of inclusions in clean steels：a review including the statistics of extremes methods［J］. Progress in Materials Science，2003，48：457~520.

[5] Anderson C W, De Maré J, Rootzén H. Methods for estimating the sizes of large inclusions in clean steels [J]. Acta Materialia, 2005, 53 (8): 2295~2304.

[6] 马春生. 低成本生产洁净钢的实践 [M]. 北京: 冶金工业出版社, 2016: 2~5.

[7] 刘浏. 如何建立高效低成本洁净钢平台 [J]. 钢铁, 2010, 45 (1): 1~9.

[8] 徐匡迪, 肖丽俊, 干勇, 等. 新一代洁净钢生产流程的理论解析 [J]. 金属学报, 2012, 48 (1): 1~10.

[9] 林育炼. 耐火材料与洁净钢生产技术 [M]. 北京: 冶金工业出版社, 2012: 2.

[10] 朱苗勇. 现代冶金学 (钢铁冶金卷) [M]. 北京: 冶金工业出版社, 2005: 317~320.

[11] 张信昭. 喷粉冶金基本原理 [M]. 北京: 冶金工业出版社, 1988: 1~2.

[12] 潘时松. 钢包狭缝式底喷粉元件研制及粉气流行为特性研究 [D]. 沈阳: 东北大学, 2008.

[13] 朱苗勇, 周建安, 潘时松, 等. 狭缝式钢包底吹喷粉工艺及装置: 中国, 200510047980.1 [P]. 2005-12-13.

[14] 朱苗勇, 程中福, 娄文涛, 等. 一种 RH 真空精炼底吹喷粉装置: 中国, 2012100127821 [P]. 2012-01-16.

[15] 朱苗勇, 程中福, 娄文涛, 等. 一种底喷粉单嘴真空脱气精炼钢液的装置及方法: 中国, 2015100221808 [P]. 2015-01-16.

[16] 朱苗勇, 程中福, 娄文涛. 一种底喷粉真空脱气精炼钢水的装置及方法: 中国, 2013102075258 [P]. 2013-05-29.

2 钢包底喷粉元件抗渗透性

钢包底喷粉元件是钢包底喷粉精炼新工艺成功的关键。粉剂在载气流作用下经由底喷粉元件送入钢液深部，因此底喷粉元件的结构和缝隙尺寸应足以保证粉剂输送过程的稳定、连续、无脉动、不堵塞，且粉剂浓度和流量在一定范围内可以调节和控制，而从安全性角度考虑，又要求喷粉元件的缝隙尺寸足够小，以防止钢液发生渗透。

前人工作主要集中在钢液向耐火材料微孔的渗透方面，对缝隙式吹氩透气砖内钢液渗透的研究鲜见报道，缝隙内钢液渗透的研究尚未形成完整的理论。目前，吹氩透气砖的设计多依据透气砖微孔内钢液渗透模型或经验公式进行估算取值，而大量的实验数据表明，缝隙几何形状、耐火材料表面形貌、环境压力等因素对渗透现象有着重要影响。

本章介绍钢包底喷粉元件抗渗透性研究方面的工作，包括钢包底喷粉元件内钢液渗透机理，界面接触、缝隙几何形状、耐火材料表面形貌、环境压力等对钢液渗透的影响规律，钢包底喷粉元件各项参数安全取值的理论模型，底喷粉元件缝隙内钢液渗透动力学，钢液向喷粉元件渗透过程的数学模型，以及验证模型的新实验方法与检测手段，从理论上指导钢包底喷粉元件的设计。

2.1 喷粉元件内钢液渗透理论模型

2.1.1 钢包缝隙式透气砖内钢液渗透现象

钢包底喷粉精炼新工艺采用缝隙式喷粉元件将粉剂用载气送入钢液深部，如果底喷粉元件参数设计不合理，那么钢液易渗透到缝隙内形成夹钢堵塞元件缝隙，如图 2-1 所示，严重情况会造成钢液渗漏。从安全性角度考虑，要求喷粉元件的缝隙尺寸足够小以防止钢液渗透，而从喷吹角度则又要求喷粉元件的结构和内部尺寸足以保证喷吹过程的稳定、连续、无脉动、不堵塞，且粉剂浓度和流量在一定范围内可调可控，这就要求底喷粉元件具有合理的结构与内部尺寸，即在保证连续稳定喷吹的前提下不发生钢液的渗透。

前人对钢液渗透的研究是从分析废弃耐火砖内夹钢及建立水模型开始的[1]。随着高温 X 射线成像技术发展与推广，该技术已被广泛用于耐火材料钢液渗透现象的研究[2]。Li 等[3]通过分析液态金属银的渗透成像图，发现当外界压力高于

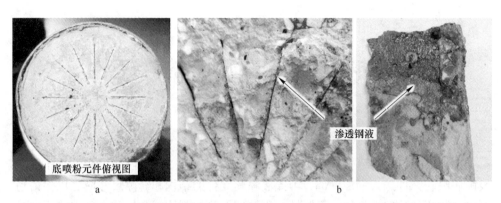

图 2-1　钢包底喷粉元件(a)及缝隙内钢液渗透(b)照片

某一临界值时，渗透深度随压力增加而增大，其后续的研究[4]表明最大渗透深度与外压近似呈线性关系。松下泰志等[5]的研究也得出了类似结论，并指出这种渗透现象可采用垂直毛细管模型进行解释，但仅用毛细管模型来描述渗透与实验测量结果存在一定偏差。为此，研究者们大多采用修正系数对毛细管模型进行了修正。松下泰志等[6]提出了采用迷宫系数的方法来评估多孔透气砖内钢液的渗透行为，而且发现迷宫系数的取值与透气砖孔隙率、孔隙分布、耐火材料性质及钢液性质等因素有关。根据一系列渗透试验[7~10]，Kaptay 等[11]将熔融金属向耐火材料的渗透过程分为两个阶段，即预渗透阶段和主渗透阶段。为解释此现象，他们提出了周期性变径毛细管模型，从而成功预测了金属液向耐火材料的渗透行为。与此同时，一系列研究表明金属液向耐火材料的渗透遵循这样的规律：渗透初期，金属液迅速渗入耐火材料，渗透深度随渗透时间延长而迅速增加，之后渗透深度几乎不再发生变化[11~14]。Mukai 等[14]认为这种现象是由于渗透进行时，金属液黏度、表面张力等物性逐渐增大而导致耐火材料孔径变小而造成的。

　　所有这些研究对深入了解钢液向多孔耐火材料渗透过程具有重要的参考价值。对于缝隙式透气砖的设计，冶金工作者[15~17]多依据 Barthel 提出的钢液向透气砖气孔渗透的模型作为理论依据，对缝隙宽度进行估算取值。然而，根据大内龍哉等[17]对钢液浸入透气砖贯穿孔的基础试验研究发现，贯穿孔几何形状、砖体表面粗糙度等因素对透气砖抗渗透性具有重要影响，且这些影响不可忽略，然而透气砖微孔渗透模型并没有考虑这些因素的影响。

　　目前，缝隙式透气砖内钢液渗透的研究尚未形成完整理论，尽管缝隙内钢液渗透过程与上述渗透现象存在一定的相似性，但其独特的渗透特性并未被掌握和描述。钢包底吹氩缝隙式透气砖在使用过程中常因缝隙宽度过大发生钢液渗透，形成夹钢导致透气量变小，造成吹氩困难，或因缝隙宽度过小，供气可调范围较窄精炼效果差，严重影响精炼的效果和稳定性。钢包底喷粉透气元件同样采用缝隙式结构来防止钢液渗透，其对抗渗透性能要求更为严格。因此，迫切需要对钢包底喷粉元件内钢液渗透现象进行研究，揭示喷粉元件缝隙内钢液渗透机理，这不仅为钢包底喷粉元件设计提供理论指导，而且对缝隙式吹氩透气砖的设计也同样具有重要的指导意义。

2.1.2 缝隙内钢液渗透机理

钢液表面张力作用的实质是钢液与耐火材料的黏附作用以及钢液自身的内聚作用。钢液与可润湿耐火材料接触时，钢液与耐火材料表面将产生黏附作用，与此同时，钢液自身又存在内聚作用，这使得液膜可承受一定的压力，它所能承受的最大压力既与黏附力有关，也与钢液内聚力有关，但极限力（峰值）取决于两者中的弱者[18]。当钢液与耐火材料表面的黏附力强度大于钢液自身的内聚力强度时，液膜可承受压力取决于内聚力的大小；当钢液与耐火材料表面的黏附力强度小于液体自身的内聚力强度时，液膜可承受压力取决于黏附力大小。图 2-2 给出了喷粉元件缝隙内钢液界面液膜受力分析图，假定：缝隙宽度为 δ，缝隙长度为 W，缝隙高度为 H_0，钢液密度为 ρ，钢液与耐火材料前进接触角为 θ（大于 $90°$），钢液表面张力为 σ，钢包内钢液熔池深度为 H，讨论时取熔池内压力、环境压力与缝隙内残余压力相等。

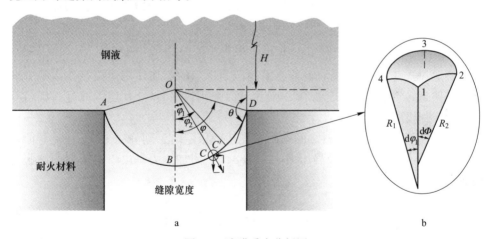

图 2-2　液膜受力分析图

a—缝隙内液膜受力分析；b—液膜微元体示意图

以液膜 AD 为研究对象，取液膜上任意一点 C 做受力分析，其中 OB 与 OC 之间夹角为 φ_1，则 C 点处所受的压强为 $\rho g(H + R\cos\varphi_1)$，沿半径方向指向圆弧外，其中水平分量为 $\rho g(H + R\cos\varphi_1)\sin\varphi_1$，竖直分量为 $\rho g(H + R\cos\varphi_1)\cos\varphi_1$。同理，$C'$ 点处所受的压强为 $\rho g(H + R\cos\varphi_2)$，沿半径方向指向圆弧外，其中水平分量为 $\rho g(H + R\cos\varphi_2)\sin\varphi_2$，竖直分量为 $\rho g(H + R\cos\varphi_2)\cos\varphi_2$，其中，$\theta =$

$\varphi + \pi/2$，且 $R = \delta/(2\cos\theta)$，以下分两种情况进行讨论：

（1）当钢液自身内聚力先达到极限时，则液膜上某点将发生撕裂而导致渗透。钢液静压力在水平方向上分量的积累而产生的力为：

$$\int_0^\varphi \rho g(H + R\cos\varphi) \sin\varphi R(1 - \cos\varphi) W\mathrm{d}\varphi$$
$$= \rho g H W R\left[\frac{(1 - \cos\varphi)^2}{2} + \frac{R}{H}\frac{(1 - 3\cos^2\varphi + 2\cos^3\varphi)}{6}\right] \tag{2-1}$$

实际上由于 $R/H \ll 1$，则式（2-1）可简化为：

$$\int_0^\varphi \rho g(H + R\cos\varphi) \sin\varphi R(1 - \cos\varphi) W\mathrm{d}\varphi \approx -\rho g H W\delta \frac{(1 - \sin\theta)^2}{4\cos\theta} \tag{2-2}$$

在液膜 AD 上，B 点处所受到水平方向的钢液静压力最大，即 σW。为保证钢液不渗透缝隙，需保证下式成立，即：

$$-\rho g H W\delta \frac{(1 - \sin\theta)^2}{4\cos\theta} \leqslant \sigma W \tag{2-3}$$

式（2-3）可整理为：

$$\delta H \leqslant -\frac{2\sigma\cos\theta}{\rho g} \times \frac{2}{(1 - \sin\theta)^2} \tag{2-4}$$

同理，在竖直方向上，由于高度差导致钢液静压力对液膜产生剪切作用，当 $\varphi_1 \to \varphi_2$ 时，相邻液膜之间剪切作用表达为：

$$\lim_{\varphi_1 \to \varphi_2} \left[\rho g H(\cos\varphi_2 - \cos\varphi_1) + \rho g R(\cos^2\varphi_2 - \cos^2\varphi_1)\right] = 0 \tag{2-5}$$

显然，式（2-5）表明液膜不会因静压力产生的剪切作用而撕裂，水平方向上的拉伸是导致液膜撕裂的原因，因此可以采用式（2-4）判定钢液是否因自身内聚力达到极限而发生渗透。

（2）当钢液与耐火材料之间黏附力先达到极限时，则静压力 p_{sta} 将克服附加压力 p_{add} 而导致渗透。钢液静压力大小为 $\rho g H$，附加压力是由于钢液界面液膜弯曲而产生的，可表达为：

$$p_{add} = \sigma\left(\frac{1}{R_1} + \frac{1}{R_2}\right) \tag{2-6}$$

由于缝隙截面为矩形，即 $R_1 \gg R_2$，液膜为圆柱形，式（2-6）可简化为：

$$p_{add} = -\frac{2\sigma\cos\theta}{\delta} \tag{2-7}$$

为避免钢液渗透缝隙，需保证附加压力大于钢液静压力，即：

$$\delta H \leqslant -\frac{2\sigma\cos\theta}{\rho g} \tag{2-8}$$

显然，该条件下采用式（2-8）来判定钢液是否因黏附力达到极限而导致渗透。

比较式（2-4）与式（2-8）可以看出，后者先于前者达到极限条件，这表明缝隙内钢液渗透是由于钢液与耐火材料之间黏附力先达到极限所致。

2.1.3 喷粉元件缝隙宽度设计

2.1.3.1 只考虑表面张力

钢包底喷粉元件是一个浸入式喷嘴，粉剂在载气流输送下通过喷嘴缝隙喷入钢包熔池。钢液能否渗入缝隙取决于缝隙出口处的钢液表面张力及缝隙内残余压力 p 之和能否克服熔池内钢液静压力 p_{sta} 和环境压力 p_0，而钢液界面弯曲产生的附加压力 p_{add} 可由 Young-Laplace 方程导出，即：

$$p_{add} = \sigma\left(\frac{1}{R_1} + \frac{1}{R_2}\right) \tag{2-9}$$

式中 R_1，R_2——图 2-2b 中弧 1—2 和弧 1—4 所对应的曲率半径。

若缝隙为规则矩形，则液膜形成的圆柱形曲面，则式（2-9）可简化为：

$$p_{add} = -\frac{2\sigma\cos\theta}{\delta}\left(1 + \frac{\delta}{W}\right) \tag{2-10}$$

如果同时考虑缝隙内残余压力 p 和炉内压力 p_0 的影响，则液膜受力平衡可表示为：

$$p_0 + \rho gH = p_{add} + p \tag{2-11}$$

于是，由以上各式推导出缝隙安全宽度的计算表达式，即：

$$\delta = -\frac{2\sigma\cos\theta}{p_0 + \rho gH - p}\left(1 + \frac{\delta}{W}\right) \tag{2-12}$$

由式（2-12）可以看出，缝隙安全宽度随润湿角的增加而增大，与熔池液体深度成反比。此外，该式还包含了环境压力以及缝隙形状的影响，以此确定缝隙安全宽度显然更合理。

2.1.3.2 考虑界面接触

上述分析仅考虑了气液界面表面张力，而缝隙壁面附近液膜前沿表面张力是由气固、液固、气液三处界面张力共同作用的结果。

考虑界面接触时，液膜受力分析如图 2-3 所示。若固液界面张力为 σ_{ls}，气液界面张力为 σ_{gl}，气固界面张力为 σ_{gs}，考虑缝隙内残余压力 p 和炉内压力 p_0，液膜保持受力平衡，则：

$$(p_0 + \rho gH - p)B\delta + (\sigma_{ls} - \sigma_{gs} + \sigma_{gl}\cos\theta) \times 2(W + \delta) = 0 \tag{2-13}$$

整理，可得：

$$\delta = \frac{2(\sigma_{gs} - \sigma_{ls} - \sigma_{gl}\cos\theta)}{p_0 + \rho gH - p}\left(1 + \frac{\delta}{W}\right) \tag{2-14}$$

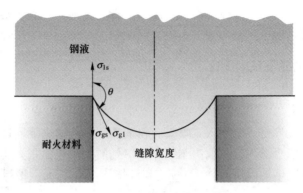

图 2-3 考虑界面接触时液膜表面张力分析

对比式（2-14）和式（2-12）可以看出，式（2-12）是式（2-14）在固液界面张力 σ_{ls} 与气固界面张力 σ_{gs} 相等条件下的近似。因目前实验条件下难以测得两者之间的差别，故本研究采用近似处理，用式（2-12）描述缝隙安全宽度。

很显然，以上的分析并没有考虑缝隙式喷粉元件表面耐火材料的粗糙程度和材质的不均匀性对润湿行为的影响，为此，有必要进一步探讨耐火材料表面性质对缝隙内钢液渗透的影响。本研究将耐火材料表面不均匀性分为两类：一类是耐火材料表面不均匀性尚未引起液膜形貌改变的情况，此条件下采用粗糙度来评价耐火材料表面不均匀性的影响；另一类是耐火材料表面形貌足够大导致液膜形貌改变，此情况下采用表面宏观形貌来评价耐火材料表面不均匀性的影响。

2.1.4 表面粗糙度对缝隙安全宽度的影响

在探讨表面粗糙度对渗透影响之前，首先对大内龍哉等[17]的热态试验数据进行分析，该试验采用 SS41 钢液对贯穿孔式透气砖进行渗透，停吹气体后放置60min，通过 X 射线透视技术观察钢液渗透情况，图 2-4 给出了贯穿孔厚度与钢液渗透深度的关系[17]。

由图 2-4 可以看出，随着贯穿孔厚度增加，钢液渗透深度增加。对比表面粗糙度对渗透深度的影响可发现，表面越粗糙，钢液越难渗入贯穿孔式透气砖。同样，对于钢包底喷粉元件缝隙参数设计，也必须考虑壁面粗糙对渗透的影响。一般固体表面均具有不同程度的粗糙不均匀性，必须对上述公式进行修正，以适应实际情况。

粗糙度对钢液渗透程度的影响主要体现在润湿角。基于 Spori 等[19]的综述，液体在固体表面的润湿方式可分为五类，如图 2-5 所示。

（1）理想润湿[20]：润湿角为 Young 氏润湿角。

（2）Wenzel 模型润湿[21]：表面粗糙，但未达到引起固液界面截留气体而产

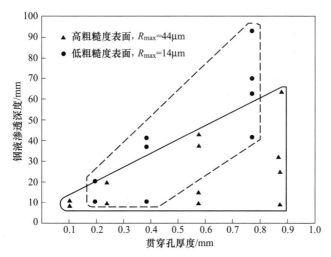

图 2-4　钢液渗透深度随贯穿孔厚度的变化关系[17]

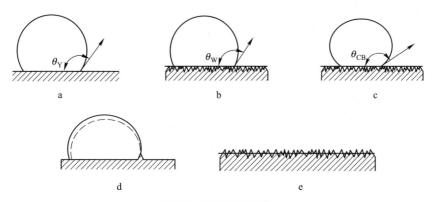

图 2-5　表面润湿模型

a—理想表面润湿；b—Wenzel 模型润湿；c—Cassie-Baxter 模型润湿；d—阻塞模型润湿；e—铺展

生空隙，表观接触角 θ_W 与理想表面接触角 θ_Y 之间的关系为：

$$\cos\theta_W = r\cos\theta_Y \tag{2-15}$$

式中　r——粗糙度系数，用粗糙界面面积/光滑界面面积来衡量。

（3）Cassie-Baxter 模型润湿[22]：表面粗糙到一定程度，空气被润湿液体截留在表面凹谷，f_1 和 f_2 分别为固体表面和气体表面占润湿表面积的分数。

$$\cos\theta_{BC} = rf_1\cos\theta_Y - f_2 \tag{2-16}$$

（4）阻塞润湿：表面存在障碍物，影响液膜前沿进一步往前推进，从而影响表观接触角取值。

（5）铺展[20]：液体在固体表面铺展开来。

同一疏水粗糙表面可能存在着不同的润湿模式，可能为 Wenzel 模式、

Cassie-Baxter 模式或者两种模式同时存在的润湿模式。在液体自身重力或外界干扰（静压力、污染物存在）下，可发生 Cassie-Baxter 模式到 Wenzel 模式的不可逆转换[23]。前人通过理论分析得出了一些微结构表面 Cassie-Baxter 模式到 Wenzel 模式转换的理论预测方法。Spori 等[19]采用 4 种粗糙表面进行试验，得出了表观接触角与理论接触角之间的关系，4 种平面特征及参数总结见表 2-1。

表 2-1　4 种粗糙表面特征及参数[19]

粗糙表面	表 面 特 征	近似模型	粗糙系数	拟合斜率 k	拟合截距 d_s
SBG	喷砂表面，斑块状，非周期分布贝壳状裂纹		2.3	1.18±0.07	−0.03±0.03
SLA	喷涂钛粉粒，酸侵蚀，粗糙度主要来自喷涂形成的波状和酸侵蚀	半球状凹陷	1.5	1.11±0.08	−0.86±0.04
LLR	起伏突起，直径为（9±2）μm，突起间距（21 ± 7）μm，高度约为 20μm	台形突起	1.7	1.09±0.04	−0.31±0.01
GTM	球状突起，顶端直径 24μm，底端 15μm，高度超过 30μm，突起中心间距 70μm，分布井然有序	圆柱状突起	1.3	—	—

　　将 Spori 等测得的实验结果绘制到同一图中，如图 2-6 所示，从图上可看出表观接触角随理论接触角的变化趋势。各种表面都不能单纯用 Wenzel 模型或 Cassie-Baxter 模型描述。当 $\theta>90°$ 时，各类粗糙表面表观润湿角都大于理论润湿角，Spori 等拟合了描述非周期性变化粗糙表面（SBG、SLA、LLR）接触角的经验计算公式，即：

$$\cos\theta_s = k\cos\theta_Y - d_s \tag{2-17}$$

式中　θ_s——表观接触角；

　　　k——斜率，在实验中测得 $k \approx 1$；

　　　d_s——截距。

　　显然，同一类型表面微观形貌下，粗糙度对表面润湿的情况影响是这样的：当 $\theta_Y \leqslant 90°$ 时，表观接触角随着表面粗糙度的增加而降低，增加表面粗糙度有利于液体润湿表面；当 $\theta_Y>90°$ 时，表观接触角随着表面粗糙度的增加而增大，增加表面粗糙度反而不利于液体润湿表面。显然，钢液与耐火材料之间的润湿属于后者，底喷粉元件表面越粗糙，钢液越难渗透到底喷粉元件缝隙中。

　　实际上耐火材料表面存在细微的缩孔，如图 2-7 所示，透气砖表面微观形貌多为台形突起或半球状凹陷。钢液对耐火材料润湿可能为 Wenzel-type 润湿、Cassie-type 润湿和阻塞润湿模式或者两种模式或者三种同时存在的润湿模式。对比式（2-15）~式（2-17）可以看出，无论是理想表面润湿、Wenzel-type 润湿还是

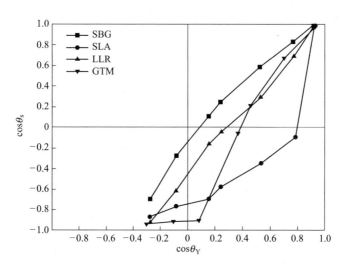

图 2-6 粗糙表面对表观润湿角(实际润湿角)的影响[19]

Cassie-type 润湿，接触角都可以通过式（2-18）进行修正，即：

$$\cos\theta' = k_1\cos\theta - d_1 \tag{2-18}$$

式中，θ 为理想表面润湿角；θ' 为实际表面润湿角；k_1 和 d_1 为粗糙度修正系数，当粗糙表面只发生 Wenzel-type 润湿时，修正系数 $d_1 = 0$。

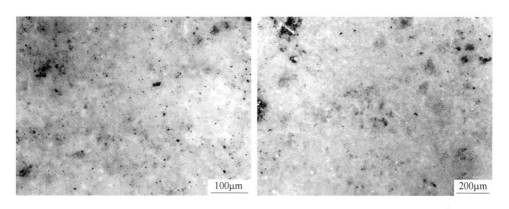

图 2-7 刚玉质耐火材料表面微观形貌

缝隙安全宽度计算表达式可整理为：

$$\delta = -\frac{2\sigma(k_1\cos\theta - d_1)}{p_0 + \rho gH - p}\left(1 + \frac{\delta}{W}\right) \tag{2-19}$$

式（2-19）包含粗糙度的影响，采用该式计算缝隙安全宽度更为精确。

2.1.5　表面宏观形貌对缝隙安全宽度的影响

如果底喷粉元件缝隙表面平整，液膜近似为圆柱形曲面，液膜长度方向曲率半径为无穷大。然而，当缝隙表面宏观形貌影响到液膜长度方向上曲率半径时，缝隙内钢液渗透机理将受其影响，其作用实质为：表面宏观形貌延长了钢液与耐火材料接触的线距离，增大了钢液与耐火材料之间的黏附力；表面宏观形貌减小了液膜曲率半径，增大了液膜弯曲产生的附加压力。

图 2-8a 给出了底喷粉元件缝隙示意图，假定在平行长度方向（z 方向）上，在竖直高度（y 方向）上有 n 个圆心角为 2α 的圆弧，每个圆弧之间的距离为 W'/n，如图 2-8b 所示。缝隙出口端面长度方向有如下形状，液膜不再为圆柱形曲面，此时表面张力由两部分构成：xy 平面内的 σ_{xy} 和 yz 平面内的 σ_{yz}。

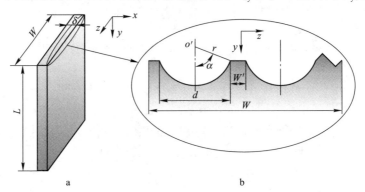

图 2-8　缝隙表面宏观形貌示意图
a—缝隙结构；b——种假设的表面宏观形貌

其中，σ_{xy} 在 y 方向上分量为 $\sigma_{y_1} = -\sigma_{xy}\cos\theta\cos\alpha$，微元弧 dr 上表面张力产生的附加压力为 $\sigma_{y_1}rd\alpha$，那么一段圆弧在 xy 平面内产生的附加压力 f_1 为：

$$f_1 = 2\int_0^\alpha -\sigma_{xy}r\cos\theta\cos\alpha d\alpha = -2\sigma_{xy}r\cos\theta\sin\alpha \qquad (2-20)$$

σ_{yz} 在 y 方向上分量 $\sigma_{y_2} = \sigma_{yz}\sin\alpha$，那么，一段微圆弧在 yz 平面内产生的附加压力 f_2 可整理为：

$$f_2 = 2\int_0^\alpha \sigma_{yz}r\sin\alpha d\alpha = 2\sigma_{yz}r(1-\cos\alpha) \qquad (2-21)$$

平行长度方向直线边界上，只有 xy 平面内 σ_{xy} 有竖直分量，而平行宽度方向直线边界上，只有 yz 平面内 σ_{yz} 有竖直分量，在 $p_0 = p$ 条件下，表面张力竖直方向分力与钢液静压力平衡，则有：

$$f = \Delta p\delta W \qquad (2-22)$$

整理得：

$$f = -2n \times 2\sigma_{xy}r\cos\theta\sin\alpha + 2n \times 2\sigma_{yz}r(1 - \cos\alpha) - 2\sigma_{xy}W'\cos\theta - 2\sigma_{yz}\delta\cos\theta \tag{2-23}$$

由于 $2r\sin\alpha = (W-W')/n$，通常情况下 $\sigma_{yz} = \sigma_{xy}$，代入式（2-20）可得：

$$f = -2\sigma(W + \delta)\cos\theta + \frac{2\sigma(W - W')(1 - \cos\alpha)}{\sin\alpha} \tag{2-24}$$

将 f 看作 α 的函数，求取 α 的取值：

$$f'(\alpha) = \frac{2\sigma(W - W')(1 - \cos\alpha)}{\sin^2\alpha} > 0 \tag{2-25}$$

显然，f 是 α 单调增函数，设计时取 $\alpha = \pi/2$，则：

$$-2\sigma(W + \delta)\cos\theta + \frac{2\sigma(W - W')(1 - \cos\alpha)}{\sin\alpha} = p_{\text{sta}}\delta W \tag{2-26}$$

实际中，$W \gg \delta$，且 $W \gg W'$，同时，$p_{\text{sta}} = \rho g H$，若 $\alpha = \pi/2$，式（2-26）可简化为：

$$\delta = -\frac{2\sigma\left(\cos\theta - \dfrac{W - W'}{W}\right)}{\rho g H}\left(1 + \frac{\delta}{W}\right) \tag{2-27}$$

若同时考虑喷粉元件缝隙内残余压强 p 及钢包炉内环境压强 p_0，计算缝隙安全宽度的表达式可表示为：

$$\delta = -\frac{2\sigma\left(\cos\theta - \dfrac{W - W'}{W}\right)}{p_0 + \rho g H - p}\left(1 + \frac{\delta}{W}\right) \tag{2-28}$$

对比式（2-12）、式（2-14）、式（2-19）和式（2-28）可以看出，它们具有相同的表达形式。鉴于此，引入修正系数 k 和 d，给出计算缝隙安全宽度的统一表达式（2-29），即：

$$\delta = -\frac{2\sigma(k\cos\theta - d)}{p_0 + \rho g H - p}\left(1 + \frac{\delta}{W}\right) \tag{2-29}$$

显然，该式包含了上述分析中影响缝隙内钢液渗透的各因素，如环境压力、缝隙几何形状、缝隙表面粗糙度以及缝隙表面宏观形貌等，采用该式预测缝隙安全宽度更为合理和精确。

2.2 缝隙内钢液渗透过程的理论描述

Ouchi 等[24]通过多变量分析估算了钢液向缝隙内渗透的渗透深度，高世桥等[18]研究了垂直毛细管液体的上升过程，Bikerman 等研究了黏性液体向 V 形槽内渗透过程，给出了估算渗透时间的方程。本研究认为缝隙壁的冷却作用导致钢液黏度和表面张力均增大，流动性降低，甚至失去流动性。由于沿竖直方向上温度梯度的存在（上端温度高，下端温度低），缝隙壁由上往下冷却能力逐渐增强，这意味着沿喷粉元件由上往下，失去流动性的钢液层逐渐增厚，缝隙变窄，如图 2-9 所示。

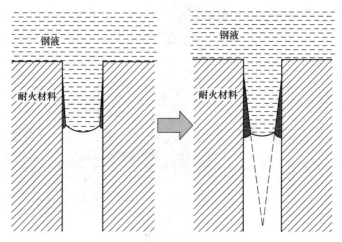

图 2-9　透气砖缝隙内金属液渗透过程示意图

当液膜弯曲产生的附加压力不足以抵抗钢液静压力时，钢液将向透气砖缝隙内渗透。根据动量守衡和能量守衡方程，可预测缝隙内钢液渗透规律，假定：

（1）缝隙式透气砖垂直安装在钢包底部，沿缝隙长度方向上，缝隙宽度 δ 处处相等，钢液与耐火材料之间的润湿情况处处相同，因此钢液均匀渗入透气砖缝隙。

（2）影响钢液渗透的因素包括钢液黏度、表面张力、过热温度、比热容等，与此同时，缝隙尺寸及缝隙壁的冷却能力也影响钢液的渗透。由于缝隙式透气砖壁面的冷却作用，钢液将在壁面上形成凝固层，其厚度由上而下逐渐增厚，如图 2-10 所示。考虑凝固层的影响，将钢液渗透缝隙的过程简化为钢液向 V 形槽内的渗透过程，渗透深度为 y 处，相对应的缝隙宽度为 $2x$。

2.2.1　能量守衡方程

缝隙内高度为 dy 的钢液微元温度降低 ΔT_i 其热损失为 Q_1，则：

$$Q_1 = C(\rho \times 2x_1 W dy) \Delta T_i \tag{2-30}$$

式中　C——钢液比热。

由钢液传递到耐火材料的热量为 Q_2，可由下式计算得到：

$$Q_2 = \lambda \Delta T_r \times 2(W + 2x_1) dy \cdot t \tag{2-31}$$

式中　λ——热量传输系数；

　　　ΔT_r——钢液与耐火材料之间的温差。

根据热量传递平衡，钢液损失热量 Q_1 需与耐火材料获得热量 Q_2 相等，即：

$$Q_1 = Q_2 \tag{2-32}$$

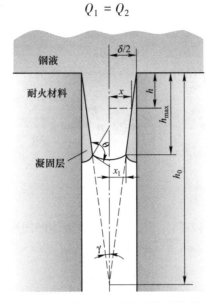

图 2-10 缝隙内金属液的渗透模型

2.2.2 动量守恒方程

透气砖缝隙内钢液的渗透主要由三个力驱动，即钢液静压力 F_{sta}、钢液界面弯曲产生的附加压力 F_{add}，以及黏性阻力 F_{visco}。其中，钢液静压力为：

$$F_{sta} = \rho g(H + y) \times 2x_1 W \tag{2-33}$$

钢液界面弯曲产生的附加压力：

$$F_{add} = \frac{\sigma \cos(\theta - \alpha)}{x} \times 2x_1 W \tag{2-34}$$

根据牛顿黏性定律，单位面积上黏性切应力 τ 为：

$$\tau = \eta \frac{du}{dx}\bigg|_{x = x_1} \tag{2-35}$$

式中 η——钢液黏度；

u——缝隙内钢液渗透速度。

垂直于缝隙壁面的速度梯度可根据 Navier-Stokes 方程求出，钢液在缝隙内流动，于是描述为：

$$\frac{\partial p}{\partial y} = \eta \frac{\partial^2 u}{\partial x^2} \tag{2-36}$$

式（2-36）的边界条件：$du/dx|_{x=0} = 0$ 和 $u|_{x=x_1} = 0$，积分求解可得到：

$$u = \frac{1}{2\eta}(x^2 - x_1^2)\frac{\partial p}{\partial y} \tag{2-37}$$

渗透速度梯度方程如下：

$$\frac{\mathrm{d}u}{\mathrm{d}x} = \frac{x}{\eta}\frac{\partial p}{\partial y} \qquad (2\text{-}38)$$

显然，缝隙内钢液速度分布沿 x 方向呈抛物线型，以单位面积的流量代替平均速度，求得：

$$\bar{u} = \int_0^{x_1} \frac{u}{2Wx_1}\mathrm{d}(W \times 2x) = -\frac{x_1^2}{3\eta}\frac{\partial p}{\partial h} \qquad (2\text{-}39)$$

于是得到：

$$\frac{\partial p}{\partial y} = -\frac{3\eta\bar{u}}{x^2} \qquad (2\text{-}40)$$

代入到速度梯度式（2-38）中，得到黏性流体的内摩擦剪切应力：

$$\tau = -3\eta\frac{\bar{u}}{x_1} \qquad (2\text{-}41)$$

那么，黏性阻力为：

$$F_{\text{visco}} = -3\eta\frac{\bar{u}}{x_1}(2x_1 + W)h \qquad (2\text{-}42)$$

于是，缝隙内钢液受到的合力为：

$$F = F_{\text{sta}} + F_{\text{add}} + F_{\text{visco}} \qquad (2\text{-}43)$$

以下两个方程式用来描述钢液在透气砖缝隙内渗透行为：

$$F = \frac{\mathrm{d}(m\bar{u})}{\mathrm{d}t} \qquad (2\text{-}44)$$

$$\bar{u} = \frac{\mathrm{d}h}{\mathrm{d}t} \qquad (2\text{-}45)$$

式（2-44）中，缝隙内钢液质量可由下式计算得出：

$$m = \rho \times 2x_1 hW \qquad (2\text{-}46)$$

方程求解的边界条件：$\bar{u}|_{t=0} = 0$，且 $h|_{t=0} = 0$。缝隙内钢液凝固层的形成过程以及最大渗透深度由能量方程控制，而缝隙内钢液渗透速度由动量方程控制，缝隙内钢液渗透过程可由数值计算的方法求解，利用 Matlab 软件包对透气砖缝隙内钢液渗透的控制方程进行求解。

2.3　渗透过程的实验研究

为了验证缝隙宽度设计理论及缝隙内钢液渗透理论，我们开发了一套全新的实验检测装置，包括压力控制系统、熔池、缝隙式透气砖和测量电路，通过测量电信号来检测钢液的渗透情况。实验过程采用低熔点合金模拟钢液，以此避免高温操作带来的困难，具体实验装置及测量方法如下。

2.3.1 实验理论

本研究采用低熔点合金模拟钢液在底喷粉元件缝隙内的渗透过程，因此，首先要建立实验模型与原型之间的几何相似和动力学相似，基于相似原理推导相似准数。式（2-29）为决定钢液能否渗入底喷粉元件缝隙的基本方程，对方程进行简化处理，外压 Δp 代表环境压力与缝隙内参与压力之差，即 $\Delta p = p_0 - p$，那么式（2-29）可简化为：

$$\delta = -\frac{2\sigma(k\cos\theta - d)}{\rho g H + \Delta p}\left(1 + \frac{\delta}{W}\right) \tag{2-47}$$

假定两个渗透系统中存在如下相似常数：

$$\lambda_\delta = \frac{\delta'}{\delta}, \quad \lambda_W = \frac{W'}{W}, \quad \lambda_H = \frac{H'}{H}$$

$$\lambda_\rho = \frac{\rho'}{\rho}, \quad \lambda_\sigma = \frac{\sigma'}{\sigma}, \quad \lambda_{\Delta p} = \frac{\Delta p'}{\Delta p}, \quad \lambda_{\cos} = \frac{(k\cos\theta - d)'}{k\cos\theta - d} \tag{2-48}$$

其中，$(k\cos\theta - d)$ 代表了润湿角对于渗透的影响，将其作为一项物理参数来处理，以便推导修正 Bond 数。将式（2-48）代入式（2-47），整理得：

$$\delta = -\frac{2\sigma(k\cos\theta - d)}{\frac{\lambda_\delta \lambda_\rho \lambda_H}{\lambda_\sigma \lambda_{\cos}}\rho g H + \frac{\lambda_\delta \lambda_{\Delta p}}{\lambda_\sigma \lambda_{\cos}}\Delta p}\left(1 + \frac{\lambda_\delta}{\lambda_W}\frac{\delta}{W}\right) \tag{2-49}$$

如果实验渗透系统与原型渗透系统相似，那么缝隙安全宽度的控制方程应保持一致，对比式（2-49）和式（2-47），可得到：

$$\frac{\lambda_\delta}{\lambda_W} = 1, \quad \frac{\lambda_\delta \lambda_{\Delta p}}{\lambda_\delta \lambda_{\cos}} = 1, \quad \frac{\lambda_\rho \lambda_H \lambda_\delta}{\lambda_\sigma \lambda_{\cos}} = 1 \tag{2-50}$$

结合式（2-48）和式（2-50），可推导出以下方程，即：

$$\frac{\delta}{W} = \frac{\delta'}{W'}, \quad \varepsilon = \frac{\delta}{W}$$

$$\frac{\Delta p}{\rho g H} = \frac{\Delta p'}{\rho' g H'}, \quad \Lambda = \frac{\Delta p}{\rho g H}$$

$$\frac{\rho g H \delta}{\sigma(k\cos\theta - d)} = \frac{\rho' g H' \delta'}{\sigma'(k\cos\theta - d)'}, \quad Bo' = \frac{\rho g H \delta}{\sigma(k\cos\theta - d)} \tag{2-51}$$

显然，描述缝隙渗透系统的相似准数有三个，即 ε、Λ 和 Bo'。其中，ε 为几何相似准数，描述原型与模型之间的几何相似；Λ 描述外界压力与熔体静压力之间的关系；Bo' 描述熔体静压力与表面张力之间的关系。实验中，要求实验模型所采用的缝隙与原型缝隙几何参数保持一致，即 $\lambda_\delta = \lambda_W = 1$，且认为钢包内环境压力 p_0 与底喷粉元件缝隙内残余压力 p 近似相等，也就是说实验渗透系统与原型渗透系统的相似准数 ε 和 Λ 保持一致。Bo' 即为修正 Bond 数，其去除了 Bond 数要求模型与原型润湿角相等的限制条件，因此建立模型与原型之间渗透相似的关键是保证原型与模型之间的修正 Bond 数相等。

钢液在 1650℃ 条件下的物理性能参数为：钢液密度 $\rho = 7020kg/m^3$，钢液表面张力 $\sigma = 1.5N/m$，钢液与耐火材料之间润湿角 $\theta = 150°$。表 2-2 给出了几种金属在熔融状态下其物理性能参数与钢液对比。尽管金属汞在常温下为液态，但其密度远大于钢液，而表面张力又远小于钢液，并且其常温下为液态，无法模拟钢液在底喷粉元件缝隙内渗透及凝固过程，因此金属汞并不是理想的模拟金属。Wood 合金又称为低熔点合金，是灰白色有光泽的金属，由 50%Bi、25%Pb、12.5%Sn 和 12.5%Cd 组成的金属共熔物，密度为 9560kg/m³，熔点在 70℃ 左右。对比表 2-2 中的物性参数可知，Wood 合金无论从密度、表面张力还是黏度都更接近于钢液物性参数，选用低熔点的 Wood 合金模拟钢液向透气砖缝隙中的渗透是合理可行的。我们采用 Wood 合金模拟钢液向底喷粉元件缝隙内的渗透，实验测得 Wood 合金与高铝质耐火材料之间的润湿角为 116.9°。

表 2-2　几种液体物理性能参数比较

液　　体	密度/kg·m⁻³	表面张力/N·m⁻¹	黏度/Pa·s	润湿角 $\theta/(°)$
铁水	7000	1.68~1.85	$(4.4~6.2)×10^{-3}$	150
水	1000	0.073	$1.0×10^{-3}$	——
汞	13550	0.47	$1.539×10^{-3}$	130
Wood 合金（105℃）	9560	0.46	$3.26×10^{-3}$	116.9

2.3.2　实验装置及方法

尽管 X 射线成像技术对于钢液渗透的研究很有帮助，但由于其成本较高、辐射性强、安全性差等因素并不能在实验室普及。本研究提出一种通过测量电信号变化来反映缝隙内钢液渗透情况的方法，简单可行，安全可靠。实验装置如图 2-11 所示，主要由压力控制系统、熔池、缝隙式底喷粉元件及测量电路四大部分组成。

缝隙式喷粉元件主要由一对半圆形高铝砖、一条缝隙及一对定厚度薄片电极组成，其组装过程如图 2-11b 所示，喷粉元件缝隙由半圆形透气砖和定厚度薄片电极围绕而成，半圆形透气砖相对放置，定厚度薄片电极置于透气砖之间，也就是说电极厚度为缝隙宽度，电极平行距离为缝隙长度。为防止电极上端与钢液接触而直接导通电路，电极上端距透气砖顶端处预留 3mm 沟槽，并填充耐火材料。缝隙式底喷粉元件安装在熔池底部，下端通过电极末端接入电路。由于实验过程不易连续改变熔池深度，因此，本研究采用将外压转换成金属液静压力的方法。

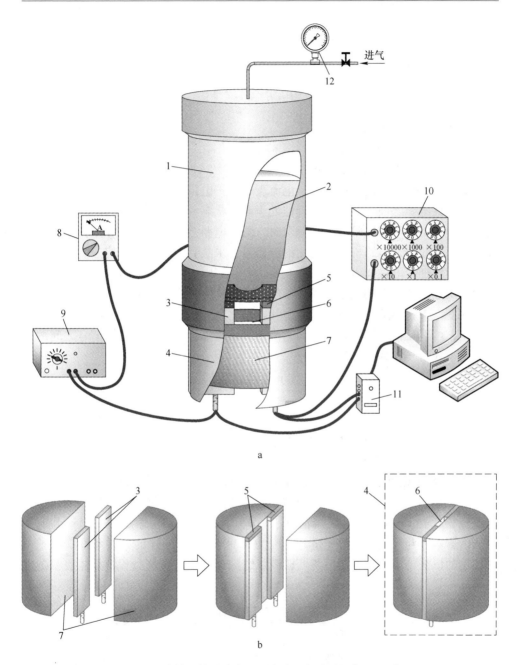

图 2-11　喷粉元件缝隙内金属液渗透实验测量装置(a)与
底喷粉元件组装过程(b)示意图

1—熔池；2—熔融金属；3—定厚度薄片电极；4—缝隙式透气砖；5—防导通耐火材料；6—缝隙；
7—半圆形耐火砖；8—电流表；9—直流稳压电源；10—保护电阻；11—数据处理器；12—压力表

具体来说，实验开始在熔池底部加入一定深度的金属液，然后通过往熔池内注入惰性气体的方式来控制熔池压力，随着熔池内压力增大，熔液等效深度也随之增大，此时得到的等效熔池深度可由下式求出。

$$H = H' + \frac{p_{\text{ext}}}{\rho g}$$ （2-52）

式中　H——等效熔池深度；

　　　H'——加入金属液深度；

　　　p_{ext}——熔池内惰性气体压力。

测量电路包括直流稳压电源、电流表、保护电阻及数据处理器。在钢液渗透底喷粉元件缝隙之前，测量电路近似处于断路状态，两薄片电极之间的电阻趋于无穷大。当钢液渗透底喷粉元件缝隙时，测量电路被导通，两薄片电极之间电阻迅速减小，此时，电路检测到变化的电信号，采集到电极间电压信号。随钢液渗入深度的增加，电极间电阻发生连续变化，采集电极间电压信号的连续变化，来实现对钢液渗透深度的定量测量。显然，两薄片电极之间的电阻值与缝隙内钢液渗透深度有关，渗透深度越深，两薄片电极之间的电阻值越小，连续测量电信号的变化，可以反馈出钢液在缝隙间的渗透深度，渗透深度与测量电信号之间的关系可由下式给出，即：

$$h = \frac{\rho_{\text{elec}} W}{\delta} \times \frac{I}{U}$$ （2-53）

式中　ρ_{elec}——熔融渗透金属的电阻率[25]；

　　　I——测量电路测得的电流值；

　　　U——两薄片电极之间的电压值。

采用这套实验装置，不仅可以验证上述缝隙式底喷粉元件设计理论，而且还可以实现动态测量底喷粉元件缝隙内金属液的渗透过程。采用半圆形刚玉砖，设定缝隙长度为15mm，将金属熔池置于105℃保温箱中，考察缝隙宽度对金属液渗透的影响，与此同时，固定缝隙宽度为0.08mm，以同样的方式考察缝隙长度对渗透的影响。本研究开展两组实验测量缝隙内金属液渗透过程，具体实验条件及实验参数见表2-3。表2-3中，A、B组中的最大渗透深度是通过实验测得的。

表 2-3　动态测量金属液渗透行为的实验参数　　　　　（mm）

项　目	参　数	A 组	B 组
缝隙	缝隙宽度 δ	0.12	0.10
	缝隙长度 W	15	15
熔池	等效熔池深度 H	65	75
渗透过程	最大渗透深度 h	59.5	19.5

2.4 金属液渗透喷粉元件缝隙的影响因素

本研究首先对比了实验测得数据与不同渗透模型预测的安全缝隙宽度随金属液熔池深度的变化关系，对比结果如图 2-12 所示。

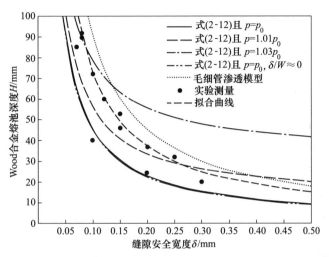

图 2-12 缝隙安全宽度随熔池深度的变化关系

图 2-12 中给出了采用毛细管渗透模型、当前模型预测结果与实验测量结果对比，从图上可以看出，采用毛细管渗透模型预测的结果整体上要高于实验测量结果。这是由于毛细管渗透模型忽略了底喷粉元件缝隙的几何形貌，将矩形缝隙简化为圆孔处理，显然，在毛细管直径与缝隙宽度相等的条件下，毛细管具有更强的抗渗透性能。式（2-12）给出的是理想表面缝隙安全宽度的预测表达式，尽管该式通过引入 δ/W 项来考虑了缝隙的几何特征，但其并没有包含实际耐火材料表面特性对底喷粉元件抗渗透性能的影响，这种影响主要来自耐火材料表面粗糙特性、宏观形貌以及耐火材料材质的均匀性，因此，式（2-12）预测的结果低于实验测量值。

无论毛细管渗透模型还是理想表面缝隙渗透模型都不能很好预测各熔池深度下相应的缝隙安全宽度，因此，有必要引入修正系数考虑壁面实际特性的影响，即实际表面缝隙安全宽度表达式（2-29）。实验结果表明，缝隙表面粗糙特性有助于底喷粉元件缝隙抵抗钢液的渗透，这与大内龍哉等[17]的研究结果也是一致的，说明采用式（2-29）能更准确预测底喷粉元件缝隙的安全宽度。然而，该式并不能直接应用于底喷粉元件缝隙宽度的预测，式中修正系数 k 和 d 需进一步求解。根据实验数据，可拟合缝隙安全宽度随熔池深度变化曲线，如图 2-12 所示。

由于实验中采用的耐火材料表面相对光滑，修正系数 d 近似取值为 0.1，根据拟合结果求出修正系数 k 近似取值为 1.4，式（2-29）可简化为：

$$\delta = -\frac{2\sigma(1.4\cos\theta - 0.1)}{p_0 + \rho gH - p}\left(1 + \frac{\delta}{W}\right) \tag{2-54}$$

尽管实际操作条件下环境压力 p_0 通常保持不变，而缝隙内残余压力 p 可通过特定的装置进行调节，因此重点考察了外界压力对渗透行为的影响。对比图 2-12 中不同外界压力条件下的渗透曲线可以看出，缝隙内残余压力对渗透有着明显的影响，即使缝隙内残余压力仅比环境压力高 1%，底喷粉元件缝隙抗渗透性能有了明显的提高，这意味着在钢包底喷粉精炼过程中可通过保持喷粉元件内正压来预防钢液渗透。

关于喷粉元件缝隙长度对渗透的影响，可通过与 $\delta/W \approx 0$ 曲线进行对比，如图 2-13 所示，可以看出，缝隙长度对渗透的影响极其微弱，甚至可以忽略，但这并不意味着在任何情况下缝隙长度的影响都可以忽略。图 2-13 给出了实验条件下，缝隙宽度为 0.08mm 时缝隙长度随 Wood 合金熔池深度的变化关系。从图 2-13 可以看出，当缝隙长度与缝隙宽度可比时，随着缝隙长度的增加，发生渗透时相对应的熔池深度迅速减小；而当缝隙长度大于缝隙宽度的 50 倍时，随着缝隙长度的增加，发生渗透时对应的熔池深度变化不明显，也就是说只有当缝隙长度与缝隙宽度接近时，缝隙长度对于渗透有明显的影响。图 2-14 给出了实验条件下，Wood 合金渗透底喷粉元件缝隙的俯视图，从放大图上可以看出缝隙中有明显的金属渗透的痕迹。

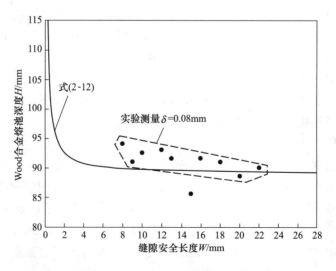

图 2-13　缝隙长度随熔池深度的变化关系

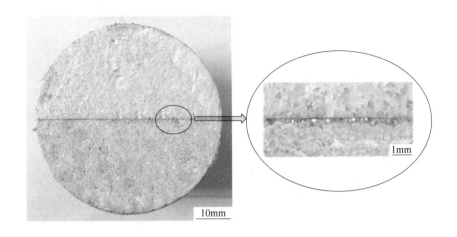

图 2-14 实验条件下 Wood 合金渗透底喷粉元件缝隙俯视图

2.5 渗透模型应用

如上文所述，设计研发底喷粉元件是开发钢包底喷粉精炼新工艺的关键，而底喷粉元件的抗渗透性又决定了其使用安全性能。因此，本模型旨在指导钢包底喷粉元件设计，研制出安全可靠的底喷粉元件，式（2-54）是式（2-29）的一类可用表达式，本文采用该式预测缝隙的安全宽度。

图 2-15 给出了钢包熔池深度与缝隙安全宽度的变化关系，从图上可以看出，在高的熔池深度下，底喷粉元件缝隙内残余压力对于抵抗钢液渗透起着至关重要的作用，因此在喷粉元件设计过程中应给予足够的重视。由于理想表面模型过低地预测了缝隙安全宽度，而经典的毛细渗透模型又忽略了过多的影响渗透的因素，因此这两个模型都不能准确指导喷粉元件缝隙安全宽度的设计。显然，本研究提出的基本表达式（2-29）是预测不同熔池深度下底喷粉元件缝隙安全宽度的较优选择。

实际精炼过程中，60t 钢包熔池深度通常低于 1.5m，150t 钢包熔池深度通常在 2~3m 之间，而应用于钢包底喷粉精炼条件下的喷粉元件，其耐火材料表面粗糙程度要大于实验条件下耐火表面粗糙度，也就是说实际条件下修正系数 k 和 d 要大于实验条件下测定值，因此其预测的曲线要高于图 2-15 中式（2-54）预测的曲线（实线）。综上所述，综合考虑影响钢液渗透底喷粉元件的因素，缝隙安全宽度取值区间位于图 2-15 中阴影区域，底喷粉元件缝隙安全宽度控制在 0.08~0.15mm 之间可以有效地避免精炼过程当中钢液的渗透。

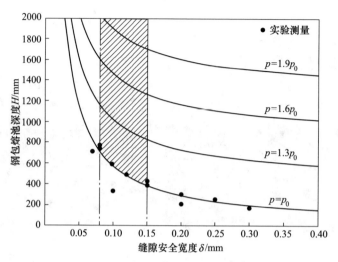

图 2-15 钢包熔池深度与缝隙安全宽度的变化关系

2.6 喷粉元件缝隙内金属液渗透过程

2.6.1 渗透过程的动态测量结果

当喷粉元件缝隙宽度增大到一定程度时，钢液不可避免渗透到底喷粉元件中，此时，需着重研究缝隙内钢液的渗透行为。本研究将缝隙内钢液开始发生渗透作为渗透起点，对渗透行为进行分析。

图 2-16 给出了 A 组实验条件下底喷粉元件缝隙内金属液渗透深度随时间的变化关系，从图上可以直接观测到底喷粉元件缝隙内钢液的渗透行为。结合实验过程中测量的喷粉元件缝隙内金属液渗透深度随时间变化关系曲线，如图 2-17 所示，可以将渗透过程分为以下三个阶段。

Ⅰ—不稳定渗透阶段。这个阶段存在随机、无规律的微渗透，有些渗透其深度随时间迅速增大，而又有些渗透其深度随时间变化缓慢，甚至不发生变化，不稳定渗透阶段渗透深度随时间变化规律性不显著。

Ⅱ—主渗透阶段。这个阶段存在较大的渗透速率，渗透深度随时间延长迅速增大，在较短的时间内产生了较大渗透深度。整个渗透过程中，主渗透阶段产生的渗透深度占总渗透深度的比例最高，贡献了主要的渗透深度。

Ⅲ—稳定渗透阶段。在这个渗透阶段中，渗透深度随时间延长几乎不再发生改变，该实验条件下，渗透深度达到稳定值（最大渗透深度）。

图 2-17a 给出了 A 组实验条件下渗透深度随时间变化关系，该条件下，Wood 合金熔池深度为 65mm，底喷粉元件缝隙长度为 15mm，缝隙宽度为 0.12mm。从图 2-17a 可以看出，不稳定渗透阶段大约持续了 90s，渗透深度达到 29mm。在这

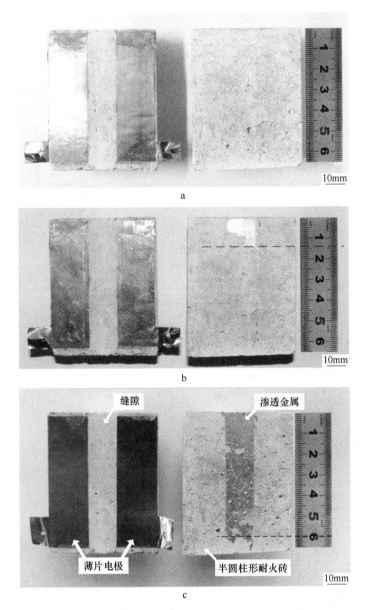

图 2-16 不同时刻底喷粉元件缝隙内金属液渗透行为

a—t = 0s; b—t = 20s; c—t = 550s

个过程中，渗透深度先是随着渗透时间延长迅速增加，之后渗透速率下降，渗透深度随时间变化缓慢。显然，前人[1]关于钢液向耐火材料渗透的研究中没有发现类似现象。接下来是主渗透阶段，这个渗透阶段持续了约100s，渗透深度随着时间延长而迅速增加，最终逐渐稳定，渗透深度达到最大值。之后，渗透过程进

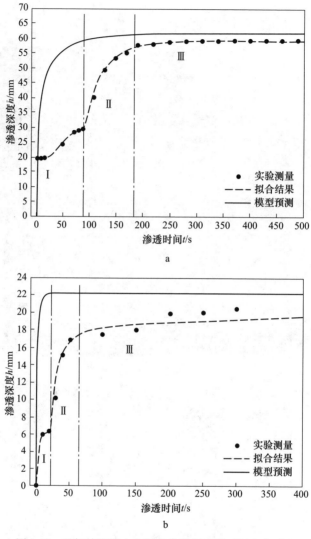

图 2-17　透气砖缝隙内金属液渗透深度随时间变化对比

a—A 组实验；b—B 组实验

入第三阶段，即稳定渗透阶段，渗透深度保持在 59.5mm。

　　为了排除实验结果的偶然性，接下来采用了 B 组条件进行渗透实验，金属熔池深度 75mm，缝隙参数为 0.10mm×15mm 时，经过 50s 金属液渗透深度达到最大值约 20mm，动态测量的渗透结果如图 2-17b 所示。显然，这组实验得到了类似的结果，渗透过程仍分为三个阶段，不稳定渗透阶段由两个分渗透阶段组成，该阶段持续大约 20s，渗透深度达到 6.3mm，主渗透阶段持续了约 40s，渗透深度达到 18mm，最终渗透进入第三渗透阶段，渗透深度保持稳定，不再随时间延长而发生变化。

利用 Matlab 软件包对透气砖缝隙内钢液渗透的控制方程进行求解，得到的渗透深度随时间变化关系曲线。对比实验数据可看出，计算预测的渗透深度随时间变化有着类似的变化规律，计算结果与实验数据在趋势上基本吻合，如图 2-17a 所示，钢液从发生渗透到达到稳定渗透深度的计算时间为 100~150s，与实验测得的 150~180s 基本吻合，不同的是，计算结果预测了一条光滑的渗透深度随时间变化的曲线，而实际测量的渗透深度随时间变化的曲线是由多段组成的，模型并没有很好地再现不稳定渗透阶段，原因将在下节阐述。

2.6.2 渗透行为分析

根据一系列渗透实验，如金属银、汞、钢液、熔渣等向多孔耐火材料渗透，以及液态金属向陶瓷填料的渗透测量结果，Kaptay 等[1] 提出了周期变径毛细管模型来描述钢液向多孔耐火材料的渗透过程，如图 2-18a 所示，这个模型很好地预测了最大渗透深度随熔池深度变化情况，在他们的工作中渗透过程分为预渗透期和主渗透期。渗透速率控制方程由 Washburm 模型推导得出，且渗透初期，渗透深度 h 与 $t^{1/2}$ 呈线性关系。

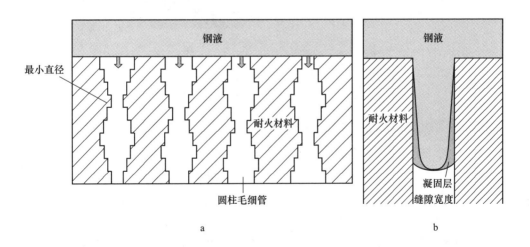

图 2-18　渗透模型示意图

a—Kaptay 的周期变径毛细管模型[1]；b—缝隙内凝固层渗透模型

尽管钢液向底喷粉元件缝隙内渗透行为与钢液向多孔耐火材料渗透存在一定程度上的相似，但两类渗透的渗透机理明显不同。本研究将底喷粉元件缝隙内钢液渗透过程简化为钢液向 V 形槽内渗透过程，如图 2-18a 所示，在周期变径毛细管模型中，渗透终止发生在变径毛细管的某一最小直径位置处。而对于缝隙内的钢液渗透，由模型假设可知，受温度梯度影响，附壁面钢液流动性降低，甚至形成凝固层，渗透终止发生在凝固层底端，如图 2-18b 所示。

上述分析可知，缝隙内钢液渗透过程分为三个阶段，即不稳定渗透阶段、主渗透阶段和稳定渗透阶段，而不稳定渗透阶段在先前关于渗透的研究工作中未见报道。

为进一步讨论缝隙内金属液发生不稳定渗透的机理，图 2-19 给出了实验后缝隙式透气砖剖析图，从俯视图上可以看出，缝隙内金属液发生了渗透，缝隙式透气砖拆卸图显示，金属液在缝隙内发生了不规则渗透，即沿着缝隙长度方向上，不同位置处渗透深度不同，这表明沿缝隙长度方向上，存在一些渗透易发点，渗透优先在这些位置上发生。

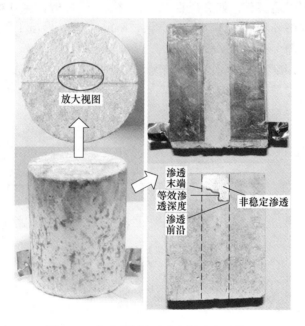

图 2-19　实验观测缝隙内金属液渗透状况

由于缝隙长度远远大于缝隙宽度，这增加了渗透易发点出现的概率。渗透一旦在这些点上触发，钢液将迅速渗透到底喷粉元件缝隙内，渗透点生长增大并逐渐发展成渗透面，而沿缝隙长度方向上某些位置仍保持未发生渗透状态，这导致了不规则渗透的发生，如图 2-20 所示，实验中不规则渗透现象可在图 2-19 底喷粉拆卸图中直接观察到。动态测量钢液的渗透深度是通过测量两薄片电极之间电信号的变化来进行的，这就实现了试验过程中不稳定渗透阶段的捕获与检测。随着渗透的进行，相邻附近渗透点生长，不同的渗透面彼此接触连接，最终铺满底喷粉元件缝隙，进而渗透进入到主渗透阶段。

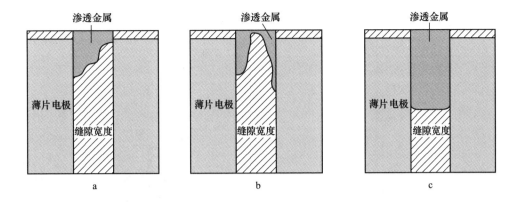

图 2-20　缝隙内金属液渗透过程示意图
a—不规则渗透阶段；b—不规则渗透阶段；c—稳定渗透阶段

由于模型将渗透过程简化为钢液向 V 形槽内的渗透过程，而忽略了缝隙长度方向不规则渗透的影响，因此导致预测结果与实验数据存在偏差。实验通过测量两电极间电信号来反映金属液渗透深度，实际中测得的渗透深度为等效渗透深度，其值介于渗透前沿和渗透末端之间。渗透易发点主要有以下几方面：

（1）从耐火材料自身性质分析，制作透气砖的耐火材料成分组成上并非绝对均匀，在沿缝隙长度方向上耐火材料表面存在金属液易润湿点，在这些点易发生渗透。

（2）缝隙表面粗糙度分布的不同影响了金属液对耐火材料的润湿。

（3）缝隙长度远远大于其宽度，沿长度方向上缝隙宽度的不均匀也会导致渗透易发点的产生。

因此，保证耐火材料成分均匀，控制透气砖表面粗糙度的均匀，以及控制缝隙宽度的一致，可有效减少透气砖表面渗透易发点，防止缝隙内钢液渗透的发生。

图 2-21 给出了透气砖缝隙内钢液渗透速率随时间的变化关系曲线，从图上可以看出，渗透一旦发生，金属液在极短的时间内达到最大渗透速度，之后随着时间延长，渗透速率逐渐减小，最终渗透速率趋于零，缝隙内金属液渗透过程达到稳定。

图 2-22 给出了缝隙安全宽度范围内，透气砖缝隙内金属液渗透深度随时间变化曲线，缝隙宽度为 0.08mm，熔池深度为 40mm；从图上可以看出，金属液在缝隙内最大渗透深度约 17μm。因此可认为该熔池深度下，采用缝隙宽度为 0.08mm 的缝隙式透气砖不会发生金属液的渗透，缝隙设计是安全的。

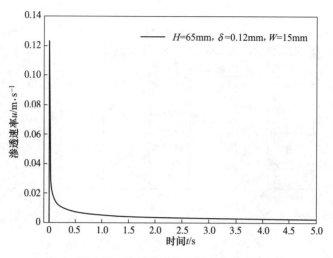

图 2-21　渗透速率随时间变化关系

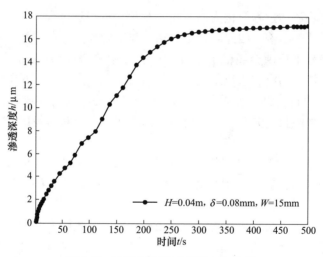

图 2-22　渗透深度随时间的变化关系

参 考 文 献

［1］ Kaptay G, Matsushita T, Mukai K, et al. On different modifications of the capillary model of penetration of inert liquid metals into porous refractories and their connection to the pore size distribution of the refractories ［J］. Metallurgical and Materials Transactions B, 2004, 35（3）: 471~486.

［2］ 松下泰志, 大内龍哉. 溶融金属の浸透性評価試験 ［J］. 耐火物, 2002, 54（4）: 221~ 225.

[3] Li Z, Mukai K, Tao Z, et al. Direct observation on the penetration of molten silver into porous refractory [J]. Taikabutsu, 1999, 51 (11): 594.

[4] Li Z, Ouchi T, Mukai K, et al. Analysis of the penetration behavior of molten silver into porous refractory [J]. Taikabutsu, 1999, 51 (11): 595.

[5] 松下泰志, 向井楠宏, 大内龍哉, 等. ポーラスプラグ用耐火物の迷路係数の評価法 [J]. 耐火物, 2002, 54 (3): 128.

[6] Matsushita T, Ohuchi T, Mukai K, et al. Direct observation of molten steel penetration into porous refractory [J]. Journal of the Technical Association of Refractories, Japan, 2003, 23 (1): 15~19.

[7] 向井楠宏, 陶再南, 後藤潔, 等. マグネシア質耐火物へのスラグ浸透のその場の観察 [J]. 耐火物, 1999, 51 (11): 596.

[8] Mukap K, Li Z, Tao Z, et al. Penetration of molten silver into porous refractory [J]. Transactions of the JWRI (Japan), 2000, 30: 377~382.

[9] Li Z, Mukai K, Tao Z, et al. Direct observation of molten silver penetration into porous alumina refractories [J]. Taikabutsu Overseas, 2001, 21 (2): 65~72.

[10] 宇田川悦郎, 前田榮造, 熊谷正人. AE 解析によるスラグ浸透スポーリング試験時の亀裂発生位置検出 [J]. 耐火物, 1996, 48 (3): 123~128.

[11] 松下泰志, 大内龍哉, 向井楠宏, 等. 溶鋼のポーラスれんがへの浸透の直接観察[J]. 耐火物, 2002, 54 (5): 242~248.

[12] Good R J. The rate of penetration of a fluid into a porous body initially devoid of adsorbed material (1, 2) [J]. Journal of Colloid and Interface Science, 1973, 42 (3): 473~477.

[13] Yu Z, Mukai K, Kawasaki K, et al. Relation between corrosion rate of magnesia refractories by molten slag and penetration rate of slag into refractories [J]. Journal of the Ceramic Society of Japan, 1993, 101 (5): 533~539.

[14] Mukai K, Tao Z, Goto K, et al. In-situ observation of slag penetration into MgO refractory [J]. Scandinavian Journal of Metallurgy, 2002, 31 (1): 68~78.

[15] 寇志奇. 狭缝式供气砖的研制与应用 [J]. 耐火材料, 2001 (2): 35~42.

[16] 潘时松, 朱苗勇, 周建安. 精炼钢包底喷粉透气砖的研制与实验研究 [J]. 中国冶金, 2007, 17 (7): 41~43.

[17] 大内龍哉, 溝部有人, 原田正博, 等. 貫通孔構造ガス吹きプラグの開発と適用 [J]. 耐火物, 1994, 46 (12): 646~647.

[18] 高世桥, 刘海鹏. 毛细力学 [M]. 北京: 科学出版社, 2009: 121~123.

[19] Spori D M, Drobek T, Zürcher S, et al. Beyond the lotus effect: roughness influences on wetting over a wide surface-energy range [J]. Langmuir, 2008, 24 (10): 5411~5417.

[20] 天津大学物理化学教研室编, 王正烈等修订. 物理化学 (下册) [M]. 4 版. 北京: 高等教育出版社, 2001: 175~180.

[21] Wenzel R N. Resistance of solid surfaces to wetting by water [J]. Industrial & Engineering Chemistry, 1936, 28 (8): 988~994.

[22] Cassie A B D, Baxter S. Wettability of porous surfaces [J]. Transactions of the Faraday

Society, 1944, 40: 546~551.

[23] 袁润, 李保家, 周明, 等. 微结构表面润湿模式转换的实验研究 [J]. 功能材料, 2009, 12 (40): 1958~1960.

[24] Ouchi T. Wear and countermeasures of porous plugs for ladle [J]. Taikabutsu Overseas, 2001, 21 (4): 270~275.

[25] Verma A, Evans J W. Measurements of the electrical conductivity of Wood's alloy and other low melting point alloys [J]. Metallurgical and Materials Transactions B, 1994, 25 (6): 937~939.

3 钢包底喷粉元件内粉气流行为

喷射冶金实践中,常遇到大量气-固、气-液、液-固两相甚至多相流流动的问题,传统喷射冶金是通过耐火材料制成的喷枪插入铁水或钢液中进行喷吹,是一种快速精炼手段。本研究采用缝隙式喷粉元件从钢包底部进行喷粉精炼,该工艺将钢包吹氩搅拌与喷粉结合起来,克服了传统喷粉工艺操作不稳定、易喷溅、粉剂利用率低、喷枪使用寿命短、成本高等问题。要实现该工艺应用,要求输送粉剂在缝隙内连续稳定的输送而不发生堵塞。

钢包底喷粉元件是钢包底喷粉精炼新工艺的核心部件,喷粉精炼过程中,粉剂在载气流作用下经喷粉元件喷入钢包熔池。喷粉元件结构复杂,粉气流通道包括蓄气室和缝隙两部分,来自输送管道的粉气流经蓄气室缓冲后,进入喷粉元件缝隙,再通过缝隙喷入钢液深处。喷吹过程要求喷粉元件无堵塞、粉气流低脉动且粉剂喷入量可控。由于蓄气室截面积远大于缝隙截面积,喷吹过程中粉气流无法一次性进入缝隙通道。在蓄气室设计不合理的情况下,会导致如下现象发生:(1)蓄气室内粉剂分布不均匀,局部出现大量粉剂堆积现象;(2)缝隙内粉剂分布不均匀,出现偏流或粉剂堵塞缝隙现象。因此,掌握底喷粉元件内气固两相流的输送行为是实现连续稳定喷吹的关键。

本章从研究钢包底喷粉元件内单个粉粒的运动特性着手,分析两相流中粉粒受力情况及动量输送过程,估算典型喷吹条件下各力的量级,并对粉粒运动方程进行求解,揭示底喷粉元件内粉粒运动行为。在此基础上,对喷粉元件内气固两相流行为进行数值模拟,着重考察钢包底喷粉元件蓄气室内气固两相流输送行为。如上文所述,蓄气室截面积远大于缝隙截面积,造成蓄气室内大量粉剂残余,因此研究基于 Euler-Euler 多相流方法开展,揭示钢包底喷粉元件几何参数、喷吹工艺参数等对气固两相流输送行为的影响,旨在指导钢包底喷粉精炼新工艺喷吹参数的制定和底喷粉元件的设计。

3.1 钢包底喷粉元件内粉气流行为研究现状

钢包底喷粉元件粉气流通道如图 3-1 所示,包括起缓冲作用的蓄气室和抗渗透作用的缝隙,蓄气室内气固两相流流场结构复杂,呈现瞬变性、不对称性和不规则性,而缝隙内粉气流又受粉粒-壁面碰撞主导。因此,需对喷粉元件内粉气流行为开展研究，解决粉剂堵塞问题，揭示底喷粉元件内粉气流输送规律，为钢包底喷粉元件设计和喷吹工艺参数制定奠定理论基础。

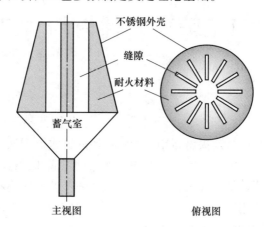

图 3-1　钢包底喷粉元件粉气流通道示意图

　　粉粒在喷粉元件内运动状态对输送效果有重要影响，决定了喷吹过程能否顺利进行。单粉粒在流体中的运动是分析气固两相流动问题的基础，喷粉元件内粉粒运动特性是研究粉气流输送行为的关键。先前有工作[1]对精炼钢包透气砖中喷吹粉粒的运动特性进行了研究，建立了描述粉粒在垂直流中的基本运动方程，但由于该模型仅考虑了曳力、重力、浮力、视重力等对粉粒运动的影响，而忽略了升力、热泳力、Basset 力等的影响，因此该模型只能描述粉剂颗粒沿气体流动方向上的运动状态，并未提供垂直气流流动方向上粉粒运动信息，与实际情况存在一定的偏差。

　　许多情况下多相流系统中升力的影响不可忽略，甚至可达到曳力量级。喷粉精炼涉及到复杂多相流系统，粉剂通过垂直安装在钢包底部的喷粉元件喷入钢液内部，粉气流在底喷粉元件内速度大小、流动方向瞬息万变，属于限制性两相流输送，粉粒受诸多作用力。因此，需要对喷粉元件内粉粒受力情况进行详细分析，考察喷吹条件下粉粒所受各作用力的数量级，基于合理假设建立描述粉粒运动行为的数学模型。

　　底喷粉元件通常竖直安装在钢包底部，喷粉精炼过程中粉剂经喷粉元件缝隙喷入钢包熔池。喷粉元件主体由耐火材料制成，其缝隙细长狭小，且内表面粗糙，垂直安装在钢包底部，如图 3-2 所示。因此，粉剂喷吹过程有如下两个特点：

　　（1）缝隙狭小，粉剂颗粒不可避免地与缝隙壁发生高频率碰撞，粉粒壁面碰撞过程对输送行为起着重要作用。

　　（2）缝隙直通，粉气流沿缝隙通道输送，粉粒-壁面碰撞入射角较小。

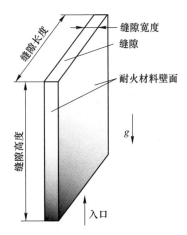

图 3-2 钢包底喷粉元件缝隙示意图

碰撞过程严重影响粉粒的运动行为，改变粉粒速度大小和方向、动量损失、粉粒旋转，甚至粉粒自身特性，对两相流模拟过程中壁面条件的确定有重要影响[2]。深入研究粉粒-壁面碰撞过程，对于控制和优化粉气流输送参数、预测喷粉元件寿命等方面有着重要意义。影响粉粒-壁面相互作用过程的因素很多，主要包括粉粒运动速度、粉粒和壁面材料性质、粉粒形状及壁面粗糙度等。粉粒物理性质、运动参数的改变会影响碰撞机理，而壁面粗糙度是通过改变碰撞机理来影响粉粒-壁面相互作用过程的。如图 3-3a 所示，弹性粉粒与光滑壁面碰撞是瞬时完成的，而粉粒与粗糙壁面的碰撞过程要复杂得多，如图 3-3b 所示，这个碰撞过程不仅受粉粒物性参数和运动参数的影响，而且还受粗糙壁面形貌影响，粉粒反弹过程由多个微元过程组成。

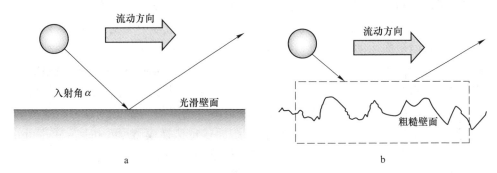

a   b

图 3-3 粉粒-壁面碰撞过程示意图
a—粉粒-光滑壁面碰撞；b—粉粒-粗糙壁面碰撞

壁面粗糙度作为一项重要的影响因素，不仅改变了流体湍动行为，而且严重影响粉粒-壁面碰撞过程[3]，导致粉粒相在流体中的分布更加离散[4]。Napoli

等[5]指出壁面粗糙度促使顺气流方向速度向下游方向偏移，且湍流曳力系数增大。Laín 等[6]研究发现壁面粗糙度导致惯性粉粒与壁面碰撞的频率增高，而对于惯性较小的粉粒碰撞频率反而降低[7]。Kussin 等[4]测量了水平管路中气固两相流的输送行为，结果发现壁面粗糙度导致粉粒脉动速度增大，且增强了粉粒相在横向方向上的扩散。显然，壁面粗糙度对湍动气固两相流输送行为有着重要影响，且这种影响不可忽略[8]。

目前对于粉粒-粗糙壁面相互作用的模拟方法主要分为两类，即确定性模拟和随机模拟。前者主要通过构建壁面的粗糙结构来模拟粉粒-粗糙壁面的碰撞过程，这种方法尽管能够揭示更多的粉粒在粗糙壁面上的碰撞细节，但需要实时构建碰撞位置处粗糙结构，方法复杂、计算量大，对计算机性能要求高，多用于二维模拟中。Mando 等[8]基于确定性方法将粗糙壁面处理为正弦轮廓并考虑入射视角影响，模拟了二维管道内气固两相流输送。相比于确定性方法的高计算负荷，随机模拟无需构建碰撞位置处的粗糙结构，因此该方法更简便、高效，被广泛应用于模拟粗糙壁面影响的气-固两相流过程[9]。文献中[10~13]给出了众多的粗糙壁面随机模拟的方法，其中应用最广的当属虚拟壁面法，该方法最初是由 Tsuji 等[14]在不规则反弹模型（Abnormal Bouncing Model）中提出的，但当粉粒入射角较大时，该模型不能很好再现粗糙壁面的影响。根据一系列粗糙轮廓结构的实验分析，Sommerfeld 等[15]指出壁面粗糙结构近似满足正态分布，但由于粉粒入射视角影响，粗糙角概率分布函数应向正方向偏转，也就是说粉粒与粗糙结构迎风面的碰撞概率要高于粉粒与顺风面碰撞的概率。基于以上实验事实，Sommerfeld 等[15]提出了阴影影响模型（Shadow Effect Model），采用有效分布函数来描述入射粉粒"看到"的粗糙角概率分布，并给出了相应算法。该模型广泛应用于模拟粉粒-粗糙壁面的碰撞过程，并取得了较准确的模拟结果。

然而，阴影模型预测小角度入射粉粒在壁面反弹过程中遇到了问题，该模型预测了大量附壁面运动的粉粒（反弹角接近 0°），这些粉粒并没有如预期那样从壁面反弹返回到流体中，而是沿壁面随流体运动[16]。实际中，由于壁面粗糙形貌的存在，附壁面运动的粉粒将不可避免地与壁面再次发生碰撞导致粉粒返回流体中。Konan 等[17]指出造成这种反弹行为是由于阴影模型缺乏粉粒与粗糙壁面多重碰撞的机理，他们的工作给出了粗糙壁面多重碰撞模型（Rough Wall Multi-Collision Model），并将粉粒与粗糙壁面的碰撞描述为多重反弹的过程，该模型较好再现了小角度入射粉粒在粗糙壁面上的反弹行为。Mallouppas 等[18]引入粗糙壁面振幅和粗糙壁面长度来修正多重碰撞模型，修正的模型用来模拟湍动气固两相流，其预测结果与实验数据吻合良好。

尽管阴影影响模型、多重碰撞模型在预测粉粒-粗糙壁面碰撞过程中取得了很好的表现，但不可否认这些模型都采用了单一虚拟壁面原则，而忽略了相邻虚拟壁面及粉粒运动历史的影响，预测结果与实验数据仍存在较大偏差。实际粗糙壁面是一个整体系统，粉粒与粗糙单元碰撞不可避免地受相邻粗糙单元的影响，因此，入射粉粒"看到"的真实粗糙角概率分布需进一步分析。尽管先前模型给出了单次碰撞和多重碰撞的判定标准，但多重碰撞的本质仍不甚清晰，需进一步细化粉粒-粗糙壁面多重碰撞过程，了解其碰撞反弹机理。

3.2 钢包底喷粉元件内粉粒运动行为分析

3.2.1 模型假设

钢包底喷粉用粉粒粒径在 $15 \sim 37\mu m$（$400 \sim 800$ 目）之间，粉粒在输送气流中受到多种力作用，对垂直流中粉粒运动行为做如下假设：

（1）气流和粉粒惯性不同，气流与粉粒之间存在着相对速度，因而存在着各自运动规律的相互影响。

（2）流场中存在着压力梯度和速度梯度，粉粒形状不均匀，粉粒之间以及粉粒与壁面之间碰撞等因素会引起粉粒的高速旋转，导致垂直于粉粒运动方向上产生横向速度。

（3）流场中有温度梯度存在，粉粒受热泳力作用。

（4）粉粒初始状态（如初始速度、初始位置等）对粉粒运动行为会产生影响。

（5）不同物质的粉粒由于密度不相同，有着不同的运动规律。

将钢包底喷粉元件内粉粒运动简化为粉粒在定常垂直流中的运动，质量为 m_p 的粉粒加速上升过程受力分析如图 3-4 所示，图中 F_D 为黏性流体对粉粒的曳力；F_b 为粉粒在气流中所受到的浮力；F_{vm} 为虚拟质量力（即视质量力）；F_g 为粉粒自身重力；F_B 为 Basset 力；F_T 为热泳力，是由于温度梯度存在而产生的；F_L 为升力，其作用方向与流体流动方向垂直，包括剪切诱导升力和旋转诱导升力，以下分析给出各力的求解方案。

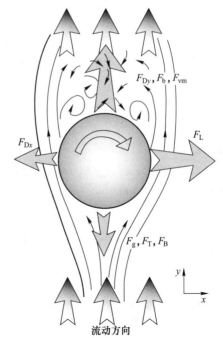

图 3-4　垂直流中粉粒受力分析图

3.2.2　粉粒受力分析

3.2.2.1　曳力

曳力是由于粉粒与黏性流体（气体）之间存在相对速度而产生的，实际两相流中，粉粒所受曳力大小受很多因素影响。为得到曳力统一表达形式，通常引入曳力系数，即：

$$F_D = C_D A \frac{\rho_g \left| u_g - u_p \right| (u_g - u_p)}{2} \tag{3-1}$$

式中　ρ_g——气体密度；

A——粉粒在流体流动方向上的投影面积；

u_g——气体速度；

u_p——粉粒运动速度；

C_D——曳力系数，受粉粒雷诺数、粉粒旋转状态、流体湍动情况、流体可
　　　　压缩性、流体温度等因素影响。

首先给出粉粒雷诺数的表达式，即：

$$Re_p = \frac{\rho_g d_p \left| u_g - u_p \right|}{\mu_g} \tag{3-2}$$

式中　d_p——粉粒直径；

μ_g——流体黏度。

曳力系数与雷诺数的关系往往通过大量的实验得出，Oeters[19]指出球形粉粒曳力系数与雷诺数的关系满足表达式，即：

$$C_D = \frac{a}{Re_p^k} \tag{3-3}$$

式中，a 和 k 为常数，与雷诺数相关，即：

当 $Re_p \leqslant 1$ 时，服从 Stokes 定律，$a = 24$，$k = 1$；

当 $1 < Re_p \leqslant 1 \times 10^3$ 时，服从 Allen 定律，$a = 10$，$k = 1/2$；

当 $1 \times 10^3 < Re_p \leqslant 2 \times 10^5$ 时，服从 Allen 定律，$a = 0.44$，$k = 0$。

众所周知，雷诺数在 $0.1 < Re_p < 1000$ 范围内，C_D 没有解析解，在众多的曳力模型中，另一常用模型为 Cliff 等[20]给出的曳力模型，即：

$$C_D = \frac{24}{Re_p}(1 + 0.15 Re_p^{0.687}) + \frac{0.42}{1 + (42500/Re_p^{1.16})} \tag{3-4}$$

式（3-4）右边第一项为 Schiller-Neumann[21]曳力系数表达式，在雷诺数低于 800 范围内，该表达式对曳力系数给出了准确的描述。式（3-3）在小于临界雷诺数范围内（$Re_p \leqslant 2 \times 10^5$）与实验结果误差小于 6%，本研究采用该模型描述

粉粒所受曳力。

实际中，曳力系数 C_D 在一定程度上受流体流动状态及粉粒运动的影响，Loth[20] 根据剪切流模拟结果，拟合了该流动条件下曳力系数表达式，即：

$$\frac{C_D}{C_{D,\omega=0}} = 1 + 0.00018 Re_p \left(\omega_{shear}^*\right)^{0.7} \tag{3-5}$$

式中，ω_{shear}^* 定义为连续流体无量纲速度梯度，与 Bagchi-Balachandar 数据[22] 对比表明，当 $Re_p \leqslant 500$，$\omega_{shear}^* \leqslant 0.8$ 时，该表达式能准确地描述剪切流中曳力系数。研究表明，在 $Re_p < 100$ 和 $\Omega_p^* \leqslant 0.8$ 条件下粉粒旋转对曳力系数的影响并不明显，本研究忽略粉粒旋转对曳力系数的影响，其中 Ω_p^* 为无量纲粉粒旋转雷诺数。

综上所述，计算曳力对粉粒旋转影响时，采用 Clift 给出的曳力系数经验公式，并采用 Loth 提出的经验公式对流体剪切引起曳力系数的变化进行修正，忽略粉粒旋转对曳力系数的影响。

3.2.2.2 升力

升力是垂直流体流动方向上最重要的力，其作用效果是促使粉粒向垂直流动方向上迁移。通过引入升力系数，升力可以采用统一表达形式，即：

$$F_L = C_L A \frac{\rho_g \left| u_g - u_p \right| \left(u_g - u_p \right)}{2} \tag{3-6}$$

式中 C_L——升力系数。

升力系数选取是求取升力的关键，依据前人研究，升力产生的机理有两种：流体剪切诱导升力（见图 3-5a）和粉粒旋转诱导升力（见图 3-5b）。当流体剪切作用与粉粒旋转达到平衡时，作用于粉粒的合力矩为零，这时候粉粒达到稳定旋转平衡状态（见图 3-5c）。

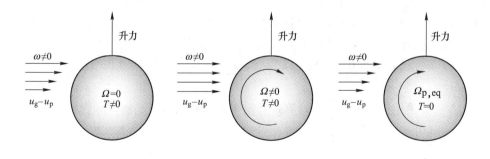

图 3-5 流场中粉粒所受升力示意图

a—连续相剪切；b—颗粒旋转；c—力矩平衡

本研究采用了 Loth 基于实验数据拟合的剪切诱导升力系数，其表达式如下[20]：

当 $Re_p \leqslant 50$ 时，

$$C_{L,shear} \approx J^* C_{L,Saff} \tag{3-7}$$

当 $Re_p > 50$ 时，

$$C_{L,shear} \approx - (\omega_{shear}^*)^{1/3} \left\{ 0.0525 + 0.0575 \tanh \left[5 \log_{10} \left(\frac{Re_p}{120} \right) \right] \right\} \tag{3-8}$$

其中，$C_{L,Saff}$ 为 Saffman 升力系数，当 $Re_p \ll Re_\omega^{1/2}$ 且 $Re_p \ll 1$ 时，其表达式为：

$$C_{L,Saff} = \frac{12.92}{\pi} \sqrt{\frac{\omega_{shear}^*}{Re_p}} \tag{3-9}$$

式（3-7）中，J^* 为 McLaughlin 升力比，Mei 等[23]给出了其近似的表达形式：

$$J^* = \frac{C_{L,McL}}{C_{L,McLSaff}}$$

$$\approx 0.3 \left\{ 1 + \tanh \left[\frac{5}{2} \log_{10} \sqrt{\frac{\omega_{shear}^*}{Re_p}} + 0.191 \right] \right\} \times \left\{ \frac{2}{3} + \tanh \left[6 \sqrt{\frac{\omega_{shear}^*}{Re_p}} - 1.92 \right] \right\} \tag{3-10}$$

而对于粉粒旋转的影响，Loth 等[24]基于理论研究、实验结果及数值模拟结果给出了旋转诱导升力系数经验表达式：

$$C_{L\Omega}^* = 1 - \{0.675 + 0.15[1 + \tanh 0.28(\Omega^* - 2)]\} \times \tanh(0.18 Re_p^{1/2}) \tag{3-11}$$

此模型要比先前假定 $C_{L\Omega}^*$ 为常数更精确，为此本研究对于粉粒旋转诱导升力的影响采用式（3-11）进行计算。为了准确模拟粉粒的运动特性，需同时考虑流体运动特性及粉粒运动状态，根据 Loth[20]的研究结果，将剪切诱导升力与旋转诱导升力进行线性组合来估算升力对粉粒运动特性的影响，其表达形式如下：

$$F_L(\omega \neq 0, \Omega \neq 0) \approx F_{L,\omega}(\omega \neq 0, \Omega_p = 0) + F_{L,\Omega}(\omega = 0, \Omega_p \neq 0) \tag{3-12}$$

本研究采用该升力模型来计算垂直流中升力对粉粒运动特性的影响。

3.2.2.3　虚拟质量力

当粉粒相对于流体做加速运动时，不但粉粒的速度越来越大，而且在粉粒周围的流体的速度亦会增大。推动粉粒运动的力不但增加粉粒自身的动能，而且也增加了流体的动能，故这个力大于加速粉粒本身所需的 $m_p a_p$，好像粉粒质量增加了一样，所以加速这部分增加质量的力就叫做虚拟质量力，或称表观质量力，

其表达式为:

$$F_{vm} = \frac{1}{12}\pi d_p^3 \rho_g \frac{d}{dt}(u_g - u_p)$$ (3-13)

3.2.2.4 热泳力

喷粉元件垂直安装在钢包底部,上端与钢液直接接触,喷粉元件垂直方向上会产生较大的温度梯度,而喷吹粉剂粒径在 15~37μm(400~800 目)之间,因此在计算粉粒运动特性时,其所受热泳力不能忽略。Epstein 在 1929 年首先提出了热泳力的理论计算公式,之后许多学者[25~27]相继提出了适用于不同范围的热泳力计算公式,其中,以 Brock[25]提出的热泳力计算公式较为实用,其表达形式:

$$F_T = \frac{9}{2}\pi \frac{\mu_g^2}{\rho_g T_g} d_p \times \frac{1}{1 + 3c_m\frac{2l}{d_p}} \times \frac{\frac{k_g}{k_p} + c_t\frac{2l}{d_p}}{1 + 2\frac{k_g}{k_p} + 2c_t\frac{2l}{d_p}} \frac{dT_g}{dy}$$ (3-14)

式中 l——分子自由行程;

k_g——气体导热系数;

k_p——粉粒导热系数;

c_m——动量系数;

c_t——温度系数;

T_g——沿缝隙式底喷粉元件竖直高度上温度分布;

dT_g/dy——竖直方向上温度梯度。

3.2.2.5 其他作用力

除上述作用力外,作用于粉粒上的力还包括粉粒自身重力 F_g、浮力 F_b、Basset 力 F_B 等。对于 Basset 力的影响,由长福等[28]通过实际检验得出这样的结论,即固体粉粒或液滴在气相中的运动其所受的 Basset 力可以被忽略,因此本研究不考虑 Basset 力对粉粒运动行为的影响。重力和浮力采用了最常用的表达形式:

$$F_g = \frac{1}{6}\pi \rho_p d_p^3 g$$ (3-15)

$$F_b = \frac{\pi}{6}\rho_g d_p^3 g$$ (3-16)

3.2.3 各力数量级

基于以上对各作用力分析,可估算各力的数量级。在垂直流中,假定粉粒速度达到流体速度的 85%，对石灰粉粉粒直径分别为 $1\mu m$、$10\mu m$、$20\mu m$、$30\mu m$ 和 $70\mu m$ 五种情况进行计算，各种力的数量级关系见表 3-1。

表 3-1　不同粒径粉粒所受各力数量级　　　　　　　　（N）

粉粒受力	粉粒直径 $d_p/\mu m$				
	1	10	20	30	70
重力 F_g	1.03×10^{-14}	1.03×10^{-11}	8.22×10^{-11}	2.77×10^{-10}	3.52×10^{-9}
气体曳力 F_D	2.00×10^{-11}	2.00×10^{-9}	8.02×10^{-9}	1.80×10^{-8}	9.82×10^{-8}
浮力 F_b	3.88×10^{-14}	3.88×10^{-12}	1.55×10^{-11}	3.49×10^{-11}	1.90×10^{-10}
剪切诱导升力 $F_{L,shear}$	4.56×10^{-15}	4.56×10^{-12}	3.64×10^{-11}	1.23×10^{-10}	1.56×10^{-9}
旋转诱导升力 $F_{L,spin}$	2.36×10^{-13}	2.36×10^{-11}	9.46×10^{-11}	2.13×10^{-10}	1.16×10^{-9}
虚拟质量力 F_{vm}	1.52×10^{-17}	1.52×10^{-14}	1.21×10^{-13}	4.10×10^{-13}	5.21×10^{-12}
热泳力 F_T	2.49×10^{-13}	1.59×10^{-12}	2.83×10^{-12}	4.05×10^{-12}	8.89×10^{-12}

　　图 3-6 给出了粒径为 $20\mu m$ 粉粒所受各力的量级对比，从图上可以看出，该粒径粉粒所受气相曳力比其他作用力大三个数量级以上，而重力、升力大小在同一个数量级上，其他作用力如虚拟质量力、浮力、热泳力等相比曳力显得微乎其微，因此曳力在粉剂喷吹过程中起主导作用。

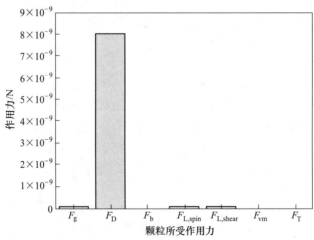

图 3-6　粉粒所受各力的大小对比（$d_p = 20\mu m$）

　　为了更准确描述各力的相对大小，将除了曳力以外其他作用置于同一图中进行对比，同时考察了粉粒粒径对各力量级的影响，其结果如图 3-7 所示。由图3-7 可知，在粒径 $1\sim70\mu m$ 范围内，粉粒所受浮力、压力梯度力及虚拟质量力与其自身重力相比都非常小，甚至可以忽略不计。而热泳力只有当粉粒粒径非常小时才起作用，这主要是因为重力随粒径变化比热泳力变化灵敏，重力与粉粒粒径的三次方成比例，而热泳力与粒径一次方成比例，即 $F_g \propto d_p^3$，$F_T \propto d_p$。所以，当粉粒粒径增大时，重力迅速增大，而热泳力仍保持较小数值；当粒径继续增大时，热泳力相对于重力变得微乎其微。鉴于此，只有当粉粒粒径较小时（$d_p \leqslant 10\mu m$），才考虑热泳力对粉粒运动特性的影响。另外，从图 3-7 中可以看出，在各粒径范围内粉粒所受升力与其自身所受重力大小始终可比，显然，升力是垂直于流动方向上粉粒所受最重要的作用力，因此升力对粉粒运动特性的影响不可忽略。

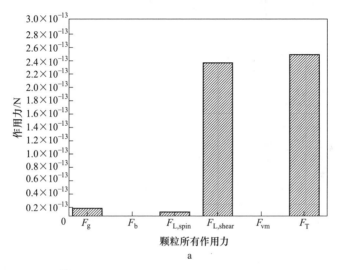

a

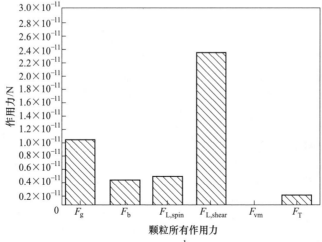

b

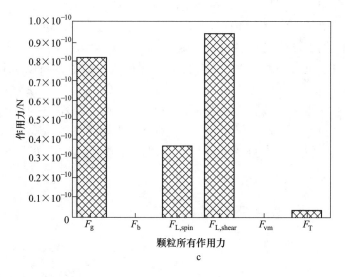

c

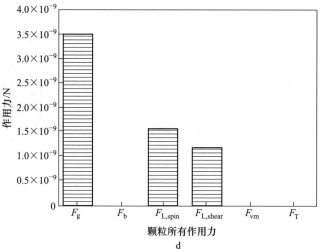

d

图 3-7　不同粒径粉粒所受各力的大小对比

a—$d_p = 1\mu m$；b—$d_p = 10\mu m$；c—$d_p = 20\mu m$；d—$d_p = 70\mu m$

3.2.4　垂直流中粉粒运动方程

垂直流中粉粒运动可分解为 x 方向（垂直流体流动方向）和 y 方向（流体流动方向）两部分，在直角坐标系中动量方程和位移方程表达形式如下：

x 方向：

$$m_p \frac{\mathrm{d}u_{px}}{\mathrm{d}t} = F_{Dx} + F_L + F_{vmx} + F_{Tx} \tag{3-17}$$

$$\frac{\mathrm{d}x}{\mathrm{d}t} = u_{px} \tag{3-18}$$

y 方向：

$$m_p \frac{\mathrm{d}u_{py}}{\mathrm{d}t} = F_{Dy} + F_g + F_b + F_{vmy} + F_{hy} + F_T \tag{3-19}$$

$$\frac{\mathrm{d}y}{\mathrm{d}t} = u_{py} \tag{3-20}$$

式中　m_p——粉粒质量；

u_{px}——粉粒在垂直于流体流动方向速度分量；

x——粉粒在垂直于流体流动方向上的位移；

u_{py}——粉粒沿流体流动方向上的速度分量；

y——粉粒沿流体流动方向的位移。

粉粒的运动过程可由数值计算的方法进行求解，利用 Matlab 软件包对喷粉元件内单粉粒运动的控制方程进行求解。

3.2.5 粉粒运动计算结果与分析

3.2.5.1 计算模型比较

为对模型进行验证，首先将其应用于计算垂直流中石灰粉的运动特性，计算结果与先前研究结果[1]进行对比，如图 3-8 所示。本研究改进先前研究中仅考虑粉粒沿垂直流方向上的运动特性，将曳力系数当作粉粒雷诺数的函数来处理，不考虑流体剪切及粉粒旋转对曳力系数影响，以及将喷粉元件缝隙内温度以等温方式处理的做法，因此，模型计算更接近实际情况。

在气流速度为 150m/s 的氮气流中，不同粒径的石灰粉粒垂直方向运动速度随时间变化关系如图 3-8a 所示。由图 3-8a 可知，粉粒运动初期具有很大的加速度，速度迅速增大，之后进入速度平缓区，粉粒速度增大缓慢。在此过程中，粉粒粒径对初始加速度有重要影响，粉粒粒径越小加速度越大，粉粒加速达到平稳速度所需的时间越短。不同粒径的粉粒垂直方向速度随位移变化如图 3-8b 所示。显然，小粒径的石灰粉粒加速达到平稳速度所通过的位移明显小于大粒径粉粒所产生的位移。

在速度为 150m/s 的氮气流中，直径为 0.20mm 不同密度粉粒的速度随时间及位移的关系如图 3-9 所示。不同密度的粉粒其速度随时间变化关系如图 3-9a 所示，由图可知，大密度粉粒的曲线位于小密度粉粒曲线的下方，曲率较小，这表明大密度粉粒需要比小密度粉粒更长的运动时间才能进入平缓区。图 3-9b 为不同密度粉粒的速度与运动位移之间的关系，从图上可以看出，运动曲线的曲率仍然按照小密度粉粒到大密度粉粒的顺序减小，而粉粒进入平缓区的运动位移依次增大。

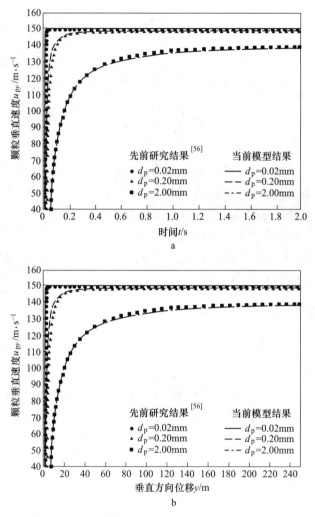

图 3-8　不同粒径石灰粉粉粒沿流体流动方向速度与时间及位移的变化曲线

a—不同时间；b—垂直方向位移

3.2.5.2　影响粉粒运动的因素

A　粒径对粉粒运动行为的影响

图 3-10 给出了不同粒径粉粒其 x 方向（垂直流体流动方向）迁移速度及迁移位移随时间的变化关系。由图 3-10a 可以看出，就单条运动曲线而言，运动初始阶段，粉粒沿 x 方向迁移速度迅速增大至最大值，之后速度并没有保持在最大值，而随时间延长逐渐减小，速度最终趋于零。这主要因为升力推动旋转粉粒沿垂直流体流动方向迁移，随着迁移速度增大，与升力相反方向的气体曳力也随之

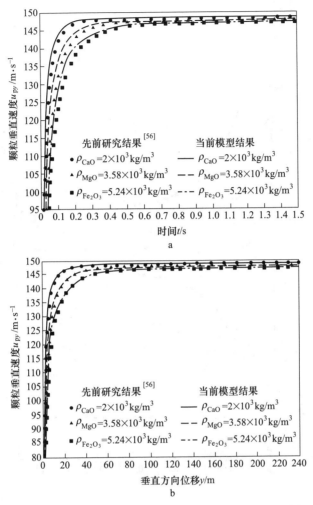

图 3-9 不同密度粉粒沿流体流动方向速度与时间及位移的变化曲线

a—时间不同；b—垂直方向位移

增大；与此同时，由于粉粒旋转速度的下降，升力也在逐渐减小，当升力与曳力平衡时，x 方向迁移速度达到最大值；然而通过受力平衡点之后，由于升力的继续减小，粉粒迁移速度开始下降，最终粉粒达到终点速度。

不同粒径粉粒的运动曲线有着类似的变化规律，但相比较而言，对于粒径 20μm 的粉粒，x 方向迁移速度变化得更迅速，粉粒经过 0.013s 即达到终点速度，而对于粒径为 60μm 的粉粒达到终点速度的时间约为 0.13s，速度变化更平缓。图 3-10b 给出了粉粒 x 方向迁移位移随时间变化关系，从图上可以看出，不同粒径粉粒 x 方向迁移位移都有极限值，大粒径粉粒迁移位移要大于小粒径粉粒的迁移位移。

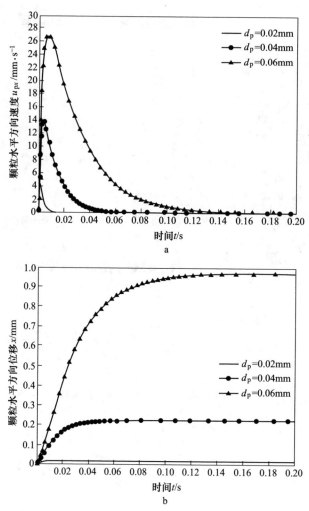

图 3-10　粒径对粉粒水平迁移速度和水平迁移位移的影响
a—水平方向速度；b—水平方向位移

B　密度对粉粒运动行为的影响

　　图 3-11 给出了不同密度粉粒水平方向速度和位移随时间的变化关系，载气流为氮气，气流速度为 150m/s，粉粒直径为 0.04mm。从图 3-11 中可以看出，不同密度粉粒（CaO，MgO 和 Fe_3O_4）的运动曲线有着相同的运动规律，即运动之初，粉粒沿 x 方向迁移速度迅速增大，速度达到最大值之后又平缓减小至终点速度。由图 3-11 可知，不同密度的粉粒水平方向最大速度近乎相等，终点速度都趋于零，受惯性影响，高密度粉粒（Fe_3O_4）需经历更长时间达到最大速度，且经历更长时间从最大速度减小到终点速度，这意味着高密度粉粒在水平方向上产

生的位移要明显大于低密度粉粒在水平方向上产生的位移。如图 3-11b 所示，氮气作为载气流输送过程中，相同时间内 Fe_3O_4、MgO、CaO 三类粉粒产生的水平方向位移依次减小。

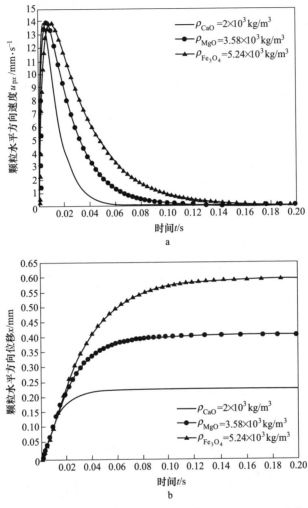

图 3-11 密度对粉粒水平迁移速度和水平迁移位移的影响

a—水平方向速度；b—水平方向位移

C 初速度垂直分量对粉粒运动行为的影响

图 3-12 给出了初速度垂直分量（y 方向）对粉粒水平方向速度和位移的影响，载气流为氮气，气流速度为 150m/s，粉粒直径为 0.04mm。

粉粒水平方向迁移速度随时间变化关系如图 3-12a 所示，由图可知，粉粒初速度对运动特性的影响类似于粉粒粒径的影响，即随着喷吹时间的延长，粉粒水平方向速度迅速增加到最大值，之后平缓地降至终点速度。尽管具有不同初速度的粉粒其水平速度达到最大值所需时间几乎相同，但其水平方向最大速度却存在差异，初速度越大的粉粒其水平方向最大迁移速度越小。又因为不同初速度的粉粒从产生水平速度开始至达到终点速度所需要的时间几乎相等，因此，粉粒水平方向迁移位移随着初速度的增大而减小，如图 3-12b 所示。这意味着提高粉粒进入喷粉元件的初始速度，可减小粉气流在喷粉元件内的波动性，有利于平稳顺利的喷吹。

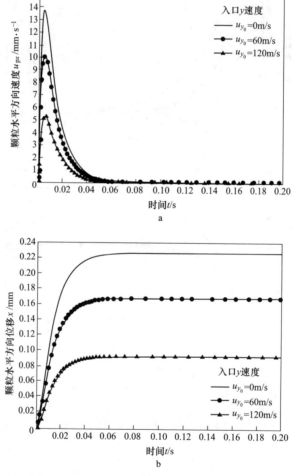

图 3-12　初速度垂直分量（y 方向）对粉粒水平迁移速度和水平迁移位移的影响
a—水平方向速度；b—水平方向位移

D　初速度水平分量对粉粒运动行为的影响

由于缝隙狭小，粉粒在缝隙内运动不可避免地会与缝隙壁发生摩擦或碰撞，其结果使粉粒在水平方向上产生迁移速度，本模型首先考虑了水平方向迁移速度对粉粒运动轨迹的影响。

　　图 3-13a 给出了不同水平初速度的粉粒迁移速度随时间的变化关系。从图 3-13a可看出，不同水平初速度的粉粒其迁移速度有相同的变化趋势，即水平方向迁移速度随时间延长逐渐减小，最终趋于零，水平初速度大的粉粒速度减为零所需的时间更长。当水平初速度大于 0.8mm/s 时，迁移速度出现了负值，这意味着该粉粒进入了气流边界层或与壁面发生了碰撞。图 3-13b 给出了具有不同水平初速度的粉粒水平迁移位移随时间的变化关系，从图上可以看出，粉粒水平初速度越大，水平迁移位移越大，当水平初速度足够大时（本试验水平初速度大于 0.8mm/s），粉粒与壁面发生碰撞，这将造成粉粒运动的不稳定，不利于粉粒连续稳定的输送，这种情况应当避免。

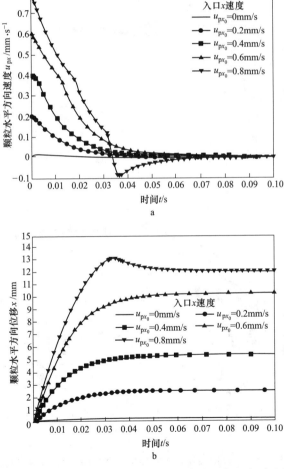

图 3-13　初速度水平分量（x 方向）对粉粒水平迁移速度和水平迁移位移的影响
a—水平方向速度；b—水平方向位移

E　流体边界层对粉粒运动行为的影响

若粉粒处在流体边界层，受黏性流体速度梯度及流体剪切作用的影响，粉粒运动状态会发生改变，此时，剪切诱导升力对粉粒运动状态会产生重要影响。

图 3-14 给出了粒径为 0.04mm 的石灰粉粒处在流体边界层时水平方向迁移速度和迁移位移随时间的变化关系，从图上可以看出，边界层内的粉粒有着独特的运动特性。对比不同初速度的粉粒发现，当初速度小于 100m/s 时，粉粒水平迁移速度方向有一个翻转过程，其水平速度减为零之后向正方向运动。而初速度高的粉粒其水平速度始终为正值，喷吹过程粉粒水平迁移速度方向始终未发生变

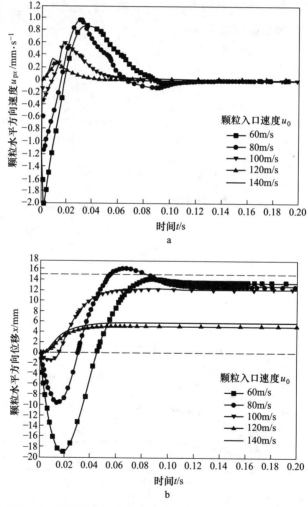

图 3-14　边界层内粉粒水平迁移速度和粉粒水平迁移位移

a—水平方向速度；b—水平方向位移

化。另外，由图 3-14 可知，处在流体边界层内的粉粒，其初速度越大则水平迁移位移越小，运动越平稳。若水平方向速度为负值意味着粉粒与壁面发生碰撞，这势必增加了粉粒喷吹过程的波动，因此提高粉粒初始速度，可减小粉气流在底喷粉元件内的波动性，有利于平稳顺利的喷吹。

3.3 喷粉元件内气固两相流数学模型

上文对喷粉元件内单粉粒运动特性进行了求解，接下来以钢包底喷粉元件为研究对象，对喷粉元件内气-固两相流行为进行数值模拟。针对喷粉元件内气固两相流流动特性，结合钢包底喷粉精炼新工艺特点，可作如下假设：

（1）喷粉元件垂直安装在钢包底部，粉气流垂直入口截面进入蓄气室。

（2）缝隙均匀对称分布在蓄气室上，每条缝隙都有着相同的几何参数。

（3）由于气流和粉粒惯性不同，气流和粉粒之间存在着相对速度，曳力主导粉气流输送行为，着重考虑曳力影响。

（4）考虑升力对粉气流输送行为的影响。

（5）未一次性进入缝隙的粉剂在蓄气室积累，导致蓄气室内粉粒体积浓度较高。

3.3.1 Euler-Euler 模型

基于 Euler-Euler 双流体耦合模型研究底喷粉元件内气固两相流流动，不考虑两相间质量交换，q 相的连续性方程如下：

$$\frac{\partial(\alpha_q \rho_q)}{\partial t} + \nabla \cdot (\alpha_q \rho_q \boldsymbol{u}_q) = 0 \tag{3-21}$$

式中 α_q——q 相（气相为 g，固相为 s）的体积分数；

ρ_q——q 相的密度；

$\boldsymbol{u}_q$——气相的速度。

气相动量方程如下：

$$\frac{\partial}{\partial t}(\alpha_g \rho_g \boldsymbol{u}_g) + \nabla \cdot (\alpha_g \rho_g \boldsymbol{u}_g \boldsymbol{u}_g) = -\alpha_g \nabla p + \nabla \cdot (\alpha_g \overline{\boldsymbol{\tau}}_g) + \alpha_g \rho_g \boldsymbol{g} + \boldsymbol{F}_s$$

$$\tag{3-22}$$

式中 p——压力；

$\boldsymbol{g}$——重力加速度；

$\overline{\boldsymbol{\tau}}_g$——气相的应力；

$\boldsymbol{F}_s$——气固两相之间相互作用力。

本研究采用 k-ε 双方程湍流模型来描述气相流体的湍流脉动行为，k-ε 双方程有如下表达形式。

湍动能 k 传输方程：

$$\frac{\partial}{\partial t}(\rho_g k) + \nabla \cdot (\rho_g \boldsymbol{u}_g k) = \nabla \cdot (\frac{\mu_t}{\sigma_k} \nabla k) + G_k + G_b - \rho_g \varepsilon - Y_M \qquad (3\text{-}23)$$

湍动能耗散率 ε 方程：

$$\frac{\partial}{\partial t}(\rho_g \varepsilon) + \nabla \cdot (\rho_g \boldsymbol{u}_g \varepsilon) - \nabla \cdot (\frac{\mu_t}{\sigma_\varepsilon} \nabla \varepsilon) + C_l \frac{\varepsilon}{k}(G_k + C_{3\varepsilon} G_b) - C_2 \rho_g \frac{\varepsilon^2}{k}$$

$$(3\text{-}24)$$

式中　G_k——由层流速度梯度产生的湍动能；

　　　G_b——由浮力产生的湍动能；

　　　Y_M——可压缩湍流脉动的整体耗散率。

式中常数采用 Launder 等所推荐数值，即 $C_\mu = 0.09$，$C_1 = 1.44$，$C_2 = 1.92$，$\sigma_k = 1.0$，$\sigma_\varepsilon = 1.3$。

粉粒相动量方程如下：

$$\frac{\partial}{\partial t}(\alpha_s \rho_s \boldsymbol{u}_s) + \nabla \cdot (\alpha_s \rho_s \boldsymbol{u}_s \boldsymbol{u}_s) = -\alpha_s \nabla p - \nabla p_s + \nabla \cdot (\alpha_s \overline{\boldsymbol{\tau}}_s) + \alpha_s \rho_s \boldsymbol{g} + \boldsymbol{F}_s$$

$$(3\text{-}25)$$

式中　∇p——气相压力梯度；

　　　∇p_s——固相压力梯度；

　　　$\overline{\boldsymbol{\tau}}_s$——粉粒相黏性应力张量；

　　　$\boldsymbol{F}_s$——气固两相间相互作用力。

$\boldsymbol{\tau}_s$ 表达式为：

$$\overline{\boldsymbol{\tau}}_s = \alpha_s \mu_s(\nabla \boldsymbol{u}_s + \nabla \boldsymbol{u}_s^T) + \alpha_s(\lambda_s - \frac{2}{3}\mu_s) \nabla \cdot \boldsymbol{u}_s \boldsymbol{I} \qquad (3\text{-}26)$$

式中　μ_s——粉粒相的剪切黏度；

　　　λ_s——粉粒相的体积黏度；

　　　$\boldsymbol{I}$——单位张量。

为求解粉粒相动量方程需通过建模描述粉粒相压力及剪切应力使动量方程闭合，根据粉粒动力学理论，Lun 等给出了粉粒似流体模型。该模型指出粉粒相的压力及黏性剪切力与粉粒波动速度相关，定义粉粒相温度[29]：

$$\Theta_s = \frac{1}{3}u_s'^2 \qquad (3\text{-}27)$$

粉粒相压力及黏性剪切力与粉粒的波动速度有关，采用粉粒温度守恒方程来描述粉粒相的波动动能[30]，即：

$$\frac{3}{2}(\frac{\partial}{\partial t}(\alpha_s \rho_s \Theta_s) + \nabla \cdot (\alpha_s \rho_s u_s \Theta_s)) = (-p_s I + \tau_s):\nabla \cdot u + \nabla \cdot (k_{\Theta_s} \nabla \Theta_s) - \gamma_{\Theta_s} - \phi_{gs}$$

$$(3\text{-}28)$$

式中 Θ_s——粉粒温度，其描述粉粒相波动速度；

$(-p_s I + \tau_s) : \nabla \cdot u$——固相应力能；

$k_{\Theta_s} \nabla \Theta_s$——粉粒相扩散能；

k_{Θ_s}——扩散系数，在 Gidaspow 模型中[31]，其表达式为：

$$k_{\Theta_s} = \frac{25\rho_s d_s \sqrt{(\Theta_s \pi)}}{64(1+e_{ss})g_0} \left[1 + \frac{6}{5}\alpha_s g_0(1+e_{ss}) \right]^2 + 2\rho_s \alpha_s^2 d_s g_0(1+e_{ss})\sqrt{\frac{\Theta_s}{\pi}}$$

(3-29)

式中 d_s——粉粒直径；

γ_{Θ_s}——碰撞耗散能，表示粉粒-粉粒之间碰撞导致的能量耗散率，其表达式为：

$$\gamma_{\Theta_s} = \frac{12(1-e_{ss}^2)g_0}{d_s\sqrt{\pi}}\rho_s \alpha_s \Theta_s^{3/2}$$

(3-30)

随机波动动能向粉粒相速度的传输项 ϕ_{gs} 表达式为：

$$\phi_{gs} = -3\beta_{gs}\Theta_s$$

(3-31)

式中 β_{gs}——曳力系数。

3.3.2 相间作用力

如前文所述，气固两相之间动量交换通过相间作用力实现，相间作用力 F_s 对气固两相流输送行为有着重要影响，可用如下表达式对其构成进行说明，即：

$$F_s = R_{gs} + F_{lift,s} + F_{vm,s} + F_s + F_{td,s}$$

(3-32)

式中 R_{gs}——粉粒相所受曳力；

$F_{lift,s}$——粉粒所受升力；

$F_{vm,s}$——虚拟质量力；

F_s——额外体积力（浮力）；

$F_{td,s}$——湍流诱导力。

如前文所述，对喷粉元件内气固两相流行为起主导作用的力是曳力和升力，本研究接下来对适用于气固两相流的曳力模型和升力模型进行分析，旨在确定适用于当前喷吹工况的曳力模型和升力模型。

3.3.2.1 曳力模型

气固两相流中粉粒相所受曳力可用两相之间动量交换系数 β_{gs} 和滑移速度 $u_g - u_s$ 表示，即：

$$R_{gs} = \beta_{gs}(u_g - u_s)$$

(3-33)

粉粒相体积分数对曳力有着复杂且重要的影响，而曳力对两相流的输送行为起主要作用，因此有必要对曳力模型进行详细分析，采用合适的曳力模型预测气固两相流。

A　Syamlal-O'Brien 模型[32]

该模型是基于流化床中粉粒自由沉降速度的测量结果得出的，相间作用系数是相对雷诺数和体积分数的函数，具体表达式如下：

$$\beta_{gs} = \frac{3\alpha_s \alpha_g \rho_g}{4u_{r,s}^2 d_s} C_D \left(\frac{Re_s}{u_{r,s}}\right) |\boldsymbol{u}_s - \boldsymbol{u}_g| \tag{3-34}$$

式中　C_D——曳力系数；

　　　$u_{r,s}$——固相的自由沉降速度[33]，其表达式为：

$$u_{r,s} = 0.5(A - 0.06Re_s + \sqrt{(0.06Re_s)^2 + 0.12Re_s(2B - A) + A^2}) \tag{3-35}$$

其中，

$$A = \alpha_g^{4.14}, \text{ 且 } B = \begin{cases} 0.8\alpha_g^{1.28} & \alpha_g \leqslant 0.85 \\ \alpha_g^{2.65} & \alpha_g > 0.85 \end{cases} \tag{3-36}$$

曳力系数 C_D 有如下表达式：

$$C_D = \left(0.63 + \frac{4.8}{\sqrt{Re_s/u_{r,s}}}\right)^2 \tag{3-37}$$

B　Wen-Yu 模型[34]

Wen-Yu 模型给出了稀相条件下相间动量交换系数的描述，即：

$$\beta_{gs} = \frac{3}{4} C_D \frac{\alpha_s \alpha_g \rho_g |\boldsymbol{u}_s - \boldsymbol{u}_g|}{d_s} \alpha_g^{-2.65} \tag{3-38}$$

在该模型中，曳力系数 C_D 有如下表达式，即：

$$C_D = \frac{24}{\alpha_g Re_s} [1 + 0.15(\alpha_g Re_s)^{0.678}] \tag{3-39}$$

C　Gidaspow 模型[31]

该模型是 Wen-Yu 模型[34] 和 Ergun 方程[35] 的结合，其相间动量交换系数表达式为：

$$\beta_{gs} = \begin{cases} \dfrac{3}{4} C_D \dfrac{\alpha_s \alpha_g \rho_g |\boldsymbol{u}_s - \boldsymbol{u}_g|}{d_s} \alpha_g^{-2.65} & \alpha_g > 0.8 \\ 150\dfrac{\alpha_s(1 - \alpha_g)u_g}{\alpha_g d_s^2} + 1.75\dfrac{\rho_g \alpha_s |\boldsymbol{u}_s - \boldsymbol{u}_g|}{d_s} & \alpha_g \leqslant 0.8 \end{cases} \tag{3-40}$$

D　Huilin-Gidaspow 模型[36]

为了避免 Gidaspow 模型[31] 中相间动量交换系数量方程的不连续性，

Gidaspow 引入了 φ 来合并 Wen-Yu 方程和 Ergun 方程，即：

$$\varphi = \frac{1}{2} + \frac{\arctan\left[262.5(\alpha_s - 0.2)\right]}{\pi} \tag{3-41}$$

此时，相间动量交换系数可以在不同体积浓度范围内转换，采用下式描述相间动量交换系数，即：

$$\beta_{gs} = \varphi\beta_{gs\text{-Ergun}} + (1 - \varphi)\beta_{gs\text{-Wen,Yu}} \tag{3-42}$$

E Gibilaro 模型[37]

Gibilaro 模型给出了循环流化床条件下相间动量交换系数的表达式，即：

$$\beta_{gs} = \left(\frac{18}{Re} + 0.33\right)\frac{\rho_g|u_s - u_g|}{d_s}\alpha_s\alpha_g^{-1.8} \tag{3-43}$$

本研究将考察不同曳力模型对底喷粉元件中气固两相流输送行为的影响，选择合适的曳力模型来预测两相流输送行为。

3.3.2.2 升力模型

升力主要是由于主相流场中速度梯度引起的，在 3.1 节已对此做了介绍，本节主要考察三个升力模型对气固两相流输送行为的影响。升力可通过下式进行计算，即：

$$\boldsymbol{F}_{\text{lift}} = - C_1\rho_g\alpha_s(\boldsymbol{u}_g - \boldsymbol{u}_s) \times (\nabla \times \boldsymbol{u}_g) \tag{3-44}$$

其中，C_1 为升力系数，升力加载到两相的动量方程中，且 $\boldsymbol{F}_{\text{lift,g}} = -\boldsymbol{F}_{\text{lift,s}}$。

升力模型中涉及两个重要的无量纲准数，即粉粒雷诺数 Re_p 和涡雷诺数 Re_ω，其表达式如下：

$$Re_p = \frac{\rho_g|u_g - u_p|d_p}{\mu_g} \tag{3-45}$$

$$Re_\omega = \frac{\rho_g|\nabla \times u_p|d_p^2}{\mu_g} \tag{3-46}$$

本研究考察不同升力模型对底喷粉元件内粉气流输送行为描述产生的影响，不同升力模型中升力系数表达及相关参数见表 3-2。

表 3-2 不同模型中升力系数对比

模型	升 力 系 数	参数
Moraga 升力 模型[38]	$C_1 = \begin{cases} 0.0767 & \varphi \leqslant 6000 \\ -\left(0.12 - 0.2\exp\left(-\dfrac{\varphi}{3.6} \times 10^{-5}\right)\right)\exp\left(\dfrac{\varphi}{3} \times 10^{-7}\right) & 6000 < \varphi < 5 \times 10^7 \\ -0.6353 & \varphi \geqslant 5 \times 10^7 \end{cases}$	$\varphi = Re_p Re_\omega$

模型	升 力 系 数	参数
Saffman-Mei 升力模型[39]	$$C_1 = \frac{3}{2\pi\sqrt{Re_\omega}}C_1'$$ $$C_1' = \begin{cases} 6.46 \times f(Re_p, Re_\omega) & Re_p \leqslant 40 \\ 6.46 \times 0.0524(\beta Re_p)^{0.5} & 40 < Re_p < 100 \end{cases}$$ $$f(Re_p, Re_\omega) = (1 - 0.3314\beta^{0.5})\exp(-0.1Re_p) + 0.3314\beta^{0.5}$$	$\varphi = 0.5$ (Re_ω/Re_p)
Legendre-Magnaudet 升力模型[40]	$$C_1 = \sqrt{(C_{1,\text{lowRe}})^2 + (C_{1,\text{highRe}})^2}$$ $$C_{1,\text{lowRe}} = \frac{15.3}{\pi^2}(Re_p Sr)^{-0.5}\left(1 + 0.2\frac{Re_p}{Sr}\right)^{-1.5}$$ $$C_{1,\text{highRe}} = \frac{1}{2}\frac{1 + 16Re_p^{-1}}{1 + 29Re_p^{-1}}$$	$Sr = 2\beta$

前文对两相流输送过程中粉粒相所受的力, 包括压力梯度力、Basset 力、热泳力、虚拟质量力等进行了详细的分析, 并估算了不同粒径粉粒所受各力的数量级, 此处不再赘述, 本节主要考虑热泳力和虚拟质量力对喷吹过程两相流的影响。

3.3.3　壁面模型

准确描述气-固相间作用、固相粉粒间碰撞和摩擦及粉粒壁面间相互作用是 Eulerian-Eulerian 方法模拟钢包底喷粉元件内气-固两相流输送行为的关键, 上文已给出了相间作用力模型的分析及讨论, 粉粒间碰撞恢复系数取值 0.9。而对于粉粒-壁面相互作用, Eulerian-Eulerian 双流体模型通常采用 Johnson-Jackson 壁面边界条件来描述, 壁面处粉粒相切向速度由下式计算得出, 即:

$$u_{s,w} = -B\frac{\partial u_{s,w}}{\partial n} \tag{3-47}$$

式中　B——粉粒相滑移系数, 其表达式为:

$$B = \frac{6\alpha_{s,\max}\mu_s}{\sqrt{3}\sqrt{\theta}\varphi\rho_s\alpha_s g_0} \tag{3-48}$$

式中　α_s, ρ_s——粉粒相的体积分数和密度;

　　　θ, μ_s——粉粒温度和固相黏度;

　　　g_0——径向分布函数;

　　　φ——镜面反射系数, 其表征了壁面的剪切边界条件, 取值范围在 0 ~1 之间, 具体取值由粉粒-壁面的实际相互作用情况来决定。

镜面反射系数 φ 的取值对流化床内气固两相流流动有重要影响, 通常对于自由滑移边界条件，$\varphi \to 0$；对于无滑移边界条件，$\varphi \to 1$。底喷粉元件蓄气室是由不锈钢制成，内表面存在一定的粗糙程度，研究发现 φ 取值为 0.5 时较合理。

3.3.4 模型选取

相间作用力模型中，选择适合当前工况的曳力模型和升力模型是准确预测钢包底喷粉元件内气固两相流输送行为的关键。目前，对底喷粉元件内气固两相流流动参数的测量数据较少，Zhao 等[41]建立了锥形喷射床模型，并采用 PIV 对其气固两相流流型及速度进行了测量，该锥形喷射床与底喷粉元件蓄气室有类似的几何构造，本研究采用 Zhao 等的实验数据对模型进行验证。该锥形床锥角为 60°，高度为 115mm，粉气流入口直径为 9mm，采用密度为 $2.38 \times 10^3 \mathrm{kg/m^3}$ 的玻璃粉粒进行测试，粉粒的空塔速度为 1.58m/s，实验之初，锥形床内粉粒相高度为 100mm，这与喷粉之初蓄气室内残余粉剂堆积情况类似。

曳力通常在气固相间作用力中占主导地位，对气固两相流行为有着重要影响。本研究首先采用不同曳力模型模拟锥形喷射床内气-固两相流的输送行为，预测的锥形床粉粒相轴向中心速度与测量结果[41]对比如图 3-15 所示。从图 3-15 中可以看出，曳力对锥形床内气-固两相流动行为有重要的影响，不同曳力模型预测的粉粒相轴向中心速度相差很大，其中 Huilin-Gidaspow 模型预测的粉粒相轴向速度与实验测得的数据有较好的吻合。采用 Gidaspow 模型预测的锥形床中间部位粉粒相速度明显高于实测值，而其他模型预测的粉粒相速度要低于实测值，尽管 Huilin-Gidaspow 模型得到的速度曲线与实验数据具有较好的吻合，但在锥形床高度 10~35mm 范围内，其预测的粉粒相速度要低于实测值。综合比较各模型发现，Huilin-Gidaspow 模型更适合当前工况。

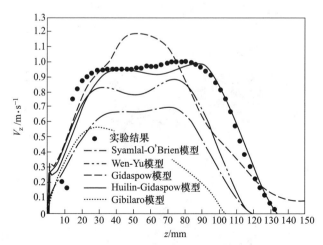

图 3-15　不同曳力模型预测的轴向中心粉粒相速度与测量结果[41]对比

当粉粒相流化时，需要考虑升力的影响，基于 Huilin-Gidaspow 曳力模型，我们考察了不同升力模型对锥形床内气固两相流行为的影响。图 3-16 给出了不同升力模型预测的轴向中心粉粒相速度与测量结果对比，从图上可以看出，升力提高了锥形床底部粉粒相的速度，当考虑升力影响时，锥形床高度 10~35mm 范围内粉粒相速度与实测结果吻合良好。各升力模型预测结果与测量结果对比发现，Saffman-Mei 升力模型预测结果与实验数据有更好的吻合，该模型更适合当前工况。

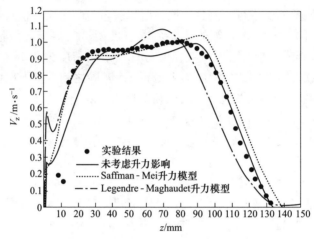

图 3-16　不同升力模型预测的轴向中心粉粒相速度与测量结果[41]对比

图 3-17 给出了模型预测的锥形床内粉粒相的速度分布，通过与测量数据对比发现，本模型不仅很好地预测了锥形床内粉粒相轴向中心的粉粒速度分布，而且也准确地预测了粉粒相沿锥形床径向方向上的速度分布，模型预测的速度分布云图和速度值与实验测量结果有很好的吻合。本研究工况下，曳力对两相流输送起着关键作用，当固相流化时，升力的影响不可忽略。

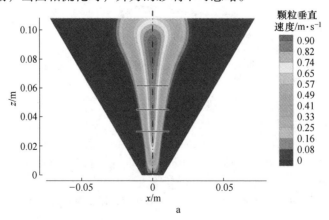

a

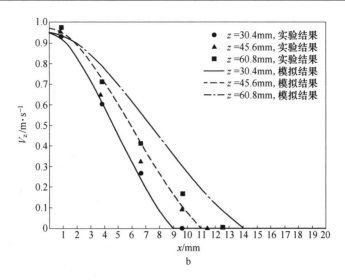

图 3-17 锥形床内粉粒相速度分布

a—模型预测的粉粒相速度分布云图；b—不同截面上粉粒径向速度分布

3.3.5 边界条件及模型求解

　　钢包底喷粉元件主体由三部分组成，即粉气流输送管、蓄气室和缝隙。蓄气室为倒锥形，下端与粉气流输送管相连，上端与透气砖相接，缝隙以辐射状均匀对称的布置在透气砖上，并贯穿透气砖。

　　本章依据 Euler-Euler 方法建立了描述钢包底喷粉元件喷粉过程中气固两相流输送行为的数学模型，采用商业计算流体力学软件 Fluent 14.5 对模型进行求解。由于底喷粉元件缝隙狭长、细小，其几何尺寸与蓄气室几何尺寸相差很大，本研究采用 ICEM 对底喷粉元件流动区域进行结构网格划分，模型结构及网格划分结果如图3-18所示。在底喷粉元件粉气流输送管入口处设为速度入口边界条件，入口速度大小根据吹气量及入口管道截面面积来计算，方向垂直于入口截面，出口采用压力出口边界条件。底喷粉

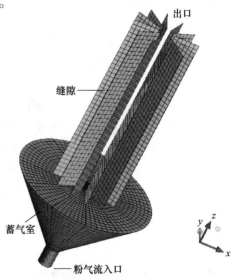

图 3-18 钢包底喷粉元件几何模型及网格划分

元件几何尺寸及具体喷吹工艺参数见表3-3，采用 SIMPLE 求解器进行求解计算。

表3-3 底喷粉元件几何尺寸及喷吹工艺参数

项 目		参 数 值
粉气流输送管	直径 d_1/mm	15
蓄气室	锥角 α/(°)	60~100
	上底面直径 d_2/mm	150
缝隙	宽度 δ/mm	0.18
	长度 B/mm	28
	高度 H	200
气相	密度 ρ_g/kg·m^{-3}	1.18
	黏度 μ/kg·(m·s)$^{-1}$	1.8×10^{-5}
	吹气量（标态）Q_g/L·min^{-1}	110~300
粉粒相	体积密度 ρ_s/kg·m^{-3}	2×10^3
	堆积密度 ρ/kg·m^{-3}	0.64×10^3
	粉剂粒度/μm	28（600目）
	入口体积载率 φ/%	10，15，20

3.4 喷粉元件内气-固两相瞬态流动行为

3.4.1 气-固两相流瞬态流场结构

图3-19分别给出了在时刻 $t=1$ s 钢包底喷粉元件 $y=0$ 截面上气相和粉粒相速度分布，从图上可以看出，两相流主流股与蓄气室顶部发生碰撞后速度转向，一部分转向底喷粉元件缝隙，另一部分在蓄气室内形成回旋流。

以气相流场为例进行说明，如图3-19a所示，主流股 A 撞击在蓄气室顶部后速度发生转向，主流股演化为 B 和 C 两流股，其中流股 B 进入喷粉元件缝隙，该流股由于惯性作用，保持向缝隙外侧运动的趋势，而 C 流股保持原来运动趋势与蓄气室侧壁面发生碰撞形成回旋流，回旋流进一步演化为 E 和 F 两流股，其中 E 流股与主流股 A 在流动前沿汇合，因此，E 流股有更多机会进入喷粉元件缝隙，而 F 流股沿蓄气室近壁面附近流动，在蓄气室底部与主流股 A 汇合，形成回旋流，可见蓄气室内回旋流是不断更新的。类似的，如图3-19b所示，粉粒相流场与气相流场有着类似的变化规律，在蓄气室上部形成典型的回旋区。

图3-20给出了不同时刻底喷粉元件内速度矢量分布，从图上可以看出在 $t=2$ s 时，左侧回旋区呈逆时针方向旋转，形状狭长，且靠近蓄气室壁面；右侧回旋区呈顺指针方向旋转，呈圆形，显然在 $y=0$ 截面上左右两侧流场并不对称。

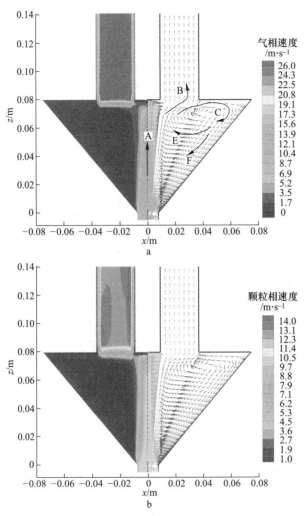

图 3-19 底喷粉元件内瞬时速度场（$t=1\mathrm{s}$）

a—气相速度；b—粉粒相速度

对比 $t=6\mathrm{s}$ 和 $t=10\mathrm{s}$ 时刻速度矢量分布图可知，尽管不同时刻底喷粉元件内流场有着一致的变化规律，即主流股两侧各形成一个回旋区，回旋区受主流股带动作用，与主流股汇合，部分流入喷粉元件缝隙，剩余部分继续参与回旋区流动，但不同时刻回旋区形貌及位置各不相同，且主流股两侧回旋区不对称，这说明底喷粉元件内气-固两相流呈现明显的瞬变性。

3.4.2 粉剂瞬时体积分数分布

图 3-21 给出了不同时刻钢包底喷粉元件内粉剂体积分数云图分布，喷吹条

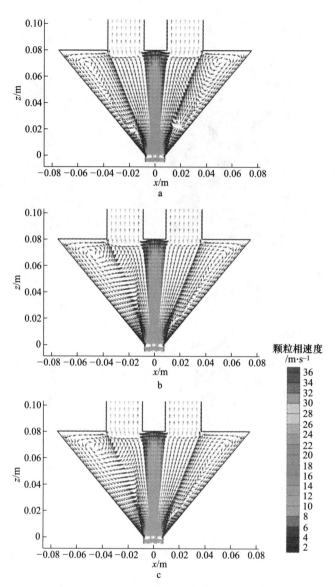

图 3-20　不同时刻底喷粉元件内速度矢量分布

a—$t = 2$s；b—$t = 6$s；c—$t = 10$s

件：底吹气量（标态）为 110L/min，入口粉剂体积分数 10%，粉剂粒径 28μm（600 目）。从图上可看出，粉气流撞击在蓄气室顶部轴心位置形成粉剂高浓度区，之后粉气流有两类不同运动：一类直接进入底喷粉元件缝隙，经缝隙喷吹进入钢包熔池；另一类粉剂随载气撞击在蓄气室侧壁，沿壁面沉降到蓄气室底部并堆积，沉降粉剂在载气流带动下再次流化。可见，钢包底喷粉元件蓄气室内粉气

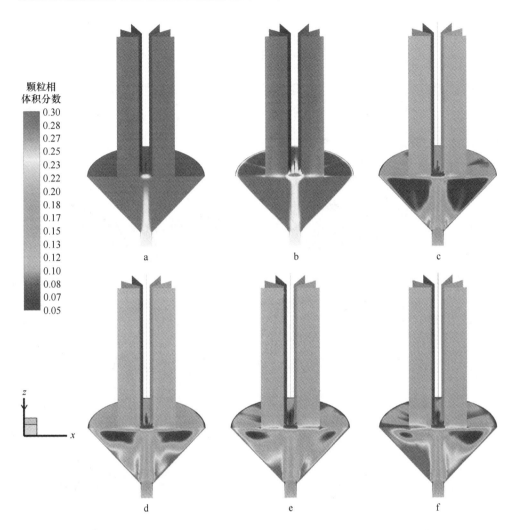

图 3-21　模型预测的不同时刻粉粒体积分数分布云图

a—t=0.01s；b—t=0.1s；c—t=0.5s；d—t=1s；e—t=5s；f—t=10s

流为不断更新的循环流。在 t=0.5s 时，蓄气室底部已出现明显的粉剂堆积形貌，而在蓄气室上部回旋流中心形成左右两个粉剂低浓度区，随着时间延长，粉剂堆积高度逐渐增大，而粉剂低浓度区体积逐渐减小。另外，从粉剂体积分数分布云图上可看出，粉剂在底喷粉元件蓄气室内的分布是不对称的（t=5s，t=10s）。图 3-22 为 1s 时不同截面上粉剂体积分数分布云图。

　　为进一步说明底喷粉元件蓄气室内粉剂浓度分布，图 3-23 给出了 t=5s 时底喷粉元件不同截面粉剂体积浓度等值线分布，从图上可以看出，蓄气室轴心位置为主流股，其周围粉剂低浓度区与高浓度区环绕相间，靠近主流股侧粉剂高浓度

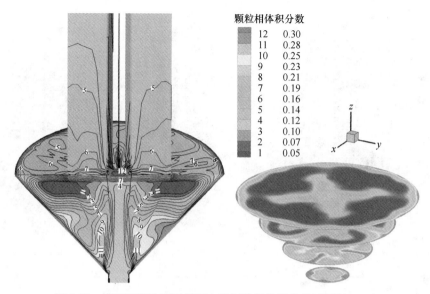

图 3-22　模型预测的不同截面上粉剂体积分数分布云图（$t=1\mathrm{s}$）

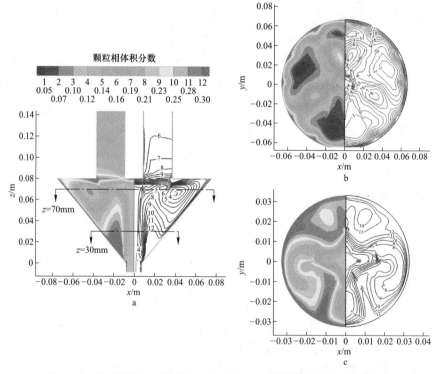

图 3-23　模型预测的不同截面上粉剂体积分数等值线分布图（$t=5\mathrm{s}$）

a—粉粒体积分数分布；b—$z=70\mathrm{mm}$；c—$z=30\mathrm{mm}$

区所占比例高，随着喷吹的进行粉剂低浓度区逐渐缩小，并向蓄气室壁面附近迁移。由于粉剂与蓄气室壁面发生碰撞，导致动量损失，粉剂沿壁面附近发生沉降，因此在壁面附近粉剂浓度比较高。

3.4.3 喷粉元件内两相非对称流动

图 3-24 展示了在 $t=5\mathrm{s}$ 时，模型预测的喷粉元件缝隙内粉剂体积分数分布，各条缝隙中两相流流型有着共同的特点，即缝隙入口近轴心侧粉剂浓度高于远离轴心侧粉剂的浓度，粉剂在缝隙内以波浪形向前推进。底喷粉元件上分布着 12 条缝隙，尽管缝隙围绕底喷粉元件轴心呈辐射状对称布置，但各条缝隙中两相流流型存在着较大差异，1 号、4 号、7 号、10 号缝隙内粉剂浓度较低，2 号、3 号、5 号、6 号、8 号、9 号、11 号缝隙内粉剂浓度较高，而 12 号缝隙内气固两相流流型又不同于其他缝隙内粉气流流型，即缝隙中间位置粉剂浓度较高，而缝隙两侧浓度较低，这说明喷粉元件内气固两相流流动为非对称流动。

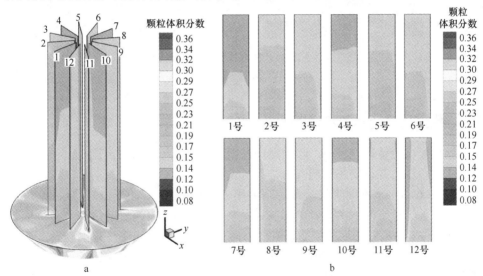

图 3-24 模型预测的底喷粉元件缝隙内粉剂体积分数分布（$t=5\mathrm{s}$）

a—缝隙布置；b—缝隙截面

在冷态喷吹过程中，我们也观察到了这种两相非对称流动，如图 3-25 所示，从图上可以看出，喷吹过程中某些缝隙粉剂喷出量较低，而之后粉剂喷出量明显增加，周而复始。这种现象可由蓄气室内粉剂瞬态浓度分布来解释，如上文所述喷吹过程中底喷粉元件蓄气室内粉气流分布不对称。从蓄气室各截面粉剂浓度分布来看，如图 3-22 和图 3-23 所示，粉剂低浓度区与高浓度区相间分布，且瞬息万变，这导致进入各条缝隙的粉剂浓度各不相同，因此底喷粉元件各条缝隙内两相流为非对称流动。

a   b

图 3-25 喷粉元件冷态试验条件下喷粉状态

a—两相对称流动；b—两相非对称流动

3.5 载气量对两相流流动的影响

钢包底喷粉精炼过程中，喷吹操作参数对底喷粉元件内粉剂流化、粉剂分布及气固两相流型有重要的影响。

图 3-26 给出了不同吹气量条件下底喷粉元件内速度矢量分布，从图上可以看出，各载气量条件下主流股两侧各有一个气流回旋区，两侧回旋区夹角近似等于蓄气室锥角 α。左侧回旋区呈逆时针方向旋转，而右侧回旋区呈顺时针方向旋转。随着载气量增大，缝隙内气流速度逐渐增大，蓄气室内气流回旋区面积也逐渐增大，这导致回旋区夹角 φ 略微减小，回旋区中心距蓄气室上底面距离也减小。当载气流量为 110L/min 时（标态，下同），回旋区中心与蓄气室上底面距离 10cm 时，气流沿缝隙近轴心侧以较高速度进入缝隙，而远轴心侧气流速度较低；当载气流量为 200L/min 时，回旋区中心与蓄气室上底面距离 9cm 时，缝隙内气流速度较均匀，未出现明显偏流现象；当载气流量为 300L/min 时，回旋区中心与蓄气室上底面距离 8cm 时，缝隙内气流速度分布仍较均匀。这主要是因为，随着载气量增大，主流股以较高动能与蓄气室上底面发生碰撞，由于气流惯性较粉粒惯性小，气流仍以较高动能进入喷粉元件缝隙，而未进入缝隙的气流沿横向方向运动，以较高动能与蓄气室侧壁面碰撞形成较大面积的气流回旋区，这与预测的喷粉元件内粉剂体积分数分布是一致的。

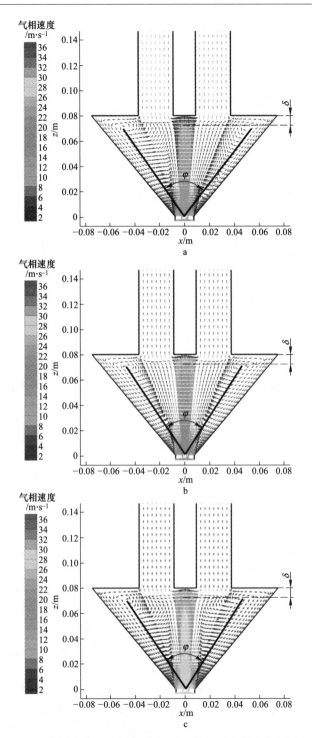

图 3-26 不同吹气量（标态）条件下底喷粉元件内速度矢量分布

a—110L/min；b—200L/min；c—300L/min

　　图 3-27 给出了蓄气室锥角 $\alpha = 80°$ 条件下，吹气量对粉剂体积分数分布的影响，入口粉剂体积分数均为 10%，粉剂粒径 2.8μm（600 目）。由图 3-27 可知，当吹气量较小时（110L/min），蓄气室内主流股两侧形成明显的粉剂低浓度区，蓄气室底部有明显粉剂堆积，而缝隙内粉剂浓度较低。随着载气量增加（200L/min），蓄气室内粉剂浓度增高，主流股两侧的粉剂低浓度区减小，蓄气室内粉剂流化较好，且相应的缝隙内粉剂浓度明显增加。随着吹气量的进一步增加（300L/min），蓄气室内粉剂出现不均匀分布现象，主流股两侧粉剂低浓度区迅速增大，且位置偏向蓄气室上底面，蓄气室底部出现大量的粉剂堆积，该条件下尽管粉剂的喷入速率有所增加，但缝隙内粉剂浓度增大不明显。

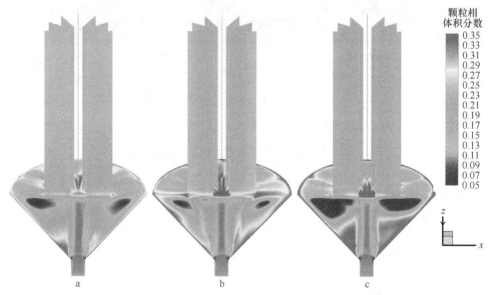

图 3-27　不同吹气量（标态）下的粉剂体积分数分布
a—110L/min；b—200L/min；c—300L/min

　　造成上述现象的原因是，粉气流主流股与蓄气室上底面发生碰撞，速度发生改变，碰撞后粉气流速度可分解为水平方向运动速度和垂直方向运动速度。当吹气量较低时，如图 3-27a 所示，主流股以较低动能与上底面发生碰撞，其流动发生轻微偏转，水平方向速度较低，粉气流仍以较高动能进入底喷粉元件缝隙；随着吹气量增加，如图 3-27b 所示，粉气流主流股动能增加，碰撞虽然导致粉气流水平方向速度增加，将粉剂低浓度区向蓄气室侧壁推移，但粉气流垂直方向动能仍占主导，进入缝隙粉剂量明显增加；随着吹气量的进一步增加，如图 3-27c 所示，粉气流主流股以较高动能与蓄气室上底面碰撞，剧烈碰撞导致主流股发生明显偏转，在横向方向上产生较大速度，此时横向速度较垂直速度占主导地位，因此主流股两侧近上底面区域形成明显回旋区，碰撞后的粉气流仍以较高动能沿水平方向运动，进一步与蓄气室侧壁面发生碰撞，粉剂沿壁面沉降，在蓄气室底部大量堆积。

为进一步说明吹气量对喷吹效果的影响，图 3-28 给出了不同吹气量条件下底喷粉元件各缝隙内粉剂体积分数分布。从图上可以看出，当吹气量由 110L/min 提高到 200L/min 时，底喷粉元件缝隙上部粉剂平均体积分数由 0.15 增加到 0.25，此时蓄气室内粉剂低浓度区域较小，蓄气室底部无明显的粉剂堆积现象，粉剂流化效果较好。当吹气量继续提高到 300L/min 时，缝隙内粉剂体积分数增加不明显，而此时蓄气室底部有大量粉剂堆积，蓄气室内粉剂流化效果较差。显然，过高或者过低的吹气量都不利于底喷粉操作连续稳定的进行。

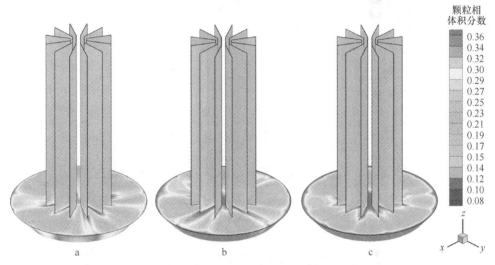

图 3-28 吹气量（标态）对底喷粉元件缝隙内粉剂分布的影响

a—110L/min；b—200L/min；c—300L/min

3.6 体积载率对两相流流动的影响

下面考察粉剂体积载率对粉气流流动行为的影响。图 3-29 对比了不同粉剂相体积载率条件下喷粉元件内速度矢量分布，从图上可以看出，不同体积载率条件下喷粉元件内有着类似的速度矢量分布，主流股两侧存在两个气流回旋区，左侧回旋区呈逆时针方向旋转，而右侧回旋区呈顺时针方向旋转。随着粉剂相体积载率增大，主流股两侧回旋区夹角略微减小，回旋区中心距蓄气室上底面的距离有所增加。当粉剂相体积载率分别为 10% 和 15% 时，底喷粉元件缝隙内未出现明显偏流现象；而当粉粒相体积载率达到 20% 时，缝隙内出现较明显偏流现象，即缝隙近轴心侧气流速度要明显高于远轴心侧气流速度，这种情况下容易造成缝隙局部堵塞，影响喷吹效果。

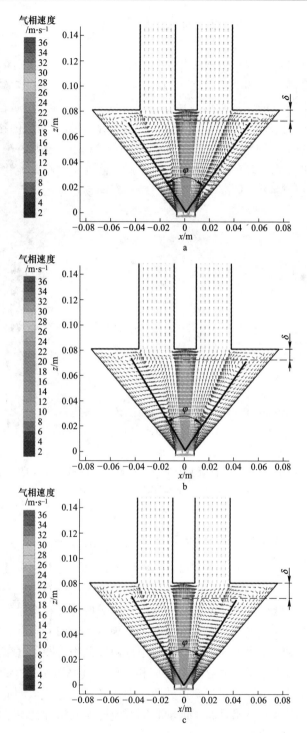

图 3-29　不同体积载率条件下底喷粉元件内速度矢量分布

a—$\varphi = 10\%$；b—$\varphi = 15\%$；c—$\varphi = 20\%$

图 3-30 给出了蓄气室锥角 α = 80° 条件下，在吹气量（标态）为 110L/min 时，体积载率对喷粉元件内粉剂体积分数分布的影响。由图可知，随着体积载率增加，主流股两侧粉剂低浓度区逐渐减小，蓄气室内粉剂体积分数逐渐增高，而这个过程中，底喷粉元件缝隙内粉剂体积分数增加不明显。当体积载率增加到20%时，蓄气室内堆积满了大量粉剂，此时喷吹极不稳定，容易发生粉剂堵塞现象。造成这种现象的原因主要来自两方面：一是由于该吹气量条件下，载气流动量较小，不足以将高浓度粉剂喷入底喷粉元件缝隙；二是缝隙总截面积也限制了高浓度粉剂进入底喷粉元件缝隙。当高浓度粉气流进入喷粉元件与蓄气室上底面发生碰撞时，大量粉剂无法一次进入喷粉元件缝隙而发生沉降，再次经粉气流带动作用而流化，但这个过程中始终有大量粉剂累积，最终导致粉剂在蓄气室内堆积，形成粉剂高浓度区。

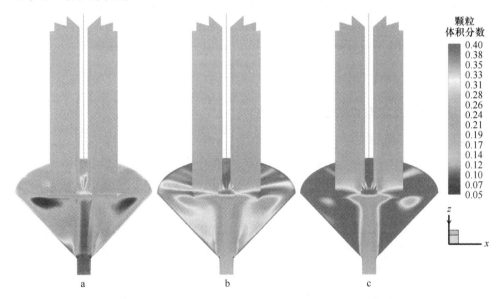

图 3-30　不同体积载率下的粉剂体积分数分布云图
a—φ = 10%；b—φ = 15%；c—φ = 20%

图 3-31 给出了不同体积载率条件下喷粉元件缝隙内粉剂体积分数分布。从图上可以看出，当体积载率由 10% 增加到 15% 时，喷粉元件缝隙内粉剂体积分数虽有增大，但变化不明显，但此时蓄气室内粉剂体积分数明显增加。当体积载率增加到 20% 时，喷粉元件缝隙内粉剂体积分数虽然显著增大，但此时蓄气室内出现大量粉剂堆积，不利于喷吹过程连续稳定的进行，容易造成粉剂堵塞喷粉元件，导致喷吹终止。显然，提高入口粉剂相体积载率虽然可以增加粉剂喷入量，缩短精炼时间，但过高体积载率容易造成粉剂堵塞底喷粉元件，造成喷吹终止，因此该条件的入口体积载率应控制在 15% 以下。

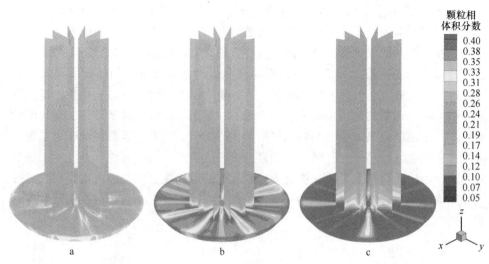

图 3-31　不同体积载率对喷粉元件缝隙内粉剂分布的影响

a—$\varphi = 10\%$；b—$\varphi = 15\%$；c—$\varphi = 20\%$

3.7　蓄气室锥角对两相流流动的影响

底喷粉元件另一重要参数为蓄气室锥角 α，其大小对底喷粉元件内粉剂的流化、流动及缝隙内粉剂分布有着重要影响。图 3-32 给出了不同蓄气室锥角下底喷粉元件内速度矢量分布，从图上可以看出，各底喷粉元件内主流股两侧呈现两个气流回旋区，左侧回旋区沿逆时针方向旋转，而右侧回旋区沿顺时针方向旋转；随着蓄气室锥角的增大，气流回旋区向蓄气室侧壁面方向移动，且向蓄气室上底面方向偏移。当蓄气室锥角为 60° 时，两侧回旋区夹角 φ 近似等于蓄气室锥角 α，回旋区中心与蓄气室上底面距离 16cm 时，气流沿缝隙近轴心侧以较高速度进入缝隙，而远轴心侧气流速度较低；当蓄气室锥角增加到 80° 时，回旋区夹角 φ 亦增大到 80°，而回旋区中心位置与蓄气室上底面距离减至 8cm，此时，缝隙内气流速度较均匀，未出现明显偏流现象；蓄气室锥角进一步增加到 100° 时，气流回旋区夹角亦相应增大到 100°，回旋区中心与上底面距离未发生明显变化，但此时气流沿缝隙远轴心侧以较高速度进入缝隙，而近轴心侧气流速度较低。

图 3-33 给出了不同锥角下底喷粉元件内粉剂体积分数分布，各底喷粉元件蓄气室上底面大小相同，缝隙条数和分布一致，吹气量为 110L/min（标态），入口粉剂体积分数 10%，粉剂粒径 2.8μm（600 目）。从图 3-33 中可以看出，当锥角较小时蓄气室内粉剂浓度偏高，主流股两侧形成的粉剂低浓度区体积较小，蓄气室底部及蓄气室壁面附近有大量粉剂堆积，如图 3-33a 所示，采用该蓄气室进行喷吹，喷吹不稳定，容易造成蓄气室内粉剂堵塞。随着蓄气室锥角的增大，主

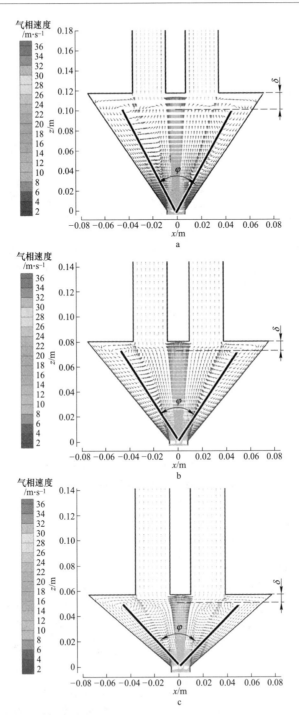

图 3-32 不同蓄气室锥角下底喷粉元件内速度矢量分布

a—$\alpha=60°$；b—$\alpha=80°$；c—$\alpha=100°$

流股两侧的粉剂低浓度区体积逐渐增大，蓄气室内粉剂浓度降低，蓄气室底部及壁面处粉剂堆积量减少，主流股动能损失减小，粉剂更容易进入缝隙，如图3-33b 和 c所示，采用大锥角蓄气室的喷粉元件更容易实现连续、稳定的喷吹。

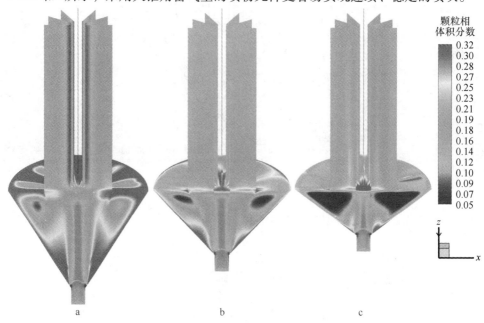

图 3-33　不同蓄气室锥角下底喷粉元件内粉剂体积分数分布
a—$\alpha = 60°$；b—$\alpha = 80°$；c—$\alpha = 100°$

　　为进一步说明蓄气室锥角对喷吹效果的影响，图 3-34 给出了不同锥角下底喷粉元件各缝隙内粉剂体积分数分布。由图 3-34 中可知，尽管降低蓄气室锥角增加了蓄气室内粉剂的浓度，但并未增加缝隙内粉剂浓度，反而导致缝隙内粉剂分布不均匀，造成缝隙近轴心侧粉剂浓度明显降低，而远轴心侧粉剂浓度偏高，如图 3-34a 所示。该条件下进行底喷粉操作容易导致缝隙远轴心侧粉剂堵塞，近轴心侧主要为气流通过，形成明显的沟流，由于蓄气室内粉剂无法进入缝隙，将造成蓄气室内粉剂大量沉降堆积，最终导致喷吹终止。当蓄气室锥角增大到 80°时，缝隙截面上粉剂浓度分布逐渐均匀，缝隙近轴心侧和远轴心侧粉剂浓度无明显差别，如图 3-34b 所示。该条件下进行底喷粉操作，蓄气室内无明显粉剂堆积，粉剂流化效果较好，喷吹稳定。当蓄气室锥角增加到 100°时，蓄气室内粉剂浓度明显降低，仅在蓄气室底部有少量粉剂堆积，但此时喷粉元件缝隙内粉剂浓度分布不均匀，近轴心侧粉剂浓度明显偏高，而远轴心侧粉剂浓度偏低，如图 3-34c所示；该条件下进行喷吹操作，容易造成缝隙近轴心侧粉剂堵塞，而远轴心侧主要以气流通过，导致喷吹不稳定。显然，蓄气室锥角过高或过低都不利于缝隙内粉剂均匀连续的喷吹。

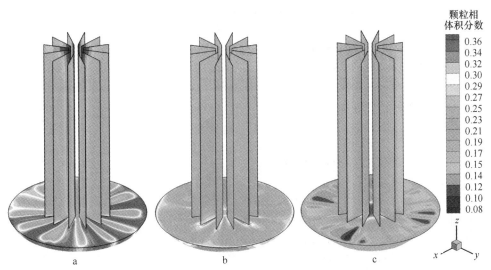

图 3-34   不同蓄气室锥角对底喷粉元件缝隙内粉剂分布的影响

a—$\alpha=60°$；b—$\alpha=80°$；c—$\alpha=100°$

参 考 文 献

[1] 潘时松，朱苗勇. 精炼钢包透气砖中喷粉粉粒的运动特性 [J]. 金属学报，2007，43 (5)：553~556.

[2] Li T, Benyahia S. Revisiting Johnson and Jackson boundary conditions for granular flows [J]. AIChE Journal, 2012, 58 (7)：2058~2068.

[3] Sommerfeld M, Huber N. Experimental analysis and modelling of particle-wall collisions [J]. International Journal of Multiphase Flow, 1999, 25 (6)：1457~1489.

[4] Kussin J, Sommerfeld M. Experimental studies on particle behaviour and turbulence modification in horizontal channel flow with different wall roughness [J]. Experiments in Fluids, 2002, 33 (1)：143~159.

[5] Napoli E, Armenio V, De Marchis M. The effect of the slope of irregularly distributed roughness elements on turbulent wall-bounded flows [J]. Journal of Fluid Mechanics, 2008, 613：385~394.

[6] Laín S, Sommerfeld M. Euler/Lagrange computations of pneumatic conveying in a horizontal channel with different wall roughness [J]. Powder Technology, 2008, 184 (1)：76~88.

[7] Sommerfeld M. Analysis of collision effects for turbulent gas-particle flow in a horizontal channel: Part I. Particle transport [J]. International Journal of Multiphase Flow, 2003, 29 (4)：675~699.

[8] Mando M, Yin C. Euler-Lagrange simulation of gas-solid pipe flow with smooth and rough wall boundary conditions [J]. Powder Technology, 2012, 225: 32~42.

[9] Milici B, De Marchis M, Sardina G, et al. Effects of roughness on particle dynamics in turbulent channel flows: a DNS analysis [J]. Journal of Fluid Mechanics, 2014, 739: 465~478.

[10] Alletto M, Breuer M. Prediction of turbulent particle-laden flow in horizontal smooth and rough pipes inducing secondary flow [J]. International Journal of Multiphase Flow, 2013, 55: 80~98.

[11] Konan N A, Simonin O, Squires K D. Detached eddy simulations and particle Lagrangian tracking of horizontal rough wall turbulent channel flow [J]. Journal of Turbulence, 2011, 12 (22): 1~21.

[12] Soleimani A, Pirker S, Schneiderbauer S. Solid boundary condition for collisional gas-solid flows at rough walls [J]. Powder Technology, 2015, 281: 28~33.

[13] Zhao Y, Zhong Y, He Y, et al. Boundary conditions for collisional granular flows of frictional and rotational particles at flat walls [J]. AIChE Journal, 2014, 60 (12): 4065~4075.

[14] Tsuji Y, Morikawa Y, Tanaka T, et al. Numerical simulation of gas-solid two-phase flow in a two-dimensional horizontal channel [J]. International Journal of Multiphase Flow, 1987, 13 (5): 671~684.

[15] Sommerfeld M, Huber N. Experimental analysis and modelling of particle-wall collisions [J]. International Journal of Multiphase Flow, 1999, 25 (6): 1457~1489.

[16] Schade K P, Hadrich T. Investigation of influence of wall roughness on particle-wall collision [C] // Proceedings of 3rd International Conference on Multiphase Flow. Lyon: ICMF' 98, 1998: 1~8.

[17] Konan N A, Simonin O, Squires K D. Rough wall boundary condition derivation for particle continuum equations: validation from LES/DPS of gas-solid turbulent channel flow [C]// Miami, Florida: American Society of Mechanical Engineers, 2006: 1723~1732.

[18] Mallouppas G, Van Wachem B. Large eddy simulations of turbulent particle-laden channel flow [J]. International Journal of Multiphase Flow, 2013, 54: 65~75.

[19] Oeters F. Metallurgy of Steelmaking [M]. Düsseldorf: Verlag Stahleisen Gmp H, 1994: 224.

[20] Loth E. Lift of a spherical particle subject to vorticity and/or spin [J]. AIAA Journal, 2008, 46 (4): 801~809.

[21] Schiller L, Naumann A. Über die grundlegenden Berechnungen bei der Schwerkraftaufbereitung [J]. VDI-Zeitschrift, 1933, 77 (12): 318~320.

[22] Bagchi P, Balachandar S. Effect of free rotation on the motion of a solid sphere in linear shear flow at moderate Re [J]. Physics of Fluids (1994-present), 2002, 14 (8): 2719~2737.

[23] Mei R, Klausner J F, Lawrence C J. A note on the history force on a spherical bubble at finite Reynolds number [J]. Physics of Fluids (1994-present), 1994, 6 (1): 418~420.

[24] Loth E, Dorgan A J. An equation of motion for particles of finite Reynolds number and size [J]. Environmental Fluid Mechanics, 2009, 9 (2): 187~206.

[25] Brock J R. Experiment and theory for the thermal force in the transition region [J]. Journal of

Colloid and Interface Science, 1967, 25（3）：392~395.

[26] 周涛，杨瑞昌，张记刚，等. 矩形管边界层内亚微米粉粒运动热泳规律的实验研究[J]. 中国电机工程学报，2010，30（2）：92~97.

[27] 岑可法，樊建人. 工程气固多相流动的理论及计算［M］. 杭州：浙江大学出版社，1990：358~360.

[28] 由长福，祁海鹰，徐旭常. Basset 力研究进展与应用分析［J］. 应用力学学报，2002，19（2）：31~33.

[29] Yan W C, Luo Z H, Lu Y H, et al. A CFD-PBM-PMLM integrated model for the gas-solid flow fields in fluidized bed polymerization reactors［J］. AIChE Journal, 2012, 58（6）：1717~1732.

[30] Ding J, Gidaspow D. A bubbling fluidization model using kinetic theory of granular flow［J］. AIChE Journal, 1990, 36（4）：523~538.

[31] Gidaspow D, Bezburuah R, Ding J. Hydrodynamics of circulating fluidized beds, kinetic theory approach［C］. Chicago, 1992：75~82.

[32] Syamlal M, O'Brien T J. Computer simulation of bubbles in a fluidized bed［J］. AIChE Symposium Series, 1989, 85：22~31.

[33] Garside J, Al-Dibouni M R. Velocity-voidage relationships for fluidization and sedimentation in solid-liquid systems［J］. Industrial & Engineering Chemistry Process Design and Development, 1977, 16（2）：206~214.

[34] Wen C Y, Yu Y H. Mechanics of fluidization［J］. Chemical engineering program Symposium Series, 1966, 62：100~111.

[35] 张先棹. 冶金传输原理［M］. 北京：冶金工业出版社，2005：169~174.

[36] Huilin L, Gidaspow D. Hydrodynamics of binary fluidization in a riser：CFD simulation using two granular temperatures［J］. Chemical Engineering Science, 2003, 58（16）：3777~3792.

[37] Gibilaro L G, Di Felice R, Waldram S P, et al. Generalized friction factor and drag coefficient correlations for fluid-particle interactions［J］. Chemical Engineering Science, 1985, 40（10）：1817~1823.

[38] Moraga F J, Bonetto F J, Lahey R T. Lateral forces on spheres in turbulent uniform shear flow［J］. International Journal of Multiphase Flow, 1999, 25（6）：1321~1372.

[39] Mei R, Klausner J F. Shear lift force on spherical bubbles［J］. International Journal of Heat and Fluid Flow, 1994, 15（1）：62~65.

[40] Legendre D, Magnaudet J. The lift force on a spherical bubble in a viscous linear shear flow［J］. Journal of Fluid Mechanics, 1998, 368：81~126.

[41] Zhao X L, Li S Q, Liu G Q, et al. DEM simulation of the particle dynamics in two-dimensional spouted beds［J］. Powder Technology, 2008, 184（2）：205~213.

4 底喷粉元件缝隙内粉粒与粗糙壁面的碰撞行为

钢包底喷粉元件主体由耐火材料制成,使用过程中垂直安装在钢包底部,粉气流经过蓄气室的缓冲作用后通过缝隙喷入钢包熔池。缝隙细长狭小,表面粗糙,粉剂喷吹过程中有两个特点:一是粉剂颗粒与缝隙壁面发生高频率碰撞,属于碰撞主导的限制性气-固两相流;二是沿流动方向缝隙直通,粉粒-壁面碰撞角较小,这种情况下,壁面粗糙度对碰撞过程的影响尤为明显。

前人对壁面碰撞主导的气固两相流进行了大量的研究,对粉粒-粗糙壁面碰撞过程进行了建模分析。然而,当前粉粒-粗糙壁面碰撞模型在预测碰撞主导的两相流过程时大量的是附壁面运动粉粒的反弹角接近0°,而且在入射角较小时,这种现象更为明显。而实际壁面是粗糙的,附壁面运动的粉粒不可避免地与下游壁面粗糙结构再次发生碰撞,导致粉粒运动轨迹发生改变,最终返回到流场中。因此,目前预测大量附壁面运动粉粒的情况与实际不符,现有模型也难以准确预测缝隙内气固两相流行为[1],这不仅会影响喷吹工艺参数的制定和喷粉元件的设计,而且基于存在偏差的两相流场也难以合理预测喷粉元件的磨损行为。

本章重点介绍从求解粉粒"看到"的壁面粗糙角分布函数着手,通过坐标旋转的方法重建粉粒反弹角,依据反弹角取值细化粗糙壁面上粉粒反弹过程,建立描述粉粒-粗糙壁面碰撞的新模型,并采用该模型对钢包底喷粉元件缝隙内粉气流输送行为进行模拟研究;考察粗糙壁面的影响,揭示限制性气-固两相流的输送规律,为优化操作参数和改进输送系统设计提供指导。

4.1 粉粒-粗糙壁面碰撞模型

粉剂颗粒在输送过程中,其响应时间大于输送流体相的特征时间,粉粒不可避免地会与管道、缝隙壁面等发生碰撞。碰撞过程严重影响了粉粒的输送行为,如粉粒运动速度大小和方向改变、碰撞过程粉粒动量损失、粉粒旋转,甚至粉粒的特性发生改变。深入研究粉粒与壁面碰撞行为,对于控制粉粒输送行为及预测管路寿命有着重要的意义。

4.1.1 粉粒-光滑壁面碰撞

粉粒-壁面碰撞过程可由动量方程来描述,其解为一系列描述粉粒碰撞前后运动参数的方程。在滑移碰撞模型中[2,3]，可以通过临界条件来判定粉粒-壁面碰撞的类型是滑移碰撞还是非滑移碰撞。

若壁面为光滑壁面，粉粒在壁面上发生瞬时反弹，如图 4-1 所示。

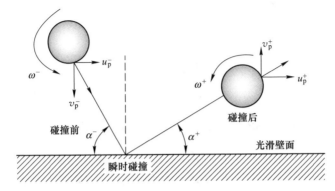

图 4-1　粉粒-光滑壁面碰撞前后速度与碰撞角变化示意图

那么，粉粒-光滑壁面碰撞前后，其运动参数为

切线速度：
$$u_p^+ = e_t u_p^- \tag{4-1}$$

法相速度：
$$v_p^+ = e_n v_p^- \tag{4-2}$$

角速度：
$$\omega^+ = e_a \omega^- \tag{4-3}$$

式中，下标"p"代表与粉粒有关的变量；上标"−"和"+"分别表示粉粒与壁面发生碰撞前和碰撞后的变量；e 为反弹系数，其下标"t"、"n"和"a"分别表示切向、法向和角速度恢复系数；u 表示切向速度分量；v 表示法向速度分量；ω 表示粉粒运动角速度，相应的碰撞恢复系数的表达式可表述为：

切向速度反弹系数：
$$e_t = \begin{cases} 5/7 + d_p \omega^- / (7u_p^-) & |\Delta u| \leqslant u_c (\text{非滑移碰撞}) \\ 1.0 - \mu_d (1 + e_n) \varepsilon_0 v_p^- / u_p^- & |\Delta u| \geqslant u_c (\text{滑移碰撞}) \end{cases} \tag{4-4}$$

法向速度反弹系数：
$$e_n = \max\left(\frac{e_h - 1}{\alpha_e} \alpha^- - 1, e_h \right) \tag{4-5}$$

角速度反弹系数：
$$e_a = \begin{cases} 2/7 + 10u_p^- / (7d_p \omega^-) & |\Delta u| \leqslant u_c (\text{非滑移碰撞}) \\ 1.0 + 5\mu_d (1 + e_n) \varepsilon_0 v_p^- / (d_p \omega^-) & |\Delta u| \geqslant u_c (\text{滑移碰撞}) \end{cases}$$
$$\tag{4-6}$$

式中，μ_d 为动摩擦系数，为入射角的函数。根据 Sommerfeld 等[4]的理论，其表达式为：

$$\mu_{\mathrm{d}} = \max\left(\frac{\mu_{\mathrm{h}} - \mu_0}{\alpha_{\mu}}\alpha^- + \mu_0, \ \mu_{\mathrm{h}}\right) \tag{4-7}$$

式中，Δu 代表粉粒表面线速度与壁面之间的相对速度；ε_0 表示其方向，其表达式为：

$$\Delta u = u_{\mathrm{p}}^- - 0.5d_{\mathrm{p}}\omega^- \tag{4-8}$$

$$\varepsilon_0 = \mathrm{sign}(\Delta u) \tag{4-9}$$

采用 u_{c} 判定滑移碰撞/非滑移碰撞，其表达式为：

$$u_{\mathrm{c}} = 3.5\mu_{\mathrm{d}}(1 + e_{\mathrm{n}})v_{\mathrm{p}}^- \tag{4-10}$$

4.1.2　Sommerfeld-Huber 模型分析

先前研究常采用随机方法考虑壁面粗糙对粉粒反弹的影响，其中 Sommerfeld 等[4] 提出的虚拟壁面方法被广泛采用，且其模拟效果较好。该方法假定粉粒-粗糙壁面碰撞可描述为粉粒与光滑倾斜面的碰撞，如图 4-2 所示，倾斜面称为虚拟壁面，其倾斜角即粗糙角为 γ。

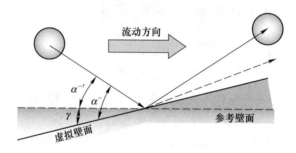

图 4-2　粉粒-虚拟壁面碰撞示意图

从图 4-2 中可以看出，粉粒与粗糙壁面之间实际碰撞角 $\alpha^{-\prime}$ 由粉粒迹线与参考壁面之间夹角 α^- 和粗糙角 γ 两部分构成，即：

$$\alpha^{-\prime} = \alpha^- + \gamma \tag{4-11}$$

显然，粗糙角 γ 取值决定了该类方法预测粉粒-粗糙壁面碰撞过程的准确性。Sommerfeld 等[4] 通过分析粗糙壁面扫描轮廓图发现粗糙角概率分布近似满足正态分布，即：

$$P_0 = \frac{1}{\sqrt{2\pi\Delta\gamma^2}}\exp\left(-\frac{\gamma^2}{2\Delta\gamma^2}\right) \tag{4-12}$$

式中　$\Delta\gamma$——粗糙角概率分布的标准差，其取值与粉粒直径及壁面性质相关。

当粉粒群以一定角度入射时，受入射视角影响，粉粒落到迎风面概率大于背风面概率。因此阴影影响模型（Shadow Effect Model）应运而生[4]，该模型给出了粗糙角有效分布函数，即：

$$P_{\text{eff}} = \frac{1}{\sqrt{2\pi\Delta\gamma^2}}\exp\left(-\frac{\gamma^2}{2\Delta\gamma^2}\right)\frac{\sin(\alpha^- + \gamma)}{\sin\alpha^-} \tag{4-13}$$

式中　α^-——粉粒相对于光滑壁面的入射角。

对于粉粒-粗糙壁面碰撞过程的模拟，Sommerfeld 等[4] 给出了如下方案来求取粗糙角。

（1）粗糙角根据正态分布函数进行取值。

（2）若粗糙角取负值，且其绝对值大于 α^-，则粉粒与壁面实际碰撞角为负值，无实际物理意义，该值舍弃；粗糙角重新取值，直至实际入射角大于零为止。

于是，产生了一个疑问，Sommerfeld-Huber 方案得到的粗糙角是否服从有效分布函数，该模型得到的粉粒入射角是否符合实际？从该问题着手，本文对壁面粗糙角分布函数开展了研究。

首先，采用 N 个粉粒对 Sommerfeld-Huber 方案进行检验。假定，一次试验中 N 个粉粒均以入射角 α^- 射向粗糙壁面，以粉粒入射为起始点，所有粉粒与粗糙壁面碰撞结束为一个检验周期，受入射视角影响，这些粉粒需经历若干步才能完成检验，检验过程见表4-1。

表 4-1　**Sommerfeld-Huber 方案**[4]**计算检验过程**

检验步数	碰撞粉粒数 N_n	区间 $[\gamma_1, \gamma_2]$ 内有效碰撞数 E_n	无效碰撞数 I_n
1	$N_1 = N$	$E_1 = N_1(\Phi(\gamma_2) - \Phi(\gamma_1))$	$I_1 = N_1\Phi(-a^-)$
2	$N_2 = N_1\Phi(-a^-)$	$E_2 = N_2(\Phi(\gamma_2) - \Phi(\gamma_1))$	$I_2 = N_2\Phi(-a^-)$
3	$N_3 = N_2\Phi(-a^-)$	$E_3 = N_3(\Phi(\gamma_2) - \Phi(\gamma_1))$	$I_3 = N_3\Phi(-a^-)$
⋮	⋮	⋮	⋮
n	$N_n = N\Phi^{n-1}(-a^-)$	$E_n = N(\Phi(\gamma_2) - \Phi(\gamma_1))\Phi^{n-1}(-a^-)$	$I_n = N\Phi^n(-a^-)$

试验粉粒总数为 N，第 n 步检验，与壁面碰撞粉粒数为 $N_n = N\Phi^{n-1}(-a^-)$，在区间 $[\gamma_1, \gamma_2]$ 内有效碰撞的粉粒数为 $E_n = N(\Phi(\gamma_2) - \Phi(\gamma_1))\Phi^{n-1}(-a^-)$，没有与壁面发生碰撞的粉粒数为 $I_n = N\Phi^n(-a^-)$，其中，Φ 为正态分布的概率分布函数，那么入射粉粒看到的粗糙角概率函数为：

$$
\begin{aligned}
P_{\text{real}} &= \lim_{n \to \infty} \frac{E_1 + E_2 + E_3 + \cdots + E_n}{N} \\
&= \lim_{n \to \infty} \frac{1 - \Phi^n(-\alpha_0^-)}{1 - \Phi(-\alpha_0^-)} \cdot \int_{\gamma_1}^{\gamma_2} \frac{1}{\sqrt{2\pi\Delta\gamma^2}}\exp\left(-\frac{\gamma^2}{2\Delta\gamma^2}\right)\mathrm{d}\gamma
\end{aligned} \tag{4-14}
$$

当 $\gamma \geqslant \alpha_0^-$ 时，粗糙角概率密度函数为：

$$f_{\text{real}} = \frac{1}{1 - \phi(\alpha_0^-)} \times \frac{1}{\sqrt{2\pi\Delta\gamma^2}} \exp\left(-\frac{\gamma^2}{2\Delta\gamma^2}\right) \tag{4-15}$$

当 $\gamma < \alpha_0^-$ 时，粗糙角概率密度函数为：

$$f_{\text{real}} = 0 \tag{4-16}$$

显然，该取样方案得到的粗糙角概率密度函数既不满足正态分布，也不满足有效分布函数。

4.1.3 粗糙角概率分布

4.1.3.1 均匀分布粉粒入射检验

如前文所述，粗糙角概率分布受粉粒入射视角影响，当粉粒以小角度入射时，这种影响更为明显。本文提出均匀分布粉粒入射检验的方法来考察入射粉粒"看到"的粗糙角概率分布，本研究对虚拟壁面原则进行了改进，做出以下假设：

（1）虚拟壁面包含两个参数，即虚拟壁面倾斜角 γ_n 和虚拟壁面长度 λ_n，此时的虚拟壁面不再是单纯的虚拟量，而是表征壁面粗糙结构的参数。

（2）虚拟壁面组原则，每个虚拟壁面组是由大量相互联系的虚拟壁面单元组成，例如，某次取样粗糙角为 γ_n，其相邻粗糙角分别为 γ_{n-1} 和 γ_{n+1}。

忽略粉粒直径的影响，粉粒垂直入射到粗糙壁面时，所经历的粗糙角分布满足正态分布函数，如式（4-12）。粉粒以一定角度入射到粗糙壁面，根据虚拟壁面原则，当前粗糙角取样为 γ_n，其对应虚拟壁面长度为 λ_n，若粉粒相对于参考壁面的入射角为 α^-，取二维面进行分析，如图4-3所示，那么粉粒群在垂直壁面方向上占据高度 h_n 为：

$$h_n = \lambda_n \frac{\sin(\alpha^- + \gamma_n)}{\cos\alpha^-} \tag{4-17}$$

定义垂直于壁面方向（y 方向）粉粒线密度为单位长度粉粒数，且粉粒数线密度函数为 $f(y)$，于是，可求得对应高度 h 上入射粉粒数 $N(h)$，即：

$$N(h) = \int_0^h f(y)\,\mathrm{d}y \tag{4-18}$$

对于小尺度范围内，可近似认为沿 y 方向上粉粒均匀分布，即线密度函数接近常数，以 f_0 表示，那么：

$$N(h_n) = \lambda_n f_0 \frac{\sin(\alpha^- + \gamma_n)}{\cos\alpha^-} \tag{4-19}$$

此时，需寻找一个参考高度作为标准来衡量粉粒入射视角的影响，这里有两个参数可供选择：（1）虚拟壁面 x 方向投影所对应的高度 h_{n_0}；（2）参考壁面（旋

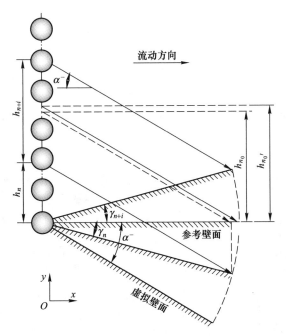

图 4-3 虚拟壁面上均匀分布粉粒入射示意图

转角 $\gamma_n = 0$）对应的高度 h'_{n_0}。那么，对应方案（1）可求得：

$$h_{n_0} = \lambda_n \cos\gamma_n \tan\alpha^-$$ (4-20)

参考粉粒数为：

$$N(h_{n_0}) = \lambda_n f_0 \cos\gamma_n \tan\alpha^-$$ (4-21)

类似的，对应方案（2）可求得参考粉粒数，即：

$$N(h_{n_0}') = \lambda_n f_0 \tan\alpha^-$$ (4-22)

如果采用式（4-20）作为参考，粉粒与采样虚拟壁面发生碰撞的概率 P_2 可表述为：

$$P_2 = \frac{N(h_n)}{N(h_{n_0})} = \frac{\sin(\alpha^- + \gamma_n)}{\sin\alpha^- \cos\gamma_n}$$ (4-23)

进一步结合式（4-12），可求得以粉粒视角所观察到的壁面粗糙角概率分布函数，即：

$$P = P_1 P_2 = \frac{1}{\sqrt{2\pi\Delta\gamma^2}} \exp\left(-\frac{\gamma_n^2}{2\Delta\gamma^2}\right) \frac{\sin(\alpha^- + \gamma_n)}{\sin\alpha^- \cos\gamma_n}$$ (4-24)

同理，以式（4-21）作参考，求得以粉粒入射视角所观察到的壁面粗糙角分布函数，即：

$$P' = \frac{1}{\sqrt{2\pi\Delta\gamma^2}}\exp\left(-\frac{\gamma_n^2}{2\Delta\gamma^2}\right)\frac{\sin(\alpha^- + \gamma_n)}{\sin\alpha^-} \qquad (4\text{-}25)$$

显然，式（4-25）与 Sommerfeld[4] 给出的壁面粗糙角有效分布函数（EPDF）有着同样的表达形式，然而式（4-24）得到了不一样的结果。

不同壁面粗糙角概率分布函数对比如图 4-4 所示，从图上可以看出，当粗糙角标准差 $\Delta\gamma$ 较小时，如图 4-4a 和 b 所示，式（4-24）的概率曲线几乎与有效分布函数一致，但是明显偏向正态分布曲线的右侧。当粗糙角标准差 $\Delta\gamma$ 增大时，如图 4-4c 和 d 所示，式（4-24）预测的概率曲线要高于有效分布函数的概率曲线，这说明粗糙角标准差对粗糙角分布函数的选取有着重要的影响，而 $\Delta\gamma$ 表征了壁面的粗糙性质。接下来又产生了一个疑问，究竟哪个函数才能更准确地描述壁面粗糙角的概率分布？然而没有实验数据可供参考，只能通过分析来判断。

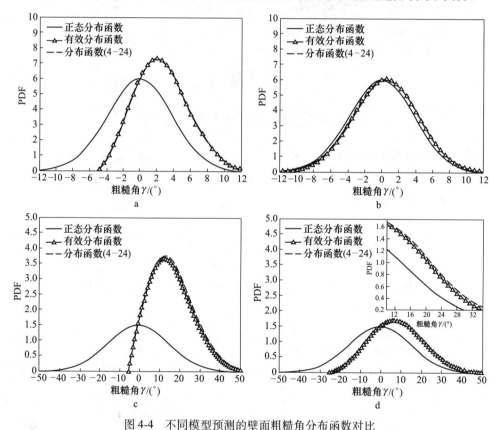

图 4-4   不同模型预测的壁面粗糙角分布函数对比

a—入射角 $\alpha^- = 50°$，$\Delta\gamma = 3.8°$；b—入射角 $\alpha^- = 25°$，$\Delta\gamma = 3.8°$；

c—入射角 $\alpha^- = 5°$，$\Delta\gamma = 15°$；d—入射角 $\alpha^- = 25°$，$\Delta\gamma = 15°$

假定粗糙壁面长度为 L，其包含一系列的虚拟壁面单元，如图 4-5 所示。实际粗糙壁面长度等于各虚拟壁面在 x 方向上投影之和，而不是各虚拟壁面长度之和，即 $L = \sum \lambda_n \cos \gamma_n$，粗糙壁面对应的入射粉粒占据高度为 h_0。若采用 h_0' 为参考高度，会导致部分粉粒丢失，无法入射到所研究粗糙壁面之上，这意味着检验粉粒总数高于实际，因此式（4-24）较有效分布函数更准确地描述了壁面粗糙角概率分布。

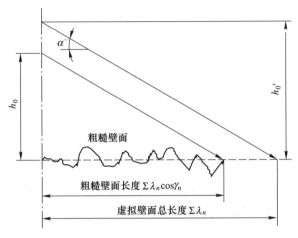

图 4-5 不同参考标准下的占据高度对比

4.1.3.2 虚拟壁面组原则

以上仅对虚拟壁面单元开展了分析，根据虚拟壁面组假设，虚拟壁面组是由大量相互联系的虚拟壁面单元组成，相邻周期壁面粗糙角取值相互影响。例如，受第 n 周期倾斜壁面影响，本应入射到该周期的粉粒未落入该周期，这些粉粒不可避免地落入第 $n+1$，$n+2$，…周期，或本应入射到第 $n+1$，$n+2$，…周期的粉粒，却被第 n 周期虚拟壁面遮挡。也就是说，粉粒群与倾斜角为 γ_n 的虚拟壁面发生碰撞时，粉粒群中的某些粉粒已经经历了虚拟壁面，如 γ_{n-1}，γ_{n-2}，γ_{n-3}，…这导致粉粒数沿 y 方向发生再分布，粉粒线密度发生改变，即粉粒线密度函数 $f(y)$ 与粉粒运动历史相关。为了以示区别，标记第 n 周期内的粉粒线密度函数为 $f_n(y)$，其相应取值为 f_n，那么考虑虚拟壁面组原则之后的条件概率为：

$$P_2 = \frac{\int_0^{h_n} f_n(y)\,\mathrm{d}y}{\int_0^{h_0} f_0(y)\,\mathrm{d}y} \approx \frac{\sin(\alpha^- + \gamma_n)}{\sin\alpha^- \cos\gamma_n} \times \frac{f_n}{f_0} \tag{4-26}$$

式中　f_0——初始粉粒线密度，可视为常数处理；

　　　f_n——即时粉粒线密度，是粉粒沿 y 方向再分布的结果。

显然，f_n 是求取该概率分布的关键，本研究假定即时粉粒线密度由两部分组成，即初始分量和历史分量。通过考虑粉粒经历虚拟壁面，如 γ_{n-1}，γ_{n-2}，γ_{n-3}，…通过迭代，可以得到：

$$f_n = f_0 + \left\{ \frac{h_{n-1} - T_{n-1}}{h_n}f_0 + \frac{(h_{n-1} - T_{n-1})(h_{n-2} - T_{n-2})}{h_n h_{n-1}}f_0 + \cdots + \right.$$
$$\left. \frac{(h_{n-1} - T_{n-1})(h_{n-2} - T_{n-2})(h_{n-3} - T_{n-3})\cdots(h_1 - T_1)}{h_n h_{n-1} h_{n-3}\cdots h_2}f_1 \right\}$$

$$\underbrace{\qquad\qquad\qquad\qquad\qquad\qquad\qquad\qquad\qquad\qquad}_{\text{颗粒运动历史影响}}$$

$$(4\text{-}27)$$

式中，下标小于 n 的变量代表历史影响参数，与粉粒运动历程有关，且 $f_1 = f_0$，h_n 可通过式（4-17）求得，T_n 为迭代量，其有如下表达形式，即：

$$T_n = \frac{\lambda_n \sin(\alpha + \gamma_n)}{\cos\alpha} \tag{4-28}$$

显然，式（4-27）包含了大量的待定历史参数，难以直接用来分析粉粒运动历史对壁面粗糙角分布的影响。本研究采用如下方式来进行处理：对于即时取样得到倾斜角为 γ_n 的虚拟壁面，主要是相邻虚拟壁面影响其粉粒入射，而远离取样位置的虚拟壁面影响较弱，因此采用简化处理的方式仅保留相邻虚拟壁面的影响，引入历史影响系数 ε 代替其他历史项的影响，于是，即时线密度函数可简化为：

$$\frac{f_n}{f_0} = 1 + \varepsilon \frac{\lambda_{n-1}}{\lambda_n}\left(\frac{\cos\gamma_{n-1}}{\cos\gamma_n} - \frac{\sin(\alpha^- + \gamma_{n-1})}{\sin\alpha^- \cos\gamma_{n-1}} \right) \tag{4-29}$$

因此，考虑粉粒历史影响推导出的壁面粗糙角概率分布函数（PHE-PDF）为：

$$P = \frac{1}{\sqrt{2\pi\Delta\gamma^2}}\exp\left(-\frac{\gamma_n^2}{2\Delta\gamma^2} \right) \frac{\sin(\alpha^- + \gamma_n)}{\sin\alpha^- \cos\gamma_n}\left[1 + \varepsilon \frac{\lambda_{n-1}}{\lambda_n}\left(\frac{\cos\gamma_{n-1}}{\cos\gamma_n} - \frac{\sin(\alpha^- + \gamma_{n-1})}{\sin\alpha^- \cos\gamma_{n-1}} \right) \right]$$

$$(4\text{-}30)$$

目前，涉及随机模拟粉粒-粗糙壁面碰撞过程的研究，多采用有效分布函数来预测壁面粗糙角，本研究首先采用有效分布函数作为对比，预估算历史影响系数。在这之前，对上式作进一步简化处理，假定，粗糙壁面在小尺度范围（与粉粒粒径尺寸可比）有着对称结构，即 $\lambda_n \approx \lambda_{n-1}$ 且 $\gamma_n \approx -\gamma_{n-1} = \gamma$，那么，式（4-30）可简化为：

$$P = \frac{1}{\sqrt{2\pi\Delta\gamma^2}}\exp\left(-\frac{\gamma^2}{2\Delta\gamma^2} \right) \frac{\sin(\alpha^- + \gamma)}{\sin\alpha^- \cos\gamma}\left[1 + \varepsilon\left(1 - \frac{\sin(\alpha^- - \gamma)}{\sin\alpha^- \cos\gamma} \right) \right] \tag{4-31}$$

对比式（4-13）和式（4-31）可知，有效分布函数实际上是历史影响分布函数（4-31）在分母附加项 $\cos\gamma=1$ 和历史系数 $\varepsilon=0$ 条件下的近似。

图 4-6 给出了不同分布函数预测的壁面粗糙角概率统计，从图上可以看出，

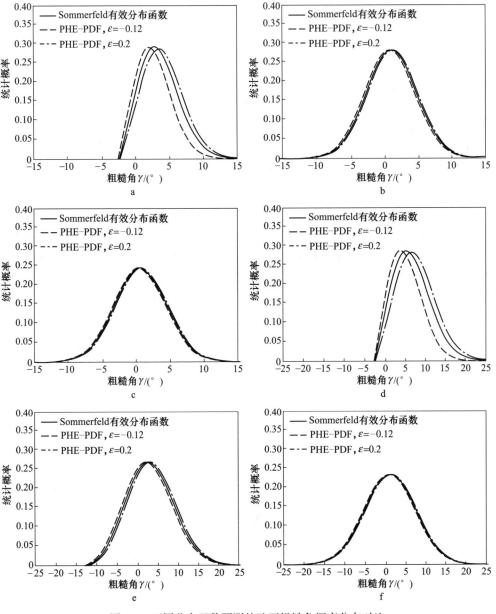

图 4-6 不同分布函数预测的壁面粗糙角概率分布对比

a—入射角 $\alpha^-=2.5°$，$\Delta\gamma=3.8°$；b—入射角 $\alpha^-=12.5°$，$\Delta\gamma=3.8°$；

c—入射角 $\alpha^-=32.5°$，$\Delta\gamma=3.8°$；d—入射角 $\alpha^-=2.5°$，$\Delta\gamma=6.5°$；

e—入射角 $\alpha^-=12.5°$，$\Delta\gamma=6.5°$；f—入射角 $\alpha^-=32.5°$，$\Delta\gamma=6.5°$

有效分布函数预测的概率曲线与历史影响分布函数在 $\varepsilon=0$ 时预测的曲线一致。当历史影响系数 $\varepsilon>0$ 时，粉粒历史影响分布函数预测的曲线偏向有效分布函数曲线的右侧；类似的，当历史影响 $\varepsilon<0$ 时，粉粒历史影响分布函数预测的曲线偏向左侧。

另外，从图 4-6 中还可以看出，当粉粒以小角度入射时，不同模型预测的粗糙角概率曲线之间的差别更为明显，随着粉粒入射角的增大，各模型预测的概率曲线逐渐一致，最终都接近正态分布曲线。当壁面粗糙角标准差 $\Delta\gamma$ 增大时，需要更大的粉粒入射角才能得到接近正态分布的概率曲线。对于历史影响系数 ε 的取值，我们将在下文中对其开展讨论。

图 4-7 给出了采用正态分布函数、有效分布函数、Sommerfeld-Huber 方案[4]及粉粒历史影响模型计算的壁面粗糙角概率密度曲线。对比可看出，Sommerfeld-Huber 方案有效避免了粗糙角取样过程中，粉粒实际入射角为负值的情况，但是该方案过高预测了小角度入射粉粒的数目，同时也过低预测了大角度入射粉粒的数量，导致粗糙角取值偏离实际。而通过正态分布函数取值，将不可避免地产生大量的入射角为负值的粉粒。粉粒历史影响模型与有效分布函数预测了类似的概率分区曲线，但相比较而言，前者预测的曲线更偏向小角度范围。本研究采用式（4-31）给出的概率函数随机产生壁面粗糙角，采用多重碰撞算法来描述粉粒-粗糙壁面碰撞过程。

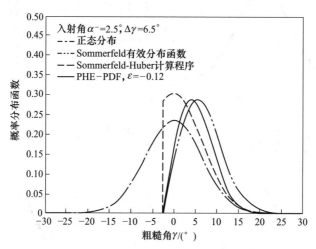

图 4-7　不同模型的粗糙角概率分布函数对比

4.1.4　粉粒-粗糙壁面碰撞过程

4.1.4.1　碰撞反弹角

在 Sommerfeld-Huber 的阴影影响模型[5]中，粉粒壁面碰撞是瞬时完成的，而实际中，由于粗糙壁面具有一定的高度，反弹角接近零时会与壁面再次发生碰撞。由于缺乏多重碰撞的机理及粗糙角取样的不准确，该模型预测了大量反弹角接近零的粉粒[6]，当粉粒以小角度入射时，这种现象尤为显著。本研究将讨论瞬时碰撞模型在预测多重碰撞时失效的原因，并进一步细化碰撞过程，准确描述以小角度入射粉粒与粗糙壁面碰撞的反弹过程。

以上给出了壁面粗糙角取值方式，接下来讨论虚拟壁面组原则对反弹角的影响。粉粒在输送过程中，以输送通道壁面为参考系建立坐标 xoy，如图4-8所示，流动沿 x 轴正方向，记该坐标系为主坐标系，其记录了流体输送特性、粉粒运动状态等参数。与此同时，依据虚拟壁面原则定义临时坐标 $x'oy'$，该坐标相对于主坐标旋转角度为 γ，也就是虚拟壁面相对于参考壁面旋转的角度，其 x 轴与虚拟壁面平行。在 Euler-Lagrange 追踪过程中，主坐标系 xoy 保持不变，而临时坐标系 $x'oy'$ 依据即时壁面粗糙角进行旋转。粉粒与壁面发生碰撞之前，粉粒运动状态记录在主坐标系中，当粉粒与壁面发生碰撞时，其运动参数将根据坐标旋转原理转换到临时坐标系中，坐标系 $x'oy'$ 中的碰撞角 $\alpha^-{}'$ 正是粉粒与壁面的实际碰撞角。

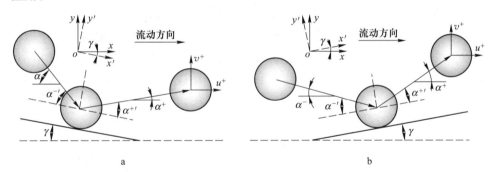

图4-8 坐标旋转对粉粒在虚拟壁面上反弹的影响

a—负旋转角；b—正旋转角

显然，临时坐标 $x'oy'$ 中记录了粉粒壁面碰撞定律，碰撞之后得到的反弹角、速度等都是相对于临时坐标系的值，而主坐标 xoy 记录了整个流动过程的物理参数。因此，当碰撞粉粒返回到流场中时，反弹参数需转换到 xoy 中，粉粒与壁面碰撞后真实反弹角应表述为：

$$\alpha^+ = \alpha^+{}' + \gamma \tag{4-32}$$

式中　α^+——返回到流场中粉粒的反弹角，该变量适用于粉粒在流场中的追踪过程；

$\alpha^+{}'$——粉粒相对临时坐标的反弹角，该角度适用于碰撞过程。

相应的粉粒-壁面碰撞后的真实速度为：

$$u^+ = u^+{}'\cos\gamma - v^+{}'\sin\gamma \tag{4-33}$$

$$v^+ = u^{+\prime}\sin\gamma + v^{+\prime}\cos\gamma \tag{4-34}$$

上式中，标有上标"′"的变量表示临时坐标下的反弹变量。

显然，当粉粒返回到流场中又出现了这样一个问题，坐标旋转导致反弹角会出现负值，接下来讨论粉粒在壁面上的反弹过程。

4.1.4.2　多重碰撞过程

在阴影影响模型[4]中，粉粒反弹角始终为正值，粉粒-壁面碰撞为瞬时碰撞。Konan 等[1]首先提出了粉粒-粗糙壁面多重碰撞理论，并指出反弹粉粒具有三种运动：（1）反弹角为负，粉粒不可避免地与壁面再次发生碰撞；（2）反弹角为正，但粉粒仍然与壁面再次发生碰撞；（3）反弹角为正，粉粒返回到流场中。通过分析，他们给出了（3）发生的概率，即：

$$P(i = 1 \mid \alpha^+) = \begin{cases} \tanh\left(\beta\,\dfrac{\alpha^+}{\Delta\gamma}\right) & \alpha^+ \geqslant 0 \\ 0 & \alpha^+ \leqslant 0 \end{cases} \tag{4-35}$$

本研究引入主坐标 xoy 和临时坐标 $x'oy'$ 来处理碰撞参数与传输参数之间的关系，通过坐标旋转操作实现碰撞参数与传输参数之间的转换。

（1）主坐标系 xoy 中反弹角仍为负值，即 $\alpha^+ \leqslant 0$，此时粉粒不可避免地与壁面发生二次碰撞，这意味着粉粒与壁面发生碰撞次数大于等于两次，这与 Konan 多重碰撞模型中的（1）类粉粒运动历程一致，反弹角将重新取值，我们称为 I 类多重碰撞，如图 4-9a 所示。

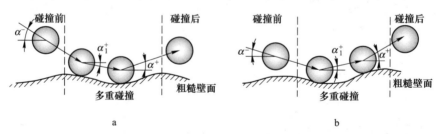

图 4-9　粗糙壁面上粉粒多重碰撞
a—I 类多重碰撞（$\alpha^+ \leqslant 0$）；b—II 类多重碰撞（$\alpha^+ > 0$）

（2）主坐标系 xoy 中反弹角仍为正值，即 $\alpha^+ > 0$。由于采用虚拟壁面组原则，接下来粉粒要经历以下两类运动中的一种，即粉粒再次与壁面发生碰撞，如图 4-9b 所示，或粉粒直接返回输送流体中，假定即时取样虚拟壁面倾斜角为 γ_n，相邻虚拟壁面倾斜角为 γ_{n-1}，如图 4-10 所示，那么：

1）粉粒落在虚拟壁面 λ_1 区，粉粒与壁面仅发生一次碰撞，碰撞结束粉粒将返回到输送流体中。

2）粉粒落在虚拟壁面 λ_2 区，粉粒在返回输送流体之前要经历大于等于两次的壁面碰撞，我们称为 II 类多重碰撞。假定，粉粒经历的虚拟壁面粗糙角为 γ_{n-1}，且即时取样得到的虚拟壁面倾斜角为 γ_n，那么，II 类多重碰撞发生的概率为：

$$P(i > 1 | \alpha_{n-1}^+ > 0) = \frac{\lambda_n \sin(\gamma_n - \alpha_{n-1}^+)}{\lambda_{n-1}\sin(-\gamma_{n-1} + \alpha_{n-1}^+)} \qquad (\gamma_{n-1} < \alpha_{n-1}^+ < \gamma_n)$$

$$(4\text{-}36)$$

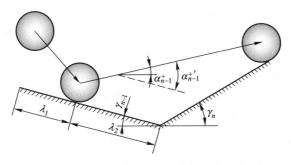

图 4-10　基于虚拟壁面组原则分析 II 类多重碰撞

显然，II 类多重碰撞与粉粒运动历史有关，如粉粒经历的虚拟壁面、粉粒先前反弹角 α_{n-1}^+ 等。

粉粒-壁面碰撞过程可抽象为粉粒碰撞前和碰撞后两个状态的跃迁过程，而这个跃迁过程正如黑箱模型。如图 4-11 所示，对于粉粒-壁面的瞬时碰撞过程，粉粒从碰撞前状态到碰撞后状态仅由一步完成；而对于粉粒-粗糙壁面的碰撞过程，粉粒从碰撞前状态到碰撞后状态要经历若干步，是由一系列瞬时碰撞叠加而成，因此粉粒在粗糙壁面上的反弹更为复杂。

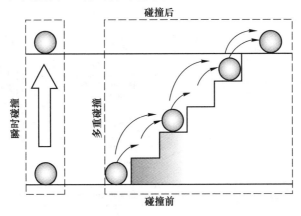

图 4-11　瞬时碰撞与多重碰撞过程对比示意图

4.1.5 碰撞模型计算流程

不同于传统多重碰撞算法[1]，本研究采用改进的多重碰撞模型算法来模拟粉粒-粗糙壁面的碰撞过程，改进措施如下：

（1）在主坐标 xoy 中求解气固两相流的输送行为，在临时坐标 $x'oy'$ 中求解粉粒-壁面的碰撞过程。

（2）壁面粗糙角通过概率分布函数式（4-31）进行取值，并通过式（4-13）和式（4-32）来实现变量在主坐标 xoy 和临时坐标 $x'oy'$ 之间的转换。

（3）采用实际反弹角预判反弹粉粒进一步的运动规律：反弹角小于零时，粉粒在粗糙壁面发生Ⅰ类多重碰撞，设置计数器Ⅰ统计Ⅰ类多重碰撞发生的频率；反弹角大于零时，以概率函数式（4-36）替代式（4-35）来区分Ⅱ类多重碰撞与单次碰撞，并设置计数器Ⅱ统计Ⅱ类多重碰撞发生的频率。

于是，粉粒-粗糙壁面碰撞过程的算法流程如图 4-12 所示，具体步骤如下：

（1）粉粒与粗糙壁面接触，粗糙角通过概率分布函数式（4-31）取值，并通过式（4-13）求取实际入射角。

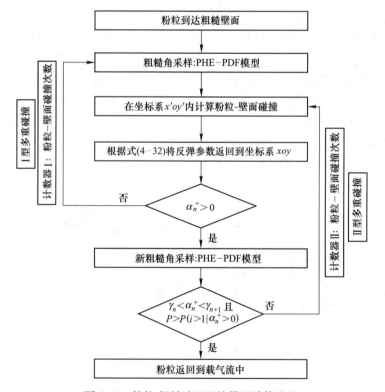

图 4-12 粉粒-粗糙壁面碰撞模型计算流程

（2）通过粉粒-壁面碰撞模型预测粉粒反弹速度及反弹角。

（3）粉粒碰撞反弹参数通过式（4-32）转换到主坐标系中，考察多重碰撞的影响。

1）当 $\alpha^+ \leqslant 0$ 时，粉粒与壁面发生 I 类多重碰撞，返回步骤（1）。

2）当 $\alpha^+ > 0$ 时，预测碰撞壁面粗糙度角通过概率分布函数式（4-31）取值，记为 γ_{n+1}。

①若 $\alpha^+ > \gamma_{n+1}$，碰撞停止，粉粒返回到流场中。

②若 $\alpha^+ < \gamma_{n+1}$，求取概率函数式（4-36）的值 $P(i>1|\alpha_n^+>0)$，且产生区间 $[0，1]$ 随机数 $r^{[6]}$，即：

如果 $r \geqslant P(i>1|\alpha_n^+>0)$，粉粒与壁面发生 II 类多重碰撞，返回步骤（1）；

如果 $r < P(i>1|\alpha_n^+>0)$，碰撞停止，粉粒返回到流场中。

4.1.6　模型讨论

4.1.6.1　历史影响系数 ε 分析

如前文所述，粉粒历史影响模型给出的壁面粗糙角分布函数中包含未知历史影响系数 ε，接下来的工作是确定该系数的取值。本研究采用 Sommerfeld-Huber[4] 的测量数据作为对比，求取历史影响系数 ε 的值。首先采用不同的 ε 值，模拟粒径为 $550\mu m$ 粉粒与不锈钢壁面的碰撞过程，得到粉粒反弹角的概率统计，并与相同实验条件下的实验数据进行对比，其对比结果如图 4-13 所示。

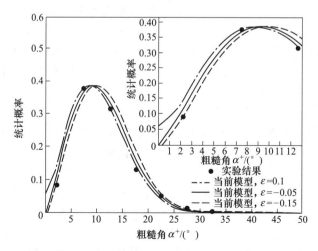

图 4-13　不同历史系数 ε 粉粒反弹角概率统计与 Sommerfeld-Huber 实验数据[4]对比

（$\alpha^- = 5°$，$\Delta\gamma = 3.8°$）

从图 4-13 中可以看出，ε 取值对粉粒反弹角的概率分布曲线有着重要影响。

当 $\varepsilon > -0.05$ 时，预测的 $\alpha^+ < 10°$ 范围内的反弹角概率曲线要高于测量值，而更大反弹角的概率曲线与测量值接近；类似的，当 $\varepsilon < -0.15$ 时，预测曲线在小反弹角范围内与测量数据吻合较好，而更大反弹角范围内的概率曲线要高于测量数据。阴影影响模型给出的有效分布函数正是 $\varepsilon = 0$ 条件下的近似，因此在小反弹角范围内其预测的概率曲线要高于测量值，而在大的反弹角范围内其预测的概率曲线与实验数吻合良好。因此，历史影响系数 ε 建议在 $[-0.15, -0.05]$ 范围内取值，本研究 $\varepsilon = -0.12$ 时，预测曲线与测量结果较好吻合，于是，概率分布函数 (4-31) 更加实用的表达形式可表示为：

$$P = \frac{0.88}{\sqrt{2\pi\Delta\gamma^2}}\exp\left(-\frac{\gamma^2}{2\Delta\gamma^2}\right)\frac{\sin(\alpha^- + \gamma)}{\sin\alpha^- \cos\gamma}\left(1 + 0.136 \times \frac{\sin(\alpha^- - \gamma)}{\sin\alpha^- \cos\gamma}\right) \quad (4-37)$$

4.1.6.2 多重碰撞分析

由多重碰撞细节分析可知，粉粒在粗糙壁面上发生的多重碰撞可分为两类，即Ⅰ类多重碰撞和Ⅱ类多重碰撞，基于式 (4-36) 和改进的多重碰撞算法，可以统计各类碰撞发生的概率。

粉粒以不同入射角射向粗糙壁面，各类多重碰撞发生的概率统计如图 4-14 所示，从图上可以看出，各类多重碰撞概率曲线都有一个典型峰值，这是由粉粒实际入射角 $\alpha^{-\prime}$ 决定的。如前文所述，粉粒实际入射角由两部分组成，即 α^- 和 γ，随着 α^- 增大，粗糙角 γ 概率分布逐渐接近正态分布，如图 4-14 所示。在 α^- 较小范围内，粗糙角 γ 取值大小与 α^- 可比，其决定了实际入射角取值。由于取样过程不免产生大量负值的粗糙角，这导致实际入射角很小，初次碰撞后粉粒实际反弹角为负值，因此，Ⅰ类多重碰撞概率上升。随着 α^- 增大，粗糙角影响逐渐减弱，而 α^- 影响逐渐增强，当实际入射角 $\alpha^{-\prime}$ 主要由 α^- 决定时，Ⅰ类多重碰撞概率下降，因此，Ⅰ类多重碰撞概率曲线为一条带有峰值的曲线。类似的分析可用于Ⅱ类多重碰撞，所不同的是，该类碰撞受粉粒正反弹角控制。

对比图 4-14a 和 b 可知，随着粗糙角标准差的增大，各类多重碰撞的概率曲线向更宽广入射角范围分布；图 4-14c 表明各类多重碰撞的概率主要受无量纲角 $\alpha^-/\Delta\gamma$ 的影响，其峰值位于 $\alpha^-/\Delta\gamma = 1.5 \sim 2.0$ 区域内。另外，还有一个有趣的现象，当入射角为零时，Ⅰ类多重碰撞的概率为零，而Ⅱ类多重碰撞的概率并不是从零开始。也就是说，当入射角为零时，Ⅱ类多重碰撞依然会发生，这种现象与实际情况是相符合的。当粉粒平行粗糙壁面输送时，由于壁面粗糙结构的存在，近壁面区域粉粒难免会与壁面发生碰撞。当 $\alpha^-/\Delta\gamma$ 超过某一值（$\alpha^-/\Delta\gamma = 0.5 \sim 1.0$）时，Ⅰ类碰撞概率曲线超过Ⅱ类碰撞的概率曲线，且其概率曲线更为集中。

4.1.6.3 反弹角概率分布

本节首先对比了粉粒历史影响模型（PHEM）、阴影影响模型[4]及粗糙壁面

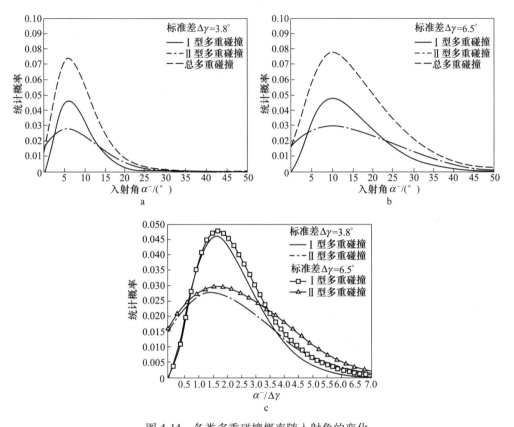

图 4-14 各类多重碰撞概率随入射角的变化

a—粗糙角标准差 $\Delta\gamma = 3.8°$；b—粗糙角标准差 $\Delta\gamma = 6.5°$；c—两类粗糙表面预测结果对比

多重碰撞模型[6]在预测粉粒-粗糙壁面碰撞时的表现，统计粉粒反弹角概率分布，并与 Sommerfeld 和 Huber 的实验数据进行对比，对比结果如图 4-15 所示。

从图 4-15 中可以看出，在反弹角 $\alpha^+ < 7.5°$ 范围内，阴影影响模型预测的反弹角概率曲线明显高于测量结果，当入射角小于等于 15°（见图 4-15a 和 b）时，这种预测偏差更为明显，这主要是由于该模型采用了不合理的粗糙角取样方法，且该模型采用了瞬时碰撞模型。相比较而言，Konan 等[6]的多重碰撞模型及本研究提出的粉粒历史影响模型在预测反弹角概率分布方面有着更优秀的表现，预测结果与实验数据较好的吻合，不过，这两个模型预测结果也存在一定的差别。对比实验数据可发现，Konan 等[6]的多重碰撞模型预测的反弹角概率曲线偏向测量数据的正方向，其峰值位置亦向更大反弹角区间偏移，这意味着该模型预测粉粒反弹角期望值要高于实际结果；而粉粒历史影响模型在不同入射角情况下，预测的反弹角概率曲线与实验测量结果都有更好的吻合。这主要是因为本研究不仅采

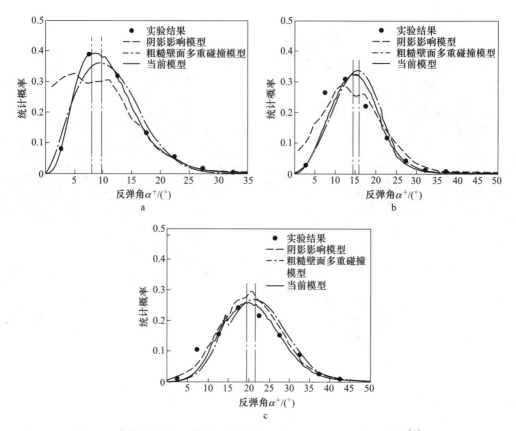

图 4-15　各模型预测反弹角概率分布与 Sommerfeld-Huber 实验结果[4] 对比

（粉粒直径 500μm，不锈钢壁面，其粗糙角标准差 $\Delta\gamma = 3.8°$）

a—入射角 $\alpha^- = 5°$；b—入射角 $\alpha^- = 15°$；c—入射角 $\alpha^- = 25°$

用更加准确的概率函数式（4-31）来产生粗糙角，而且基于虚拟壁面组原则改进了多重碰撞算法；依据当前粉粒运动状态，采用即时取样的方式来预判多重碰撞，因此更真实地再现了粉粒-粗糙壁面的碰撞过程。

当粉粒以较大角度入射时，不同模型预测了类似的反弹角概率曲线，如图 4-15c 所示，预测结果与实验数据有较好的吻合，且曲线形貌接近正态分布。这表明随入射角增大，粗糙壁面上粉粒入射视角、粉粒运动历史、多重碰撞等因素的影响逐渐减小，各模型预测结果的差别越来越小，因此对于粉粒以小角度与粗糙壁面发生碰撞的情况，本研究提出的粉粒历史影响模型会给出更准确的预测。

4.1.6.4　粗糙壁面影响

下面分析粗糙壁面对粉粒碰撞反弹的影响，每个入射角对 10000 次粉粒-壁面碰撞事件的结果求取平均值，模拟不同材质壁面上粉粒反弹角期望随无量纲入射角的变化关系，同时将粉粒-光滑壁面模拟结果作对比，进一步说明粗糙壁面的影响。如图 4-16 所示，采用 Sommerfeld 实验数据[4]验证，图中每个实验数据点是 1000 次独立碰撞事件测量结果的平均值，其入射角间隔为 5°，更多实验信息及数据处理过程见参考文献 [4]。

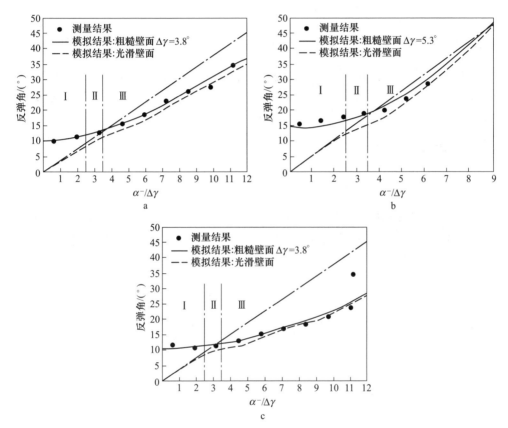

图 4-16　不同材质粗糙壁面上反弹角期望值随无量纲入射角变化关系

a—不锈钢壁面，颗粒直径 500μm；b—不锈钢壁面，颗粒直径 100μm；

c—橡胶壁面，颗粒直径 100μm

从图 4-16 可以看出，采用粉粒历史影响模型的计算结果与实验数据有很好的吻合，不同材质壁面上粉粒反弹角随无量纲入射角有着相同的变化规律。对比粉粒-光滑壁面的模拟结果发现，随入射角的变化粉粒反弹行为受粗糙壁面的影响分为以下三个区。

Ⅰ—粗糙壁面强影响区（$\alpha^-/\Delta\gamma<2.5$），该区粗糙壁面促使粉粒反弹角重新分布，粗糙壁面严重影响粉粒的反弹行为。如果不考虑粗糙壁面的影响，反弹角

模拟结果将明显偏离实际值。

Ⅱ—过渡区（$2.5 \leqslant \alpha^- / \Delta\gamma < 3.5$），该区粗糙壁面对粉粒反弹行为的影响逐渐减弱。

Ⅲ—粗糙壁面弱影响区（$\alpha^- / \Delta\gamma \geqslant 3.5$），该区粗糙壁面对粉粒反弹行为影响较小。如果不考虑粗糙壁面的影响，反弹角模拟结果与测量结果亦有着相似的变化规律，但稍低于测量值，随着入射角增大，粗糙壁面的影响越来越小。

4.2　CFD-PHEM 耦合模型的建立

本节在 4.1 节对粉粒-粗糙壁面碰撞数学模型的基础上，结合第 3 章对流体中单粉粒受力情况分析，建立描述钢包底喷粉元件内粉气流输送过程的三维数学模型。

4.2.1　模型控制方程

4.2.1.1　连续相控制方程

粉剂输送过程中，气相流场支配着粉剂颗粒的运动。本研究首先考虑流场分布，气体为连续相，气相流场可通过连续性方程和动量方程来描述[7,8]。

连续性方程：

$$\frac{\partial \rho_g}{\partial t} + \nabla \cdot (\rho_g \boldsymbol{u}_g) = s_m \tag{4-38}$$

式中　ρ_g，$\boldsymbol{u}_g$，s_m——气相流体的密度、速度矢量和质量源项。

动量守恒方程：

$$\frac{\partial}{\partial t}(\rho_g \boldsymbol{u}_g) + \nabla \cdot (\rho_g \boldsymbol{u}_g \boldsymbol{u}_g) = -\nabla p + \nabla \cdot (\mu_{eff}(\nabla \boldsymbol{u}_g + (\nabla \boldsymbol{u}_g)^T)) + \rho \boldsymbol{g} + \boldsymbol{F}_p \tag{4-39}$$

其中，

$$\mu_{eff} = \mu + \mu_t = \mu + \rho_g c_\mu \frac{k^2}{\varepsilon} \tag{4-40}$$

式中　p——流体静压力；

　　　μ_{eff}——有效黏度系数，由 $k\text{-}\varepsilon$ 双方程湍流模型确定；

　　　μ_t——湍流黏度系数；

　　　$\boldsymbol{F}_p$——粉剂颗粒对钢液传输的动量源项。

本研究采用 $k\text{-}\varepsilon$ 双方程湍流模型来描述气相流体的湍流脉动行为，其表达形式如下：

湍动能 k 传输方程：

$$\frac{\partial}{\partial t}(\rho_g k) + \nabla \cdot (\rho_g \boldsymbol{u}_g k) = \nabla \cdot \left(\frac{\mu_t}{\sigma_k} \nabla k\right) + G_k + G_b - \rho_g \varepsilon - Y_M \qquad (4\text{-}41)$$

湍动能耗散率 ε 方程：

$$\frac{\partial}{\partial t}(\rho_g \varepsilon) + \nabla \cdot (\rho_g \boldsymbol{u}_g \varepsilon) = \nabla \cdot \left(\frac{\mu_t}{\sigma_\varepsilon} \nabla \varepsilon\right) + C_1 \frac{\varepsilon}{k}(G_k + C_{3\varepsilon} G_b) - C_2 \rho_g \frac{\varepsilon^2}{k}$$

$$(4\text{-}42)$$

式中　G_k——由层流速度梯度产生的湍动能；

　　　G_b——由浮力产生的湍动能；

　　　Y_M——可压缩湍流脉动的整体耗散率。

上式中常数采用数值，见表 4-2。

表 4-2　k-ε 湍流模型中参数取值

湍流参数	C_μ	C_1	C_2	σ_k	σ_ε
取值	0.09	1.44	1.92	1.0	1.3

4.2.1.2　离散相控制方程

粉粒相运动由 Lagrangian 离散相模型（Discrete Phase Models，DPM）控制方程描述，其运动速度和运动轨迹通过 Lagrangian 方法进行追踪。固相粉粒与流体耦合运算，每个计算时间步长之后，粉粒的位置及迁移速度通过求解粉粒运动方程进行更新，其运动方程为：

$$\frac{\mathrm{d}u_p}{\mathrm{d}t} = F_D(\boldsymbol{u}_g - \boldsymbol{u}_p) + \frac{\boldsymbol{g}(\rho_p - \rho_g)}{\rho_p} + \boldsymbol{F} \qquad (4\text{-}43)$$

式中，u 为速度；ρ 为密度；$\boldsymbol{g}$ 为重力加速度；下标 g、p 为气相和固相参数；$F_D(\boldsymbol{u}_p - \boldsymbol{u}_g)$ 为气体曳力项；$\boldsymbol{F}$ 为其他作用力，其中 F_D 表达式为：

$$F_D = \frac{18\mu_g}{\rho_p d_p^2} \frac{C_D Re_p}{24} \qquad (4\text{-}44)$$

式中，μ_g 为气体动力黏度；Re_p 为相对雷诺数，其表达式如下：

$$Re_p = \frac{\rho_p d_p |\boldsymbol{u}_p - \boldsymbol{u}_g|}{\mu_g} \qquad (4\text{-}45)$$

式中，d_p 为粉粒直径；C_D 为曳力系数，表达式为：

$$C_D = a_1 + \frac{a_2}{Re_p} + \frac{a_3}{Re_p^2} \qquad (4\text{-}46)$$

式中，a 为经验常数，Morsi 等[9] 给出了其取值。

Fluent 基于流体瞬时速度 $\boldsymbol{u}_g + \boldsymbol{u}_g'(t)$ 积分每个粉粒的轨迹方程，通过计算足

够数量代表性粉粒的轨迹，以此来预测粉剂颗粒的湍流扩散。气流瞬时速度采用随机游走模型进行模拟，该模型中脉动速度分量 u_g' 假定服从高斯概率分布，并在湍流漩涡生存时间内采样，因此：

$$u_i' = \xi\sqrt{\overline{u_i'^2}}\tag{4-47}$$

式中　ξ——正态分布随机数。

即时均方根波动速度可由下式求得，即：

$$\sqrt{\overline{u_i'^2}} = \sqrt{\frac{2k_g}{3}}\tag{4-48}$$

4.2.2　模型建立

本章采用粉粒历史影响模型（Particle History Effect Model，PHEM）描述粉粒-粗糙壁面碰撞过程，采用粉粒历史影响分布函数（PHE-PDF）对粗糙角进行取样，采用改进的多重碰撞算法描述多重碰撞过程。基于 Eulerian-Lagrangian 法和用户自定义函数（UDF）建立 CFD-PHEM 模型模拟缝隙内粉气流输送行为，计算流程如图 4-17 所示。

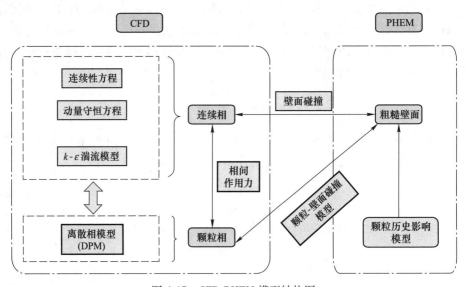

图 4-17　CFD-PHEM 模型结构图

4.2.3　模型验证

本节首先采用 Milojevic 等[10]的缝隙实验数据验证模型准确性，其输送管路如图 4-18 所示，包括混合入口及缝隙通道，其中混合入口高 800mm，主缝隙通道高 1400mm、长 250mm、宽 25mm，缝隙通道壁面由铝合金制成。假定壁面粗糙高度在 10~20μm 之间分布，粗糙角标准差根据 Sommerfeld 等[11] 的实验结果确定。输送粉粒密度为 2500kg/m³，其粒径在 70~140μm 之间分布，平均粒径为 108μm，因此粉粒响应时间长，其运动受粉粒-壁面碰撞行为支配。输送通道和流动条件与 Milojevic 等[10] 实验条件及 Sommerfeld 模拟条件[11] 一致，以此得到可与实验数据对比的计算结果，更多关于实验条件的信息见参考文献[4,12,13]。缝隙壁为无滑移壁面，近壁面采用标准壁面函数来处理。采用 SIMPLE 求解器进行求解，待流场计算稳定后加入离散相，应用气固双向耦合方式进行求解。

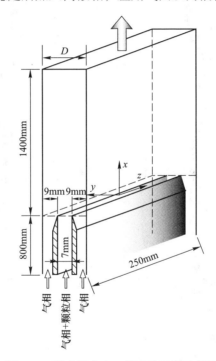

图 4-18 带有混合入口的缝隙通道示意图

图 4-19 给出了缝隙通道内平均速度、脉动速度模拟结果与实验数据的对比，其中，带有下标"mean""RMS"和"in"的变量分别表示平均速度、脉动速度及入口速度，上标"g"和"p"分别表示连续相和粉粒相的速度，D 表示缝隙宽度。对比图 4-19a 和 c 可以看出，在粉气流充分发展的区域（$x = 550 \sim$ 1050mm），Sommerfeld 预测的粉粒相的平均速度要低于实验测量结果，而本研究模型预测的气相和粉粒相平均速度与测量结果很好的吻合，这主要是因为本研究不仅采用了 3D 模型进行模拟，而且采用了粉粒历史影响模型来考虑粉粒-粗糙壁面之间的碰撞，这两方面的原因促使粉粒获得更高的平均速度。另外，图 4-19c

表明，在入口附近（$x = 20$mm），新模型预测了更宽阔的速度轮廓，在壁面附近速度波动得更加剧烈，这是因为粉粒-粗糙壁面碰撞促使粉粒速度在各方向上再分配，导致粉粒在近壁面区平均速度增大。

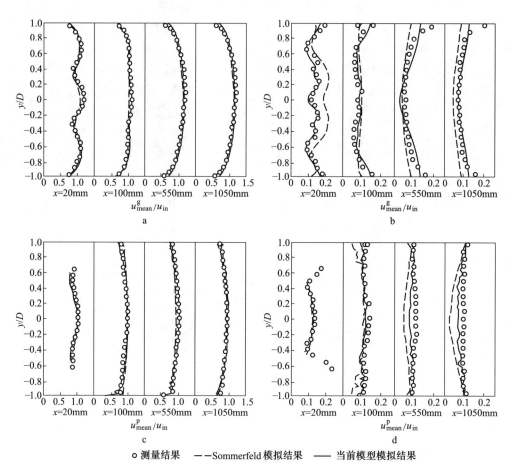

◦ 测量结果　——Sommerfeld 模拟结果　—— 当前模型模拟结果

图 4-19　新模型预测的缝隙通道内平均速度、脉动速度与
Sommerfeld 模拟结果、实验测量结果对比

a—连续相轴向平均速度；b—连续相轴向脉动速度；c—粉粒相轴向平均速度；d—粉粒相轴向脉动速度

图 4-19b 和 d 分别给出了连续相、粉粒相脉动速度与实验数据对比。从图上可以看出，尽管先前模拟预测的连续相平均速度与实验数据有较好的吻合，但在入口附近（$x = 20$mm 和 $x = 100$mm），其预测的波动速度偏高；而在充分发展的流动区域（$x = 550$mm 和 $x = 1050$mm），其预测的波动速度又偏低。相比较而言，采用 CFD-PHEM 模型模拟的连续相和粉粒相的脉动速度与实验数据有较好的吻合，该模型可用于模拟底喷粉元件缝隙内气固两相流输送行为。

4.3 模型应用——喷粉元件缝隙内气固两相流行为的模拟

4.3.1 边界条件及模型求解

钢包底喷粉元件垂直安装在钢包底部，缝隙宽度非常狭小，其长度尺寸远大于宽度尺寸，如图4-20所示。底喷粉元件缝隙模型尺寸参数和模型应用参数见表4-3，采用压力入口和压力出口，缝隙壁为无滑移壁面，近壁面采用标准壁面函数来处理。采用 SIMPLE 求解器进行求解，待流场计算稳定后，加入离散相，应用气固双向耦合方式进行求解。采用粉粒历史影响模型模拟粉粒-粗糙壁面碰撞过程，壁面粗糙角采用式（4-31）进行取样。本书采用商业流体动力学软件 Fluent 并配合用户自定义函数（UDF）来描述钢包底喷粉元件内气固两相流行为。

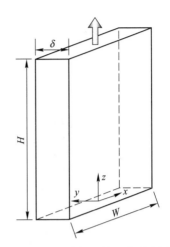

图 4-20　底喷粉元件缝隙示意图

表 4-3　喷粉元件缝隙尺寸及模型应用参数

项　目	参　数	数　值
缝隙几何尺寸	宽度 δ/mm	0.2
	长度 W/mm	20
	高度 H/mm	150
气相	密度 ρ/kg·m^{-3}	1.18
	黏度 μ/kg·(m·s)$^{-1}$	1.8×10^{-5}
	压降 Δp/Pa	2.0×10^{4}
固相	密度 ρ_p/kg·m^{-3}	2.5×10^{3}
	平均粒径 d/μm	30

4.3.2 粉粒的运动特性

4.3.2.1 粉粒的运动轨迹

本研究首先分别采用 Sommerfeld-Huber 解决方案[4]和粉粒历史影响模型计算了粒径 30μm 的粉剂颗粒在近壁面附近的运动轨迹，对比结果如图4-21所示。

从图4-21可以看出，Sommerfeld 解决方案[4]预测的粉粒运动轨迹集中在近

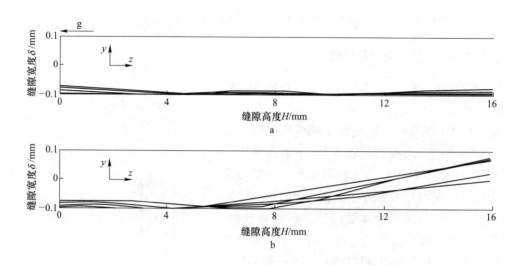

图 4-21　近壁面粉粒运动轨迹对比（$d_p = 30\mu m$）

a—Sommerfeld-Huber 解决方案[4]；b—粉粒历史影响模型

壁面区，粉粒在长距离范围内沿壁面运动而没有发生明显反弹，这与实际情况不符。现场采用的底喷粉元件由耐火材料制成，缝隙狭小且内壁面粗糙，粉剂在输送过程中不可避免地与缝隙壁面发生碰撞，而壁面粗糙结构增加了粉粒碰撞反弹的随机性。由上述分析可知，传统粗糙壁面模型预测的粗糙角在小角度范围内的取值明显偏高，这导致颗粒实际入射角偏小，碰撞将产生大量的反弹角较小甚至为零的颗粒，因此产生了大量粉粒沿着壁面运动。而当前模型基于式（4-31）来产生壁面粗糙角，有效降低了以极小角度甚至零角度入射的粉粒数目，近壁面区运动的粉粒不再被限制在该区域，而是与粗糙壁面碰撞后发生反弹，返回到主流场中，其运动轨迹如图 4-21b 所示。

图 4-22 给出了不同壁面缝隙内粉粒运动轨迹。从图上可以看出，若缝隙壁面光滑，粉剂颗粒运送主要受流体支配，粉粒在输送过程中，与壁面发生碰撞的频率比较低。图 4-22b 是采用粉粒历史影响模型计算的粗糙壁面缝隙内粉粒运动轨迹，对比可以看出，粗糙壁面明显增加了粉粒与缝隙壁面碰撞的频率。通过追踪粉粒的运动轨迹发现，粉粒主要存在两种运动轨迹：一是运动相对稳定，在输送过程中未发生壁面碰撞；二是受流场湍动影响，粉粒与粗糙壁面发生碰撞，造成后续的大量随机的碰撞。

4.3.2.2　粗糙壁面对粉粒速度的影响

图 4-23 给出了缝隙宽度方向上（y 方向）粉粒速度分布图，其中，图 4-23a

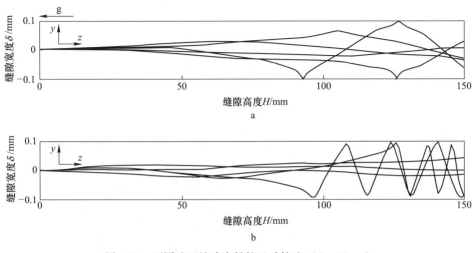

图 4-22 不同壁面缝隙内粉粒运动轨迹 ($d_p = 30\mu m$)

a—光滑壁面；b—粗糙壁面 $\Delta\gamma = 3.8°$

为粉粒的轴向速度分布，图 4-23b 为粉粒脉动速度分布，速度采用入口处粉粒平均速度进行了无量纲化处理。

从图 4-23 中可以看出，在缝隙入口附近（$z = 20mm$）粗糙壁面对粉粒轴向速度影响较小，而对粉粒脉动速度产生了较大影响。随着缝隙高度增加（$z = 80mm$，$z = 120mm$），粗糙壁面对粉粒速度影响逐渐增大，这种影响导致粉粒轴向速度降低，而脉动速度增加。这主要是因为粗糙壁面增加了粉粒-壁面碰撞反弹的随机性，导致碰撞频率增加；而粉粒与壁面连续的碰撞导致粉粒动能的损失，降低了粉粒轴向输送速度，从而增加了粉粒的脉动速度。显然，粉粒与光滑壁面碰撞的频率较低，动能损失小，粉粒脉动速度低。缝隙入口附近，主要是近壁面区粉粒与壁面发生碰撞，粉粒与壁面碰撞频率较低，此时粗糙壁面的影响不明显；而随着缝隙高度的增加，粉粒与缝隙壁面发生碰撞的频率增加，此时粗糙壁面的影响逐渐突显出来。

4.3.2.3 粗糙壁面对粉粒浓度分布的影响

图 4-24 给出了不同壁面的底喷粉元件缝隙内粉粒质量浓度分布云图，从图上可以看出沿缝隙高度方向上，粉剂颗粒在光滑壁面缝隙近入口端（$z = 20 \sim 30mm$）形成高浓度区，之后粉剂颗粒浓度分布逐渐均匀，而在粗糙壁面缝隙内并未形成明显的高浓度区。对比不同高度位置缝隙截面的粉粒浓度分布云图可以看出，光滑壁面缝隙内，粉剂颗粒主要集中分布在中心位置，在缝隙中心形成类似缝隙截面形状的狭窄的粉气流高浓度区，近壁面附近粉粒浓度较低。而各个高度截面的粉粒浓度分布云图显示，当粉气流发展充分（$z > 40mm$）时，粗糙壁面

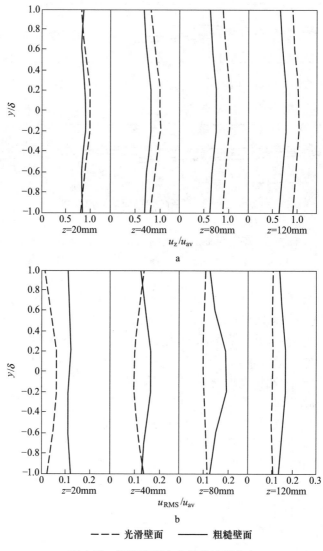

图 4-23　缝隙宽度方向粉粒速度分布

a—粉粒轴向平均速度；b—粉粒轴向脉动速度

缝隙内粉粒浓度分布均匀，且未观测到明显的浓度集中区。

　　为进一步说明不同壁面对粉粒质量浓度分布的影响，图 4-25 给出了光滑壁面和粗糙壁面缝隙宽度方向上粉粒浓度分布对比。从图上可以看出，光滑壁面缝隙内粉剂颗粒质量浓度分布曲线在 $y/\delta \in [-0.6, 0.6]$ 有一个峰值，而粗糙壁面模型预测的粉粒浓度分布曲线比较平稳，未出现典型的峰值，这说明粗糙壁面促进了粉粒在缝隙内的再分布，促使缝隙内粉粒浓度趋于均匀分布。

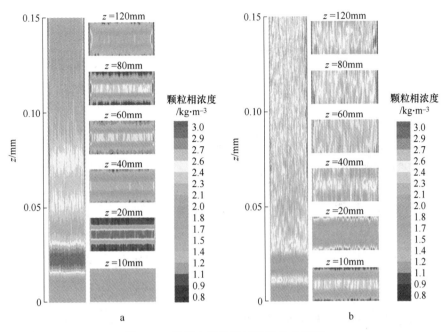

图 4-24 缝隙内粉粒质量浓度分布云图
a—光滑壁面；b—粗糙壁面

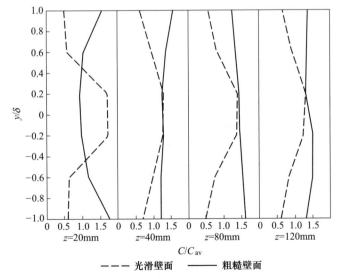

图 4-25 缝隙宽度方向粉粒质量浓度 C（单位为 kg/m³）分布

参 考 文 献

［1］ Konan N A, Simonin O, Squires K D. Rough wall boundary condition derivation for particle continuum equations: validation from LES/DPS of gas-solid turbulent channel flow ［C］// Miami, Florida: American Society of Mechanical Engineers, 2006: 1723~1732.

［2］ Breuer M, Alletto M, Langfeldt F. Sandgrain roughness model for rough walls within Eulerian-Lagrangian predictions of turbulent flows ［J］. International Journal of Multiphase Flow, 2012, 43: 157~175.

［3］ Tian Z F, Inthavong K, Tu J Y, et al. Numerical investigation into the effects of wall roughness on a gas-particle flow in a 90 bend ［J］. International Journal of Heat and Mass Transfer, 2008, 51 (5): 1238~1250.

［4］ Sommerfeld M, Huber N. Experimental analysis and modelling of particle-wall collisions ［J］. International Journal of Multiphase Flow, 1999, 25 (6): 1457~1489.

［5］ Jia Q L, Ye F B, Zhang Y C. Fabrication, microstructure and properties of nitrides bonded alumina ccstables by in situ nitridation reaction ［J］. Advanced Materials Research, 2011, 284: 69~72.

［6］ Konan N A, Kannengieser O, Simonin O. Stochastic modeling of the multiple rebound effects for particle-rough wall collisions ［J］. International Journal of Multiphase Flow, 2009, 35 (10): 933~945.

［7］ Quek T Y, Wang C H, Ray M B. Dilute gas-solid flows in horizontal and vertical bends ［J］. Industrial & Engineering Chemistry Research, 2005, 44 (7): 2301~2315.

［8］ 张兆顺. 湍流 ［M］. 北京: 国防工业出版社, 2002: 45~48.

［9］ Morsi S A, Alexander A J. An investigation of particle trajectories in two-phase flow systems ［J］. Journal of Fluid Mechanics, 1972, 55 (2): 193~208.

［10］ Milojevic D, Borner T, Durst F. Prediction of turbulent gas-particle flows measured in a plane confined jet ［C］// Reprints 1st World Congraluations on Particle Technolgy, Part Ⅳ. 1986: 485~505.

［11］ Sommerfeld M. Particle dispersion in turbulent flow: the effect of particle size distribution ［J］. Particle & Particle Systems Characterization, 1990, 7 (1-4): 209~220.

［12］ Lad B, Issa R I. A hybrid continuum/PDF model for the prediction of dispersed particulate flow ［J］. International Journal of Multiphase Flow, 2012, 39: 148~158.

［13］ Zhang X, Zhou L. A second-order moment particle-wall collision model accounting for the wall roughness ［J］. Powder Technology, 2005, 159 (2): 111~120.

5 钢包底喷粉元件及配套管路磨损行为

在钢包底喷粉精炼过程中,粉气流对喷粉元件及配套管路产生强烈的摩擦和磨损。如图 5-1 所示,输送管路受粉气流冲刷易导致安全性、稳定性和可靠性降低的部位主要集中在 A (底喷粉元件缝隙位置) 和 B (底喷粉元件配套弯管) 处。这两处受粉气流磨损情况需重点研究,掌握磨损规律,以防止喷粉元件尺寸变化造成钢液渗透和管路破损导致喷粉事故。

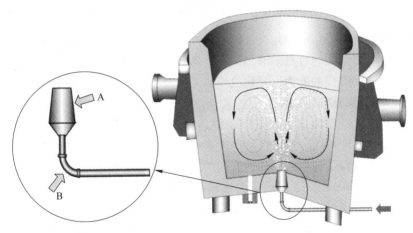

图 5-1 钢包底喷粉过程易磨损位置示意图

如第 4 章所述,钢包底喷粉元件结构精细,缝隙尺寸要求严格。细长、狭窄的缝隙设计可以有效地防止钢液渗透发生,但缝隙的这种特殊结构又造成了粉剂颗粒与壁面的高频率碰撞,产生明显的摩擦与磨损作用,导致缝隙尺寸发生变化。根据第 2 章底喷粉元件缝隙内钢液渗透的研究可知,缝隙尺寸的不均匀易诱发钢液不稳定渗透,而磨损造成缝隙宽度沿长度方向上分布不均匀,导致缝隙抗渗透性能降低。如图 5-2 所示,钢液由磨损位置向缝隙内渗透,导致钢包底喷粉元件内夹钢甚至漏钢现象的发生,因此钢包底喷粉元件缝隙的磨损情况需进行重点研究。

钢包底喷粉精炼过程中采用喷粉元件配套弯管来改变粉气流运动方向,在使用过程中粉气流会对弯管形成强烈的冲刷作用,使弯管壁面发生磨损,这不仅造成粉气流输送的不稳定,而且长时间磨损会导致弯管破损从而出现漏气漏粉现

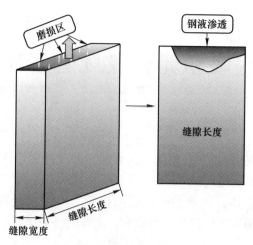

图 5-2　喷粉元件缝隙磨损诱发不稳定渗透示意图

象，严重影响喷粉操作的稳定性，影响生产进程，诱发安全事故。为此，研究粉气流对喷粉元件及配套管路的磨损规律，考察钢包底喷粉条件下喷粉元件及弯管承受粉气流冲蚀磨损的能力，是解决喷粉元件及配套管路工艺稳定性及使用寿命适应炉次要求等问题的关键。

粉剂颗粒对壁面冲刷磨损是一个极为复杂的过程，不仅受粉粒运动参数影响，而且还与壁面材质、粉粒性质等因素有关。目前，尚未有磨损模型能够完全涵盖所有标准材料受各类粉粒冲蚀磨损的过程，各类磨损模型都要依赖实验中测得的经验系数。Meng 等[1]回顾了磨损模型的发展，指出自 Finnie[2]首次提出具有解析解的磨损模型以来，已经发展起来 28 个描述粉粒-壁面磨损过程的磨损模型，涵盖了 33 个与磨损相关的参数，平均每个模型中涉及到 5 个参数。自 20 世纪 90 年代以来，计算流体力学（CFD）迅速发展并逐渐用于预测壁面磨损形成 CFD-Erosion 的模拟方法，这时期，塔尔萨大学磨损/腐蚀研究中心（Erosion/Corrosion Research Center，E/CRC）发展起来了 E/CRC 磨损模型[3~5]，该模型与 CFD 方法结合广泛应用于预测弯管、喷嘴、T 型管、收缩管和扩展管等管道的磨损情况[6~10]。Wang 等[11]采用 CFD-Erosion 方法模拟了 90°弯管磨损情况，连续相的预测采用混合长度模型，磨损预测采用 E/CRC 模型，模拟结果与实验数据只能定性的符合，而定量对比时效果较差。还有一些工作[12~15]采用 $k\text{-}\varepsilon$ 湍流模型来预测连续相流场，采用半经验磨损模型来预测管道磨损，这时期，Fan 等[16]也采用大涡模拟湍流流场结构，以及湍流模型对输送管道磨损情况的影响，但是其模拟结果没有给出相应的实验验证。近年来，基于 Eulerian-Lagrangian 法的 CFD-Erosion 模拟迅速发展，模拟过程主要分为三步：连续相模拟、粉粒相追踪和磨损预测。先前研究采用雷诺平均纳维-斯托克斯方程（RANS）、$k\text{-}\varepsilon$ 湍流模型及大涡模拟等对连续相场进行模拟；粉粒相追踪过程，采用滑移/非滑移碰撞模型或采用实验测得的反弹系数[17]来预测粉粒-壁面相互作用。各类磨损模型中，应用广泛的当属 Tabakoff 等的磨损模型[18]、Menguturk-Sverdrup 磨损模型[19]、E/CRC 磨损模型[3~5]、Oka 等[20,21]磨损模型和 Huang 等[22]的磨损模型。Njobuenwu 等[23]采用上述五个磨损模型模拟了90°弯管在稀相输送条件下的磨损情况，发现不同磨损模型预测的磨损轮廓差别不大，模拟结果与实验结果吻合良好。

　　然而，实际中磨损是一个动态发展的过程，粉粒与壁面不断碰撞导致壁面磨损，壁面形貌发生改变并逐渐形成典型的磨损轮廓，即壁面磨损包；而壁面磨损包又反过来作用于气-固两相流，如图 5-3 所示，这个过程必然影响两相流的输送过程，尤其对粉粒-壁面的碰撞行为产生重要影响。

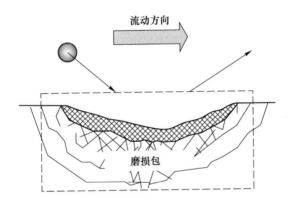

图 5-3　磨损壁面对粉粒反弹行为的影响示意图

　　先前工作中，Suzuki 等[24]采用磨损线的方法考察壁面磨损轮廓对流场及粉粒运动轨迹的影响，然而这种方法严重依赖于网格技术，并未给出粉粒在磨损壁面上的反弹机理，因此不能得到通用的磨损包影响模型。Njobuenwu 等[23]也指出，壁面磨损包会改变粉粒的碰撞动能，进而会影响下游管道壁面的磨损轮廓，然而，对于磨损包作用于气固两相的机理尚未见报道。因此，迫切需要建立壁面磨损包影响模型来揭示粉粒-磨损壁面的碰撞机理，这不仅关系到喷吹过程两相流的准确预测，而且关系到磨损位置、磨损深度的准确评估，对喷粉元件及配套管路服役寿命的衡量有着重要作用。

　　本章主要目的是采用随机的方法来描述粉粒-磨损壁面的碰撞过程，基于第 4 章推导粉粒历史影响模型的思路，通过引入特征角概念建立描述粉粒-磨损壁面碰撞过程的壁面磨损包影响模型（Wear Pocket Effect Model，WPEM），并将该模型应用于模拟喷粉元件及配套管路的磨损行为。

5.1　磨损包影响模型

5.1.1　磨损区随机角

限制性两相流在底喷粉工艺中非常普遍，喷粉过程中，粉气流与输送管路、底喷粉元件内壁发生高频率碰撞，持续碰撞造成碰撞区发生冲蚀磨损，进而导致壁面形貌发生改变，形成壁面磨损包。磨损包反过来又作用于粉粒-壁面碰撞过程，造成气-固两相流动能改变，进而改变了粉气流输送行为，导致磨损位置、磨损深度发生变化。于是产生了一个问题，随着输送管路及喷射元件内壁面磨损形貌的演化，传统磨损模型预测的磨损位置及磨损量将与实际发生偏离，因此有必要研究磨损形貌对粉气流输送行为的影响，进而准确预测钢包底喷粉元件及输送管路的服役寿命。

连续不断的粉粒-壁面碰撞过程将逐渐改变碰撞区域壁面形貌，随着冲蚀磨损的持续进行，磨损区域几何轮廓会逐渐变得有规律。本研究假定典型的壁面磨损包可简化为两部分，即迎风面和顺风面，且迎风面和顺风面上仍具有粗糙结构特征，如图5-4所示。

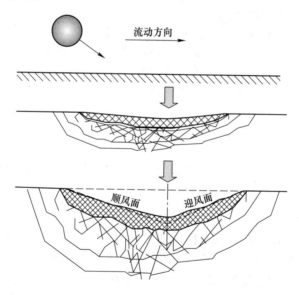

图 5-4　典型壁面磨损包形成过程示意图

磨损重塑了粗糙壁面的几何形貌，导致粉粒历史影响模型不能准确描述壁面粗糙角的概率分布，因此有必要对壁面磨损区进行分析，建立描述壁面磨损区粉粒碰撞反弹过程的数学模型。假定，典型的磨损包由一系列主倾斜面组成，主倾斜面上随机分布着波动结构，如磨损包顺风面可视为一个具有负倾斜角的主倾斜面，而迎风面为具有正倾斜角的主倾斜面。本研究采用随机的方法来处理磨损区域，引入随机角 γ 描述磨损区磨损包的影响，即：

$$\gamma(s,\ t) = \gamma_0 + \mu_s(t) + \sigma(s,\ t)\varepsilon \tag{5-1}$$

式中　　$\gamma(s,\ t)$——在 t 时刻磨损位置 s 处的瞬时随机角。

瞬时随机角由三部分组成，即原始粗糙角 γ_0，主倾斜面特征角 $\mu_s(t)$，以及波动项 $\sigma(s,\ t)\varepsilon$，各项具体物理意义如图5-5所示。图5-5给出了壁面磨损过程结构变化示意图，以此说明磨损区随机角的演化过程，从图上可以看出，特征角实际上为磨损包顺风面/迎风面的随机角在 t 时刻的期望值。未发生磨损的粗糙壁面，如图5-5a所示，其特征角 $\mu_s(t)$ 为零，$\sigma(s,\ t)$ 为粗糙角的标准差，ε 变量服从标准正态分布。当壁面发生磨损时，如图5-5b和c所示，磨损包影响主要包含在特征角项 $\mu_s(t)$ 中，而粗糙壁面的影响主要包含在波动项 $\sigma(s,\ t)\varepsilon$ 中，显然求解主倾斜面特征角 $\mu_s(t)$ 是解决磨损壁面影响的关键，接下来通过建模求解特征角。

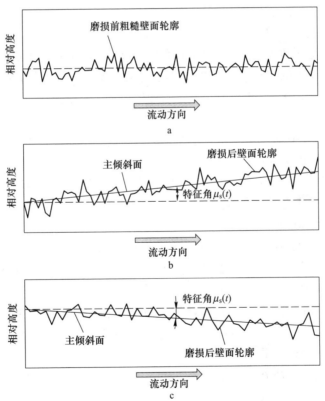

图5-5　壁面结构示意图

a—未发生磨损的粗糙壁面结构；b—磨损区迎风面结构；c—磨损区顺风面结构

5.1.2　特征角求取

假定典型的壁面磨损包是由于受到大量的、随机的、相互独立的粉剂颗粒碰撞的结果，每个磨损微元上的碰撞参数如碰撞角、碰撞速度、碰撞粉粒数等都相互独立，于是，在时间段 $(t_1, t_2]$ 上，磨蚀掉的壁面材料可看作是许多微小单元的代数和。显然，依据中心极限定理，假定该变量服从正态分布是合理的。这里，做进一步假设，假定变量 $\mu_s(t_2) - \mu_s(t_1)$ 也服从正态分布，具有平稳增量、独立增量的特征，且每个增量都服从正态分布，这时特征角 $\mu_s(t)$ 满足标准布朗运动。实际过程中，管路中粉气流受载气流支配，其入射角主要沿着气流方向，这导致了随机碰撞具有一定的趋势，因此本研究采用带漂移的布朗运动模型来描述特征角，即：

$$\mu_s(t) = f(t)t + g(t)B(t) \tag{5-2}$$

式中　$B(t)$——标准布朗运动；

　　　$f(t)$——平均特征角的偏移率；

　　　$g(t)$——波动率。

接下来构造函数 $P(\mu)$ 表示磨损过程中 $\mu_s(t)$ 取得 $\theta_1(t=0)$ 前而取值 $\theta_2(t=\tau)$ 的概率，这里 $\theta_1 = 0$，且 $\theta_2 = \theta$，对过程 $\mu_s(t)$ 在时刻 0 到 τ 之间的变化 $\Delta = \mu_s(\tau) - \mu_s(0)$ 取条件，将得到一个微分方程，从而给出：

$$P(\mu) = E[P(\mu + \Delta)] + o(\tau) \tag{5-3}$$

式中　$o(\tau)$——到时刻 τ，特征角已经击中 θ_1 或 θ_2 其中之一的概率。

假设 $P(\mu)$ 在 μ 点附近有 Taylor 级数展开，则形式上可得：

$$P(\mu) = E[P(\mu) + P'(\mu)\Delta + P''(\mu)\Delta^2/2 + \cdots] + o(\tau) \tag{5-4}$$

由于 Δ 服从正态分布，其期望值为 $f(\tau)\tau$，方差为 $g^2(\tau)\tau$，高于二阶微分项之和的期望值为 $o(\tau)$，式 (5-4) 可简化为：

$$P'(\mu)f(\tau) + (f^2(\tau)\tau + g^2(\tau))P''(\mu)/2 = o(\tau)/\tau \tag{5-5}$$

进一步简化上式，定义系数 $\delta = (g^2(\tau)\tau)/(2f(\tau)\tau)$，当 $\tau \to 0$ 时，可得：

$$P'(\mu) + \delta P''(\mu) = 0 \tag{5-6}$$

为使微分方程式 (5-6) 有解析解，这里假定 δ 为常数，通过积分可得：

$$P(\mu) = c_1 + c_2 \exp(-\mu/\delta) \tag{5-7}$$

式中　c_1, c_2——积分常数。

利用边界条件：$P(\theta_1) = 0$，$P(\theta_2) = 1$，且 $\theta_1 = 0$，$\theta_2 = \theta$ 可求得：

$$c_1 = -\frac{1}{\exp(-\theta/\delta) - 1} \tag{5-8}$$

$$c_2 = \frac{1}{\exp(-\theta/\delta) - 1} \tag{5-9}$$

于是，构造的概率函数可转化为：

$$P(\mu) = \frac{\exp(-\mu/\delta) - 1}{\exp(-\theta/\delta) - 1} \tag{5-10}$$

显然，特征角概率分布随着壁面磨损的变化而发生变化，此时的特征角难以直接用于分析模拟磨损包对磨损行为及粉气流输送行为的影响。我们做进一步处理，假定特征角为时间的函数，通过积分可求得特征角概率分布的期望值，即：

$$\overline{\mu}_s = \int_{\mu(0)}^{\mu(t)} \mu p'(\mu) \, \mathrm{d}u \tag{5-11}$$

尽管典型的磨损包是由大量的、来自不同入射方向的、相互独立的粉粒冲蚀磨损形成的，但是输送管路内的气固两相流主要与载气流方向一致。如前文所述，磨损包最终形成典型的几何形貌，包括顺风面和迎风面两部分。

壁面发生磨损前，特征角满足如下条件，即：

$$\mu(0) = E(\gamma(0)) = 0 \tag{5-12}$$

连续不断的磨损造成磨损包的生长，最终导致磨损包顺风面和迎风面形成典型的形貌，如图5-6所示。

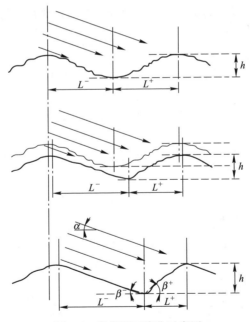

图5-6　磨损壁面演化示意图

顺风面上特征角满足条件：

$$\lim_{t \to \infty} \mu_{s^-}(t) = E(\gamma(t)) \approx -\alpha^- \tag{5-13}$$

也就是说，顺风面上特征角取值最终趋向于$-\alpha^-$，采用式（5-12）和式

（5-13）对式（5-11）进行积分可得顺风面上特征角的平均值为：

$$\bar{\mu}_{s^-} = -\left[\frac{\exp(-\alpha^-/\delta)}{\exp(-\alpha^-/\delta)-1}\alpha^- + \delta\right] \tag{5-14}$$

显然，特征角期望值主要受粉粒入射角 α^- 和系数 δ 影响，因此有必要进一步探究系数 δ 的物理意义。如前文所述系数 δ 定义为飘移比，是磨损包发展的过程量，表示特征角方差与期望漂移率的比值，其主要与磨损过程及壁面材质的物理特性相关。

5.1.3 入射视角影响

下面要解决的问题是求解粉粒入射到壁面磨损包顺风面/迎风面上的概率，Sommerfeld 等[25]给出了阴影影响模型来考察粉粒-粗糙壁面碰撞过程入射视角的影响，受入射视角的影响壁面粗糙角不再服从正态分布，而是偏向了正粗糙角取值方向。本书第4章中给出了均匀分布粉粒入射检验的方法来考察入射视角影响，基于该方法可分别求出粉粒入射到磨损包顺风面和迎风面的概率。

如图5-7所示，沿垂直壁面方向上均分分布的粉粒以入射角 α^- 射向磨损壁面区域，磨损包顺风面长度为 λ^-，迎风面长度为 λ^+，那么，粉粒与磨损包顺风面发生碰撞的概率为：

$$p_1^- = \frac{1}{1 + \dfrac{\lambda^+ \sin[\alpha^- + \mu_{s^+}(t)]}{\lambda^- \sin[\alpha^- + \mu_{s^-}(t)]}} \tag{5-15}$$

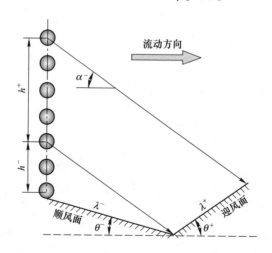

图5-7 均匀分布粉粒入射典型磨损包示意图

类似的，粉粒与磨损包迎风面发生碰撞的概率为：

$$p_2^+ = \cfrac{1}{1 + \cfrac{\lambda^- \sin[\alpha^- + \mu_{s^-}(t)]}{\lambda^+ \sin[\alpha^- + \mu_{s^+}(t)]}} \tag{5-16}$$

假定迎风面上 $\mu_{s^+}(t)$ 取值最终趋近于 θ^+，这里以 θ 替代 θ^+，那么：

$$\lim_{t \to \infty} \mu_{s^+}(t) = E(\gamma(t)) = \theta \tag{5-17}$$

那么，壁面磨损包迎风面上特征角的平均值为：

$$\bar{\mu}_{s^+} = \frac{\exp(-\theta/\delta)}{\exp(-\theta/\delta) - 1}\theta + \delta \tag{5-18}$$

5.1.4 磨损区随机角求解方案

值得注意的是，θ 受入射角 α^- 的影响，特征角期望值主要由两个参数决定，即粉粒入射角 α^- 和飘移比 δ，然而影响冲蚀磨损过程的因素很多，很难精确求得飘移比 δ 的值。通过量纲分析可知，飘移比 δ 与原始壁面粗糙角概率分布的标准差可比，可用粗糙角标准差来衡量其取值。若 θ 取值为 α^-，可绘制出特征角期望值随飘移比的变化关系，如图 5-8 所示。从图 5-8 可以看出，特征角均值随着飘移比的增加而增大，而对于某一固定的飘移比，随着入射角的增大，特征角均值先是迅速增大，之后逐渐达到稳定值。

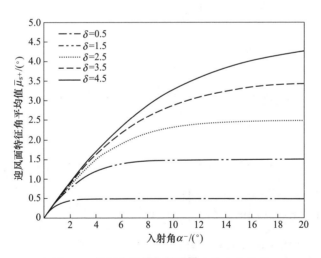

图 5-8 特征角期望值随飘移比的变化关系

综上所述，假定磨损区仍保持主要的粗糙壁面特征，粗糙角概率分布的相对方差为常数，且 $\sigma(s, t) = \sigma$，原始壁面粗糙角初值为零。同时，采用特征角的期望值 $\bar{\mu}_s$ 替代瞬时特征角 $\mu(t)$，我们给出求解壁面磨损区随机角取值方案，即：

$$\gamma = \bar{\mu}_s + \gamma_{\mathrm{rough}} \tag{5-19}$$

式中　γ_{rough}——粗糙角取值，$\gamma_{\text{rough}} = \sigma \varepsilon$。

通过概率函数式（4-31）进行取样，将随机角 γ 应用到粉粒-磨损壁面碰撞模型中来考虑壁面磨损包的影响。

5.2　壁面磨损模型

在钢包底喷粉条件下，粉剂对喷粉元件缝隙及配套管路的磨损程度与生产的安全性及使用寿命密切相关，喷粉元件缝隙狭小，粉剂输送过程中对缝隙磨损严重，当缝隙形状尺寸发生改变时，喷粉元件安全性受到威胁。因此，深入研究粉气流对喷粉元件及配套管路的磨损对于喷粉工艺参数的制定具有重要的意义。

先前研究者对于管道磨损开展了一系列的实验研究及数学模拟，本研究采用在塔尔萨大学磨损/腐蚀研究中心（E/CRC）发展起来的磨损模型[26]来预测喷粉元件缝隙及配套弯管的磨损，即：

$$ER_{\text{m}} = AF_s u_p^n f(\alpha) \tag{5-20}$$

式中　ER_{m}——磨损速率（每千克磨损掉壁面材料/每千克喷入粉剂）；

　　　A——与材料性质相关的常数；

　　　F_s——粉剂颗粒的形状系数，对于非球形粉粒且带有尖锐形状 $F_s = 1.0$，对于半球形粉粒 $F_s = 0.53$，对于球形粉粒 $F_s = 0.2$；

　　　u_p——粉粒与壁面碰撞速度；

　　　n——经验系数；

　　　α——粉粒与壁面碰撞角；

　　$f(\alpha)$——碰撞角函数，与壁面材料有关。

根据 Ahlert[26] 的理论，碰撞角函数有如下表达式，即：

$$f(\alpha) = \begin{cases} k_1 \alpha^2 + k_2 \alpha & \alpha \leqslant \dfrac{\pi}{12} \\[2mm] k_3 \cos^2(\alpha) \sin(\omega a) + k_4 \sin^2(a) + k_5 & \alpha > \dfrac{\pi}{12} \end{cases} \tag{5-21}$$

式中　k_i——常数，$i = 1 \sim 5$，与材料性质相关。

E/CRC 模型中涉及到的参数取值见表 5-1。

表 5-1　不同材质壁面 E/CRC 模型常数取值[3,5,19]

参数	A	n	ω	k_1	k_2	k_3	k_4	k_5
碳钢	$1.559(\text{BH})^{-0.59} \times 10^{-6}$	1.73	1.0	−33.4	17.9	1.239	−0.1192	2.167
铝	2.388×10^{-7}	1.73	5.205	−34.79	12.3	0.147	−0.745	1.0

表 5-1 中 BH 为布氏硬度，可见碳钢壁面的磨损与材质硬度有关。模拟过程中，粉粒与壁面发生碰撞，壁面碰撞模型控制粉粒-壁面的碰撞行为，而 E/CRC

磨损模型描述壁面的磨损行为。本研究以每千克粉剂造成的壁面磨损深度记录为壁面磨损速率，那么壁面附近单元体磨损速率由下式计算得出，即：

$$ER = \frac{ER_{\mathrm{m}}}{A_{\mathrm{cell}}\rho_{\mathrm{w}}}\tag{5-22}$$

式中　　A_{cell}——碰撞区单元体面积；

　　　　ρ_{w}——壁面材料密度。

5.3　CFD-WPEM 耦合模型的建立

本章中采用壁面磨损包影响模型（Wear-Pocket Effect Model，WPEM）作用于粉粒-壁面碰撞过程，考察磨损包对粉气流输送行为的影响，基于 Eulerian-Lagrangian 法和用户自定义函数（UDF）建立 CFD-WPEM 模型预测喷粉元件及配套管路磨损情况，计算流程如图 5-9 所示。壁面磨损的模拟主要通过三个步骤实现，即连续相模拟、粉粒相追踪和磨损预测。第 4 章已给出了连续相和离散相的控制方程，此处不再赘述。前人广泛采用 RNG k-ε 湍流模型预测弯管内气固两相流流动行为，通过与实验数据对比发现，该模型能准确预测弯管内湍流流型和粉粒相的输送规律[10]，因此本研究采用 RNG k-ε 模型预测连续相湍流流动。

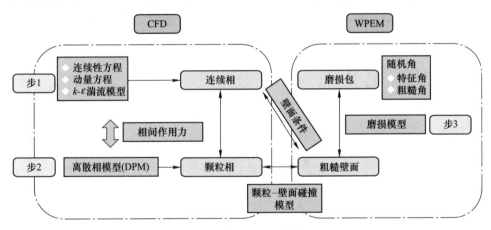

图 5-9　CFD-WPEM 模型计算流程图

采用双向耦合的方法对控制方程进行求解，即增加的粉粒相改变了连续相流型，而改变后的连续相又反过来影响粉粒相的运动[20,21]。在 ANSYS FLUENT 中，粉粒相向连续相的动量传递是通过在连续相动量平衡方程中增加动量源项来完成的，连续相向离散相的动量传输通过计算每个粉粒穿过控制体积时动量改变来实现的，即：

$$F = \sum \left[\frac{18\mu C_{D}Re}{24\rho_{\mathrm{p}}d_{\mathrm{p}}^{2}}(u_{\mathrm{p}} - u) + \frac{g(\rho_{\mathrm{p}} - \rho_{\mathrm{g}})}{\rho_{\mathrm{p}}} + F_{\mathrm{vm}} \right] \dot{m}_{\mathrm{p}}\Delta t\tag{5-23}$$

式中　　$\dot{m}_p$ ——粉粒相的质量流率；

　　　　Δt ——时间步长。

5.4　喷粉元件配套管路磨损结果与分析

本章首先采用 CFD-WPEM 耦合模型模拟了喷粉元件配套弯管壁面磨损情况，这主要是因为 Mason 等[22] 通过实验手段测量了相应形状弯管壁面的磨损，以此作为实验数据可以对模型进行验证。另外，以 4.2 节给出的 CFD-PHEM 耦合模型的模拟结果作为对比，进一步说明壁面磨损包对粉气流输送行为及管路磨损行为的影响。

喷粉元件配套管路采用横截面为正方形的 90° 弯管，弯管截面正方形边长为 D，弯管曲率半径为 R，实验中弯管由有机玻璃制成，壁厚为 30.48mm，壁面材料密度为 1190kg/m³，布氏硬度为 34，根据 Sommerfeld 等[25] 实验结果，壁面粗糙角方差取值 3.8°。管道采用非滑移边界条件，采用氧化铝粉作为测试粉粒，其密度为 3900kg/m³，模拟采用的喷粉元件配套弯管几何尺寸及流动参数见表 5-2，其中弯管 1~3 有着相同的几何尺寸，且 $R/D = 10$，弯管 4 几何尺寸 $R/D = 6$。

表 5-2　模拟用弯管几何尺寸及流动参数

参　数	弯管 1	弯管 2	弯管 3	弯管 4
载气流速度 u_g/m·s⁻¹	85.3	100.6	88.4	29.3
粉气比（质量载率）η/kg·kg⁻¹	3.3	0.5	3.8	3.3
粉粒平均直径 d_p/μm	60	55	55	50
弯管截面边长 D/m	0.0254	0.0254	0.0254	0.0508
R/D	10	10	10	6
雷诺数 Re	1.38×10^5	1.63×10^5	1.43×10^5	0.95×10^5

粉粒 Stokes 数常用来衡量粉粒对湍流脉动的响应特性，其定义为粉粒响应时间与流体流动时间比值，表达式如下[23]：

$$St = \frac{\tau_p}{\tau_g}, \ \tau_p = \frac{\rho_p d_p^2}{18\mu f_D}, \ \tau_g = \frac{D}{U_g}$$

$$f_D = 1.0 + 0.15Re_p^{0.678}, \ Re_p = \frac{\rho_g U_p d_p}{\mu} \tag{5-24}$$

式中　　τ_p ——粉粒的响应时间；

　　　　τ_g ——流体流动时间；

　　　　f_D ——曳力系数修正项；

　　　　Re_p ——粉粒雷诺数；

　　　　U_g ——气相体积速度；

U_p——粉粒的沉降速度。

根据 Stokes 数的大小，可将限制性管道内气固两相流流动机制分为两类：当 Stokes 数较大时，粉粒相运动主要受惯性控制，流体湍动对粉粒相运动影响很小，此时粉粒-壁面碰撞主导了粉粒相的运动行为；当 Stokes 数很小时（$St \ll 1$），粉粒运动惯性较小，粉粒-壁面碰撞后迅速返回到流体中，并随着载气流运动，此时粉粒相运动主要受载气流运动和湍流扩散影响。实验工况下计算得到的粉粒响应时间及 Stokes 数见表 5-3，从表中可看出，该工况下粉粒 Stokes 数皆大于 10，这说明该实验条件下弯管内固相粉粒输送主要受粉粒-壁面碰撞主导，气相湍流扩散对粉粒相的运动行为影响较小。

表 5-3　各流动条件下粉粒 Stokes 数

弯　管	粉粒平均直径 $d_p/\mu m$	粉粒响应时间 τ_p/ms	粉粒 Stokes 数 St
弯管 1	60	24.7	82.9
弯管 2	55	21.5	85.1
弯管 3	55	21.5	74.8
弯管 4	50	18.4	10.6

模拟过程如图 5-9 所示，首先采用 RNG k-ε 湍流模型对连续相流场进行模拟，计算得到充分发展的流场后，加入粉粒相，采用 Lagrangian 法对离散相进行追踪、双向耦合的方法对控制方程进行求解。当粉粒与壁面发生碰撞时，采用粉粒-壁面碰撞模型预测碰撞反弹参数，并采用 E/CRC 模型模拟壁面磨损。Njo-buenwu 等[23]指出，计算采用 5×10^6 个粉粒对壁面进行冲蚀磨损即可得到典型的磨损轮廓，采用测量的磨损深度对该轮廓进行等比例放大可实现预测结果与实验测量结果的对比。本研究采用同等数目的粉粒进行计算，并采用等比例放大的方法实现预测结果与实验数据的对比。

磨损包形成前，采用粉粒历史影响模型预测粗糙壁面对两相流输送行为的影响。当磨损包形成后，采用本章中提出的壁面磨损包影响模型预测磨损形貌对两相流输送行为的影响。通过比较模拟结果与 Mason 等[22]的测量结果可以得出，漂移率 $\delta = 2.5°$ 较为合理，此时壁面磨损包影响模型变得可求解。通过 UDF 自编程将壁面磨损包影响模型加载到壁面边界条件中来求解该条件下粉气流的输送行为。

为减小计算量，垂直顺气流方向采用模型一半进行求解。采用三套网格即 $50 \times 25 \times 250$，$60 \times 30 \times 300$ 和 $80 \times 40 \times 300$ 来验证数值解的网格无关性，RNG k-ε 模型预测的弯管 1 不同截面上连续相顺气流方向速度分布如图 5-10 所示，其中，β 为弯管角，$\bar{w}$ 为顺气流方向速度平均值。从图上可以看出，当网格数目增加到一定数量时，随网格数目的增加模拟结果几乎不再发生变化，而计算量却在增加，因此本研究采用80×40×300网格来模拟各弯管内气-固两相流流动状态。

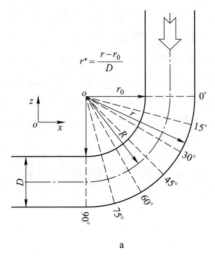

a

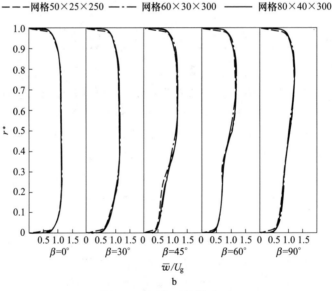

b

图 5-10 网格无关性验证

a—弯管示意图；b—弯管 1 不同截面上顺气流方向速度平均值

5.4.1 连续相流场模拟

连续流场是追踪粉粒运动轨迹及预测壁面磨损情况的基础，准确预测并得到充分发展的连续相流场是准确模拟气-固两相流行为及管路磨损行为的关键。采用 RNG $k\text{-}\varepsilon$ 湍流模型，本研究预测了充分发展的连续相流场，如图 5-11 所示，图中给出了弯管 1 中气相湍流流动行为。顺气流方向速度采用气体体积速度 U_g 进行了无量纲化处理，压力系数采用 Njobuenwu 等[28] 给出的表达式进行求解，即 $C_p = (p - p_{inlet})/(0.5 \times \rho_g U_g^2)$，式中 p 为当地气相压力，且 p_{inlet} 为入口压力。

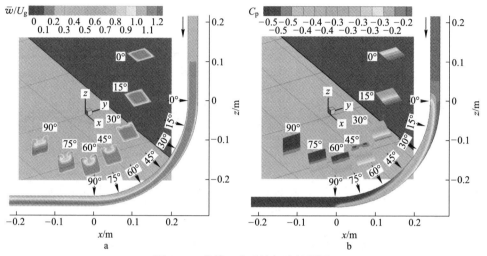

图 5-11　弯管 1 中连续相流场预测
a—顺气流方向速度分布云图；b—压力系数分布云图

从图 5-11 中可以看出，流体接近弯管之前顺气流速度和压力峰值都在输送管道的轴心位置，此时流场对称。当气流接近弯管附近时，连续相流体流型发生转变，流场逐渐变得不对称。在弯管处，峰值速度和压力系数都转向了管道的凹面侧，具体来说，当 $0° \leqslant \beta < 30°$ 时，顺气流方向速度峰值轻微偏离管道轴心，偏向管道外壁侧，在管道凹面侧附近形成高的压力梯度；当 $\beta > 30°$ 时，流场进一步发展，流体顺气流速度进一步偏向管道凹面侧，管道凸面附近速度明显下降，压力进一步降低，流场不均匀性越来越明显。弯管的影响一直持续到流场下游，流体速度一直偏向于管道凹壁面附近，而管道凹壁面附近压力也明显高于凸壁面附近压力。当 $\beta > 90°$ 时，流体逐渐向管道凸壁面附近加速，顺气流速度峰值逐渐向管道轴心附近偏移，流体压力也逐渐恢复均匀，形成对称的气相压力轮廓。

5.4.2　壁面磨损包对粉粒运动轨迹的影响

本研究首先考察了壁面磨损包对粉粒运动轨迹的影响，分别采用粉粒历史影响模型和磨损包影响模型追踪 20 个粉粒的运动轨迹来考察壁面磨损包对粉粒运动轨迹的影响，粉粒释放坐标（0.244, 0, 0.300），采用 CFD-PHEM 和 CFD-WPEM 预测的粉粒运动轨迹如图 5-12 所示。

由图 5-12 可知，未考虑壁面磨损包影响时（见图 5-12a），所有粉粒都以类似的运动轨迹从管道凹壁面反弹并与凸壁面发生碰撞，形成狭窄的凸壁面碰撞

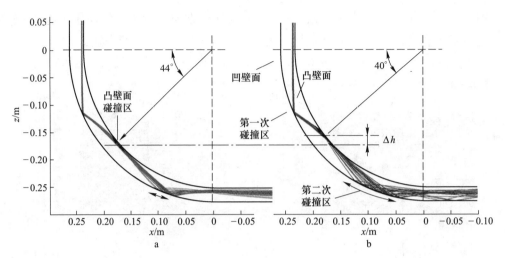

图 5-12 坐标点（0.244，0，0.300）位置处释放粒径为 60μm 粉粒运动轨迹

a—CFD-PHEM；b—CFD-WPEM

区；当考虑壁面磨损包影响时（见图 5-12b），从凹壁面第一碰撞区反弹的粉粒趋于分散分布，在凸壁面上形成宽广的碰撞区。对比图 5-12a 和 b 可发现，壁面磨损包导致粉粒反弹角增大，磨损包影响模型预测的凸面碰撞区位置较粗糙壁面模型预测的位置偏向流体流动方向的上游，例如，未考虑磨损包影响时，凸壁面碰撞区位置与水平方向夹角为 44°，而磨损包导致该夹角减小到 40°。另一个有趣的现象是，壁面磨损包导致凹壁面第二次碰撞区位置向粉气流输送方向下游偏移，而且 CFD-WPEM 预测的凹壁面第二次碰撞区宽度要明显大于 CFD-PHEM 预测的第二次碰撞区宽度。

　　为进一步考察壁面磨损包对粉粒运动轨迹的影响，在入口位置线段 $y = 0$ 上释放粉粒来考察壁面磨损包对粉粒群运动轨迹的影响，粉粒群沿顺气流方向速度为 85.3m/s，两个模型预测的粉粒运动轨迹如图 5-13 所示。由图 5-13 可知，在不考虑磨损包影响时，如图 5-13a 所示，CFD-PHEM 预测了较少粉粒与管道凸壁面发生碰撞，而未与管道凸壁面碰撞的粉粒沿载气流方向运动，并与凹壁面发生碰撞，因此在凹壁面上形成的碰撞空闲区不明显。

　　显然，典型的壁面磨损包改变了粉粒群的运动轨迹，当考虑磨损包影响时，凹壁面第一次碰撞区惯性粉粒与壁面的实际碰撞角较小，粉粒-壁面碰撞行为受入射视角的影响尤为明显。具体来说，粉粒-迎风面碰撞的概率要明显高于粉粒-顺风面碰撞的概率，即磨损包影响模型中特征角取正值的概率明显高于其取负值的概率。因此，就整个碰撞过程来讲，壁面磨损包导致了第一次碰撞区粉粒反弹角增大，更多的来自凹壁面第一次碰撞区反弹粉粒与管道凸壁面发生碰撞，且碰撞区域更大、更明显、更靠近载气流上游方向，在管道凹壁面上形成了明显的碰

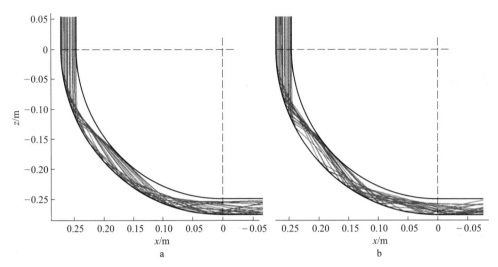

图 5-13 入口位置处 $y=0$ 上释放粒径为 $60\mu m$ 粉粒运动轨迹

a—CFD-PHEM；b—CFD-WPEM

撞空闲区。进一步来讲，磨损包同样改变了来自凸壁面碰撞区反弹粉粒的运动轨迹，结合来自凹壁面第一次碰撞区的反弹粉粒，这些惯性粉粒与凹壁面碰撞形成了一个更集中的凹壁面第二次碰撞区，且该区更靠近载气流下游方向。

5.4.3 壁面磨损包对粉粒浓度分布的影响

为了更好地说明典型壁面磨损包对粉粒输送行为的影响，图 5-14 对比了采用粉粒历史影响模型和磨损包影响模型预测的弯管内粉粒质量浓度分布。

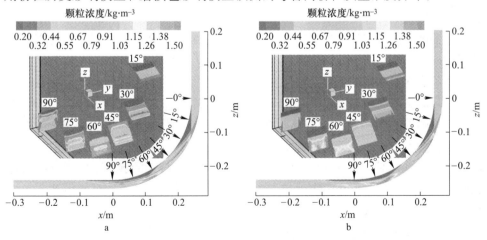

图 5-14 不同模型预测的弯管 2 内粉剂浓度分布

a—未考虑磨损包影响（CFD-PHEM）；b—考虑磨损包影响（CFD-WPEM）

从图 5-14 可以看出，两个模型都预测了三个浓度集中区，分别位于凹面第一次碰撞区、凸面碰撞区和凹面第二次碰撞区位置附近。详细对比可发现，弯管角在 30°~50°区域，粉粒历史影响模型在凹壁面附近预测了中等浓度粉粒分布，而壁面磨损包明显降低了该区域粉粒浓度分布，该模型在凹壁面附近预测了低浓度粉粒分布，它恰与预测的碰撞空闲区一致。这主要是因为磨损包改变了粉粒的碰撞反弹行为，磨损包的形成促使粉粒-迎风面碰撞概率增大，导致碰撞反弹角增大，显然粉粒与磨损壁面碰撞也导致了凸面附近粉粒高浓度区向流动方向上游偏移。通过对比还可以发现，磨损壁面也加强了粉粒向下游方向集中分布，如在弯管角 70°附近，靠近弯管凹壁面处形成典型的粉粒高浓度分布区。而不考虑磨损包影响时，粉粒在弯管下游分布更加分散，凹壁面附近无明显的粉粒高浓度分布区。

图 5-14 也给出了不同弯管角 β = 15°，30°，45°，60°，75° 和 90° 位置处管道截面上粉粒浓度分布，显然，在 β = 30° 处，磨损包明显降低了凹壁面附近粉粒浓度；当 β>45° 时，采用磨损包影响模型预测的不同截面上粉粒浓度分布更加均匀；在 β = 60° 时，这种现象更加明显。若不考虑磨损壁面的影响，β = 75° 处，粉粒高浓度区位于管道轴心位置附近，而壁面上形成的磨损包促使粉粒高浓度区向管道凹壁面附近偏移。

5.4.4 壁面磨损包对壁面磨损的影响

通过以上分析可知，典型的壁面磨损包不仅改变了粉粒运动轨迹，而且还影响了粉粒浓度分布，这将进一步影响壁面磨损行为。例如，上游管道磨损形貌将改变粉粒-壁面碰撞过程，进而影响粉粒的反弹行为和输送动能，从而导致下游管道壁面磨损状况发生改变。

壁面磨损的模拟基于弯管在四组流动条件进行，考察壁面磨损包对管道壁面磨损情况的影响。弯管几何形状及相应流动参数与 Mason 等[22]的实验管路及工况一致见表 5-2，并将预测结果与 Mason 等的测量结果进行对比。Njobuenwu[27]指出，计算中粉粒数目大于某一值时，磨损轮廓将独立于计算粉粒数目，即磨损形貌不再随着粉粒数目的增加而发生变化。后续工作中，Njobuenwu 等[23]提出了等比例放大的方法，即采用实验测量的最大磨损深度来等比例放大模拟预测的磨损轮廓，这样即可通过计算有限数目的粉粒对弯管壁面的磨损来实现模拟磨损轮廓与实验数据的对比，大大地减少了追踪粉粒的数目，提高了计算效率，本研究也采用等比例放大方法实现模拟与测量数据的对比。

图 5-15 给出了粉粒历史影响模型和磨损包影响模型预测的壁面磨损深度分布云图，显然只有弯管 4 预测了不一样的磨损形貌。这主要是因为弯管 4 的几何形貌明显不同于弯管 1~3，对比其他弯管可知，弯管 4 的截面边长 D = 0.0508m

是其他弯管截面边长的两倍，而其 R/D 比值明显小于其他弯管，这样的几何形状为第一次碰撞区的反弹粉粒提供了更宽阔的运动空间，粉粒无法与弯管凸壁面发生碰撞，而是继续与弯管凹壁面发生碰撞，因此无论粉粒历史影响模型还是壁面磨损包影响模型预测的磨损轮廓都只发生在弯管4的凹壁面上，而凸壁面未发生磨损。

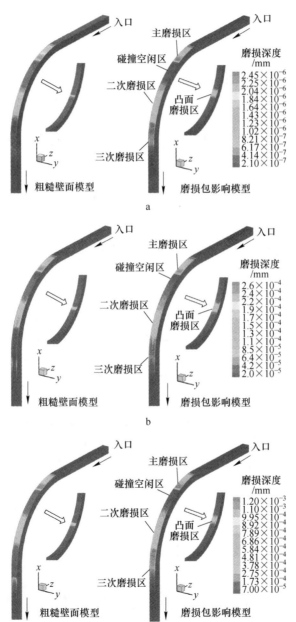

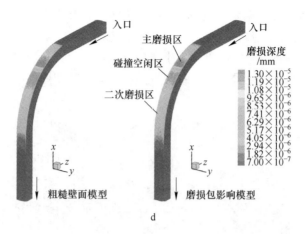

图 5-15　CFD-PHEM 模型和 CFD-WPEM 模型模拟的弯管壁面磨损深度云图对比
a—弯管 1；b—弯管 2；c—弯管 3；d—弯管 4

　　弯管 1~3 的几何参数相同，且流动条件相差不大，因此两模型模拟的管道 1~3 壁面磨损轮廓有着共同的特征，即管道凹壁面上形成了主磨损区、第二次磨损区两个典型的磨损区，而凸壁面上形成一个典型的凸面磨损区。显然，弯管凹壁面第一次碰撞区受粉气流磨损最严重，形成主磨损区；来自该区域具有较大反弹角的粉粒继续与弯管凸壁面发生碰撞，进而形成了凸壁面磨损区；来自第一次碰撞区反弹角较小的粉粒及凸面碰撞区的反弹粉粒与凹壁面继续发生碰撞，形成凹壁面的第二次磨损区。尽管两个模型都预测了典型的壁面磨损轮廓，它们的模拟结果仍存在较大差异。当不考虑磨损包影响时，粉粒历史影响模型的模拟结果显示弯管凸壁面上形成了一个轻微的且分布狭窄的凸面磨损区，而在凹壁面主磨损区和第二次磨损区之间的壁面上有较明显的磨损轮廓。壁面磨损包影响模型给出了粉粒-磨损壁面的碰撞机理，这也是当前其他模型不具备的，因此该模型给出了不一样的模拟结果。当考虑壁面磨损形貌影响时，磨损包影响模型预测了一个更加清晰且分布范围较宽的凸壁面磨损轮廓，而且该模型预测了弯管凹壁面上的碰撞空闲区，且该区域弯管壁面未发生明显磨损，这种现象与 Mason 等[22]的实验测量结果一致。另外，从磨损深度分布云图上可以看出，磨损包导致第二次磨损区最大磨损深度增大，且向流动方向下游偏移，凹壁面上的第三次磨损区更加明显。

　　图 5-16 给出了弯管 1~4 壁面磨损深度的模拟结果与 Mason 等[22]测量结果对比，模拟分别采用粉粒历史影响模型和壁面磨损包影响模型作用于粉粒-壁面碰撞过程，以此考察磨损包对弯管壁面磨损行为的影响。

　　以弯管 1 为例进行分析，如图 5-16a 所示，弯管角在 30°~45°区间，粉粒历史影响模型预测的磨损轮廓明显高于实测结果，而其预测的第二次磨损区峰值位

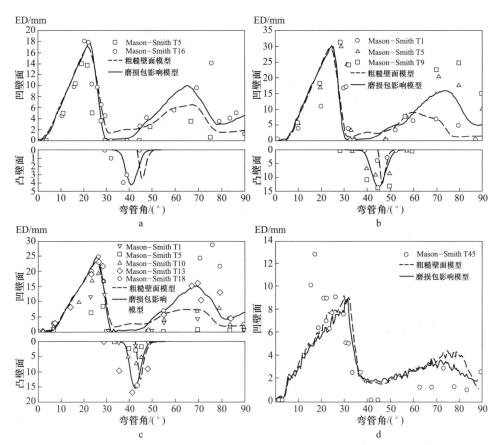

图 5-16　粗糙壁面模型和壁面磨损包影响模型预测的磨损深度与 Mason 等的实验数据[22]对比

a—弯管 1；b—弯管 2；c—弯管 3；d—弯管 4

于 55°~70°之间，这明显低于测量数据 T16，而更接近测量结果 T5。需要注意的是，两组数据的实验条件是一致的，唯一不同的是 T5 为实验早期测得的数据，管道输送的粉粒数量要低于 T16，也就是说 T16 条件下弯管内壁磨损程度要明显高于 T5，形成的壁面磨损包改变了粉粒-壁面的碰撞行为，从而影响了磨损轮廓的进一步发展。由于粉粒历史影响模型未考虑壁面磨损包的影响，其模拟的条件更接近 T5 工况，因此预测的磨损轮廓与测量数据 T5 有较好吻合。由于 T16 条件下弯管内壁已形成典型磨损包，而壁面磨损包影响模型给出了粉粒-磨损壁面碰撞的机理，因此该模型预测的磨损轮廓与测量数据 T16 有很好的吻合，且该模型再现了弯管角 30°~45°之间的磨损空闲区。

　　根据 Mason 等[22]的实验数据可知，弯管 1~3 的凸壁面磨损形貌呈现出很强的规律性，即不同时刻测得的凸壁面磨损曲线均具有一个典型峰值，且峰值两侧曲线近似对称，而不同时刻测得的第二次磨损区磨损曲线变化较大。因此，本研究采用弯管凸壁面磨损区测量数据对各模型预测结果进行误差分析，Njobuenwu等[23]也模拟了相同流动条件下的弯管壁面磨损，但其模型未考虑壁面磨损包影响，本研究也采用该模型进行对比，不同模型与测量数据对比结果见表5-4。

表 5-4　弯管凸壁面磨损情况汇总

磨损参数		Mason 等[22] 测量结果	Njobuenwu 等[23]的模型		壁面磨损包影响模型	
			结果	相对误差	结果	相对误差
弯管 1	磨损区间	[29.0°，45.0°]	[42.0°，50.0°]	50%	[34.1°，48.5°]	10%
	峰值位置	37.4°	44.4°	18.7%	40.8°	9.1%
	峰值深度	4.1mm	4.2mm	3.2%	4.2mm	3.2%
弯管 2	磨损区间	[28.5°，59.5°]	[41.5°，54.1°]	59.3%	[33.2，55.8]	27%
	峰值位置	44.8°	45.0°	0.45%	44.9°	0.22%
	峰值深度	13.8mm	13.5mm	2.2%	13.6mm	1.4%
弯管 3	磨损区间	[28.4，53.8]	[42.2，53.6]	55%	[34.0，53.5]	23%
	峰值位置	41.2°	46.8°	13.6%	42.1°	2.3%
	峰值深度	16.8mm	16.5mm	2.0%	16.0mm	5%

显然，Njobuenwu等[23]的模型和粉粒历史影响模型模拟的凸壁面磨损轮廓分布都比较狭窄，且峰值都偏向流动方向下游，而壁面磨损包影响模型预测了分布范围较宽的凸壁面磨损轮廓，且轮廓形貌及分布位置与实验数据吻合良好。通过对比弯管1~3凸壁面磨损轮廓发现，Njobuenwu等[23]模型预测的磨损区宽度的相对误差皆大于50%，明显高于壁面磨损包影响模型（弯管1相对误差为10%，弯管2相对误差为27%，弯管3相对误差为23%）。而对磨损区峰值位置预测，磨损包影响模型表现出了更高的准确性，相对误差都控制在10%以内，即弯管1相对误差为9.1%，弯管2相对误差为0.22%，弯管3相对误差为2.3%，这说明磨损包影响模型的预测精度显著提高。

尽管粗糙壁面对粉粒-壁面碰撞过程有着重要影响，但壁面磨损包对碰撞过程的影响更为明显，壁面磨损包影响模型准确预测了这种影响。这主要是因为壁面磨损包影响模型不仅考虑了粉粒入射视角的影响，而且还描述了粉粒-磨损壁面碰撞过程。当粉粒与磨损壁面发生碰撞时，受入射视角影响，粉粒与磨损壁面迎风面发生碰撞的概率大于粉粒与顺风面碰撞的概率，碰撞过程随机角取正值的概率要大于取负值的概率，入射角越小这种效应越明显。在凹壁面第一次碰撞区粉粒迹线与壁面夹角较小，这导致碰撞过程随机角有更多机会取正值，因此碰撞后粉粒反弹角增大，大量来自第一次碰撞区的粉粒与弯管凸壁面发生碰撞，形成了明显且宽阔的凸壁面磨损区。来自凸壁面碰撞区的反弹粉粒及第一次碰撞区反弹角较小的粉粒继续与弯管凹壁面发生碰撞，进而形成了一个明显的第二次碰撞区。上面分析中壁面磨损包对粉粒运动轨迹及粉粒分布的影响也证实了这一点。

对弯管2~4进行类似的分析，各模型预测结果与实验数据对比如图5-16所示，从图上可以看出，未考虑磨损包影响的粉粒历史影响模型其模拟结果与实验早期测量结果（弯管1，T5；弯管2，T1；弯管3，T10）有较好的吻合。这主要是因为实验初期弯管内壁还未发生明显磨损，磨损包影响效应尚不明显，壁面粗糙形貌仍主导粉粒-壁面碰撞过程。当实验管道流通过大量的粉剂后，管道内壁形成典型的壁面磨损包，而粉粒历史影响模型不具备描述粉粒-磨损壁面碰撞过程的机理，此时，壁面磨损包影响模型很好地再现了弯管壁面磨损轮廓，定量地预测了磨损区间大小、位置及磨损峰值。

5.5 喷粉元件磨损结果与分析

喷粉元件缝隙结构精细，尺寸严格，缝隙宽度设计误差要求控制在 $\pm 10\mu m$ 范围，以保证喷粉元件具有抗钢液渗透功能和稳定喷吹功能。

在喷粉过程中，由于喷粉元件缝隙细小狭长，粉剂颗粒不可避免地与缝隙壁发生高频率碰撞造成摩擦和磨损，导致缝隙尺寸发生变化而诱发不稳定渗透，造成缝隙夹钢甚至漏钢现象发生，严重影响底喷粉工艺的顺行，因此准确掌握喷粉元件磨损规律是保证喷粉元件安全可靠使用的前提。本节基于 CFD-WPEM 模型模拟喷粉元件缝隙的磨损过程，喷粉元件由耐火材料制成，采用矩形缝隙设计，缝隙宽度为 δ，长度为 W，壁面耐火材料密度为 $2900 kg/m^3$；以氩气为载气喷吹 $28\mu m(600目)$ 的 CaO、Al_2O_3 及 SiO_2 的混合渣料粉剂，堆积密度为 $640 kg/m^3$，粉剂颗粒密度取 $3300 kg/m^3$，模拟喷粉元件缝隙参数及流动参数见表5-5。

表 5-5　模拟喷粉元件缝隙几何尺寸及流动参数

参　数	数　值
缝隙宽度 δ/mm	0.16~0.20
缝隙长度 W/mm	30
缝隙高度 h/mm	150
气流速度 $u_g/m \cdot s^{-1}$	40~80
粉粒粒度 $/\mu m$	28（600目）
粉粒密度 $\rho_p/kg \cdot m^{-3}$	3300
粉气比 $/kg \cdot kg^{-1}$	7.1~14.2
耐火材料密度 $\rho_{wall}/kg \cdot m^{-3}$	2900

5.5.1 载气流速度对磨损行为的影响

采用 CFD-WPEM 模型首先考察了缝隙内载气流流速对缝隙壁面磨损行为的

影响，模拟条件：缝隙宽度为 0.2mm，缝隙长度为 30mm，粉气比为 9.5kg/kg。
图 5-17 给出了载气流速度分别为 40m/s、60m/s 和 80m/s 条件下缝隙壁面磨损云
图，这里以磨损速率 ER(mm/kg) 表征壁面磨损程度。从图上可以看出，缝隙壁
面上形成三条明显的磨损带，靠近入口位置磨损带Ⅰ狭窄且明显，此处发生了较
严重的磨损，这与第 4 章中预测的缝隙内粉粒浓度分布规律是一致的，磨损带Ⅰ
位置附近存在粉剂浓度集中区，此处是大量粉剂颗粒与壁面发生碰撞形成典型的
磨损带。

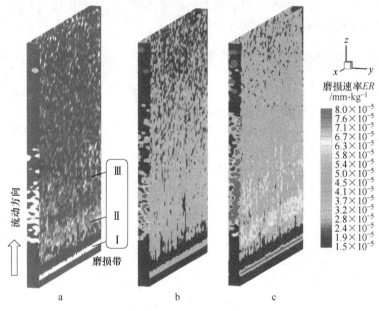

图 5-17   不同载气流速度下喷粉元件缝隙磨损云图
a—u_g = 40m/s；b—u_g = 60m/s；c—u_g = 80m/s

　　随着缝隙内粉气流的发展，磨损带Ⅱ和Ⅲ逐渐变宽，流动下游方向粉气流充
分发展，壁面磨损形貌由面状集中分布向点状分散分布演化。对比图 5-17a、b
和 c 还可以看出，载气流速度增大导致缝隙壁面磨损程度增加，载气流速度为
80m/s 时壁面磨损程度要明显高于载气流速度 40m/s 的壁面，这是由于喷吹速度
增大使粉粒与壁面碰撞动能增大，从而导致磨损速率增大。

　　为了进一步说明缝隙壁面上的磨损特征，图 5-18 给出了喷粉元件缝隙不同
高度位置上壁面磨损速率，载气流速度为 40m/s。由图中可知，靠近缝隙入口位
置沿水平方向（x 方向）上，壁面磨损速率分布较均匀，而流动下游方向磨损速
率分布随机，即某些位置磨损速率较大，而一些位置磨损速率又较小，这是由于
粉粒-壁面的随机碰撞导致的，而粉粒与粗糙壁面的碰撞又增加了反弹粉粒运动
的随机性。因此，下游缝隙壁面在粉剂的冲蚀下产生点状磨损，局部点状磨损生

长扩大、相互连接最终形成磨损面。

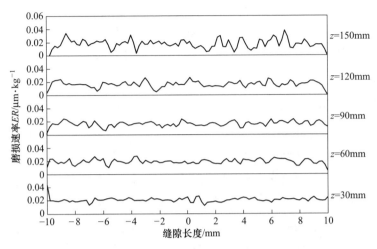

图 5-18 喷粉元件缝隙不同高度位置壁面磨损速率

为了更准确描述喷粉元件缝隙壁面磨损程度，图 5-19 给出了不同载气流速度下缝隙壁面平均磨损速率对比。由图中可知，随着载气流速度的增大壁面平均磨损速率增大，流动方向下游缝隙壁面平均磨损速率要低于上游壁面磨损速率。喷粉元件垂直安装在钢包底部，缝隙出口与钢液直接接触，由于壁面磨损带 Ⅰ、Ⅱ 和 Ⅲ 远离钢液接触端，因此不会直接影响喷粉元件抗钢液渗透性能。喷粉元件缝隙宽度设计误差要求控制在 $\pm 10\,\mu m$ 范围内，因此认为磨损深度超过 $10\,\mu m$ 时喷粉元件存在钢液渗透风险。如图 5-19 所示，当载气流速度为 40m/s 时，缝隙与

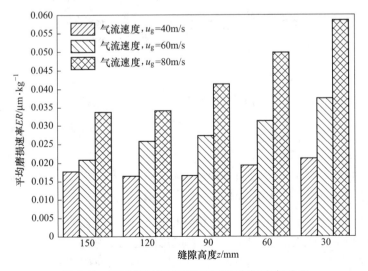

图 5-19 不同载气流速度壁面平均磨损速率对比

钢液接触端壁面平均磨损速率 ER 为 0.0176μm/kg，精炼过程采用 20 条缝隙的喷粉元件向 40t 钢包喷吹精炼粉剂，喷粉量为 3kg/t。从磨损角度考虑，喷粉元件预期使用寿命约 94 炉次；同理，当载气流速度为 60m/s 时，喷粉元件预期使用寿命约 80 炉次，当载气流速度为 80m/s 时，喷粉元件预期寿命约 50 炉次。

5.5.2　粉气比对磨损行为的影响

图 5-20 给出了不同粉气比条件下模拟的喷粉元件缝隙磨损云图，模拟条件：缝隙宽度为 0.2mm，缝隙长度为 30mm，载气流速度为 60m/s。由图中可知，在相同喷吹条件下，增大粉气比导致壁面磨损程度增加，粉气比从 7.1 增加到 14.2 时，壁面磨损速率亦随之增大，高浓度喷粉精炼时喷粉元件使用寿命要降低。

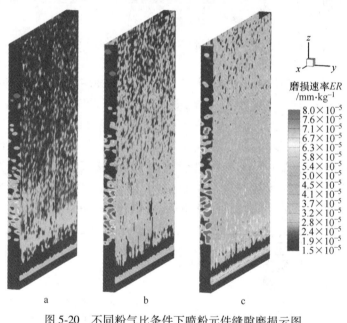

图 5-20　不同粉气比条件下喷粉元件缝隙磨损云图
a—η=7.1；b—η=9.5；c—η=14.2

图 5-21 给出了不同粉气比条件下喷粉元件缝隙壁面平均磨损速率对比。由图中可知，随着粉气比增大壁面平均磨损速率逐渐增大，流动方向下游缝隙壁面平均磨损速率要低于上游壁面磨损速率。当粉气比为 7.1 时，缝隙与钢液接触端壁面平均磨损速率为 0.0167μm/kg，精炼过程采用 20 条缝隙的喷粉元件向 40t 钢包喷吹精炼粉剂，喷粉量为 3kg/t。从磨损角度考虑，喷粉元件预期使用寿命约 99 炉次；类似的，当粉气比为 9.5 时，喷粉元件预期使用寿命约为 80 炉次，当粉气比为 14.2 时，喷粉元件预期使用寿命约为 59 炉次。

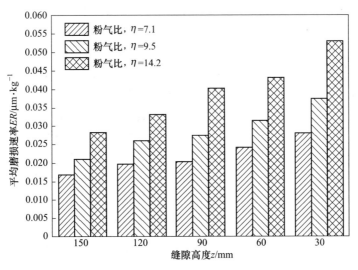

图 5-21　不同粉气比条件下壁面平均磨损速率对比

5.5.3　缝隙宽度对磨损行为的影响

图 5-22 给出了不同缝隙宽度对喷粉元件缝隙壁面磨损影响，模拟条件：缝隙长度为 20mm，载气流速度为 60m/s，粉气比为 5.8。由图中可知，缝隙宽度对

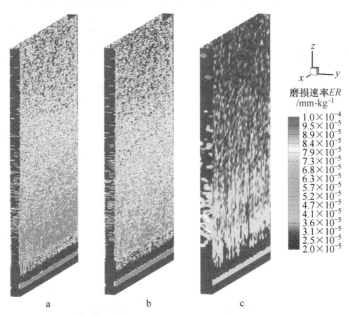

图 5-22　不同缝隙宽度条件下喷粉元件缝隙磨损云图

a—$\delta=0.16$mm；b—$\delta=0.18$mm；c—$\delta=0.20$mm

喷粉元件缝隙壁面磨损有着重要影响，在相同操作条件下进行喷吹，缝隙宽度越小壁面磨损越严重，宽度为 0.16mm 的缝隙壁面磨损程度要明显高于宽度为 0.20mm 的壁面。

　　为了更准确描述喷粉元件缝隙壁面磨损程度，图 5-23 给出了不同缝隙宽度条件下喷粉元件缝隙壁面平均磨损速率对比。由图中可知，随着缝隙宽度的增大壁面平均磨损速率逐渐减小，流动方向下游缝隙壁面平均磨损速率要低于上游壁面磨损速率。当缝隙宽度为 0.16mm 时，缝隙与钢液接触端壁面平均磨损速率为 0.0433μm/kg，精炼过程采用 20 条缝隙的喷粉元件向 40t 钢包喷吹精炼粉剂，喷粉量为 3kg/t。从磨损角度考虑，喷粉元件预期使用寿命约 38 炉次；同理，当喷粉元件缝隙宽度为 0.18mm 时，喷粉元件预期使用寿命约 52 炉次，当喷粉元件缝隙宽度为 0.20mm 时，喷粉元件预期寿命约 79 炉次。

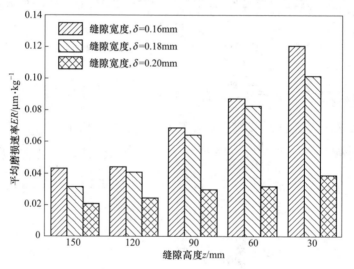

图 5-23　不同缝隙宽度条件下壁面平均磨损速率对比

参 考 文 献

[1] Meng H C, Ludema K C. Wear models and predictive equations: their form and content [J]. Wear, 1995, 181: 443~457.

[2] Finnie I. Erosion of surfaces by solid particles [J]. Wear, 1960, 3 (2): 87~103.

[3] Ahlert K R. Effects of particle impingement angle and surface wetting on solid particle erosion of AISI 1018 Steel [D]. Tulsa: The University of Tulsa, 1994.

[4] McLaury B S. A model to predict solid particle erosion in oilfield geometries (M. Sc. thesis)

[D]. Tulsa: The University of Tulsa, 1993.

[5] McLaury B S. Predicting solid particle erosion resulting from turbulent fluctuations in oilfield geometries (Ph. D thesis) [D]. Tulsa: The University of Tulsa, 1996.

[6] Edwards J K, McLaury B S, Shirazi S A. Modeling solid particle erosion in elbows and plugged tees [J]. Journal of Energy Resources Technology, 2001, 123 (4): 277~284.

[7] Chen X, McLaury B S, Shirazi S A. Application and experimental validation of a computational fluid dynamics (CFD)-based erosion prediction model in elbows and plugged tees [J]. Computers & Fluids, 2004, 33 (10): 1251~1272.

[8] Chen X, McLaury B S, Shirazi S A. A comprehensive procedure to estimate erosion in elbows for gas/liquid/sand multiphase flow [J]. Journal of Energy Resources Technology, 2006, 128 (1): 70~78.

[9] Chen X, McLaury B S, Shirazi S A. Numerical and experimental investigation of the relative erosion severity between plugged tees and elbows in dilute gas/solid two-phase flow [J]. Wear, 2006, 261 (7): 715~729.

[10] Habib M A, Ben-Mansour R, Badr H M, et al. Erosion and penetration rates of a pipe protruded in a sudden contraction [J]. Computers & Fluids, 2008, 37 (2): 146~160.

[11] Wang J, Shirazi S A. A CFD based correlation for erosion factor for long-radius elbows and bends [J]. Journal of Energy Resources Technology, 2003, 125 (1): 26~34.

[12] Fan J, Sun P, Zheng Y, et al. A numerical study of a protection technique against tube erosion [J]. Wear, 1999, 225: 458~464.

[13] Fan J R, Yao J, Cen K F. Antierosion in a 90 bend by particle impaction [J]. AIChE Journal, 2002, 48 (7): 1401~1412.

[14] Fan J, Yao J, Zhang X, et al. Experimental and numerical investigation of a new method for protecting bends from erosion in gas-particle flows [J]. Wear, 2001, 251 (1): 853~860.

[15] Yao J, Zhang B, Fan J. An experimental investigation of a new method for protecting bends from erosion in gas-particle flows [J]. Wear, 2000, 240 (1): 215~222.

[16] Fan J R, Luo K, Zhang X Y, et al. Large eddy simulation of the anti-erosion characteristics of the ribbed-bend in gas-solid flows [J]. Journal of Engineering for Gas Turbines and Power, 2004, 126 (3): 672~679.

[17] Jun Y D, Tabakoff W. Numerical simulation of a dilute particulate flow (laminar) over tube banks [J]. Journal of Fluids Engineering, 1994, 116 (4): 770~777.

[18] Grant G, Tabakoff W. An experimental investigation of the erosive characteristics of 2024 aluminum alloy [R]. Cincinnati University of Department of Aerospace Engineering, 1973: 73~137.

[19] Menguturk M, Sverdrup E F. Calculated tolerance of a large electric utility gas turbine to erosion damage by coal gas ash particles [C] //Philadelphia, USA, 1979: 193~224.

[20] Oka Y I, Okamura K, Yoshida T. Practical estimation of erosion damage caused by solid particle impact: Part 1: Effects of impact parameters on a predictive equation [J]. Wear, 2005, 259 (1): 95~101.

[21] Oka Y I, Yoshida T. Practical estimation of erosion damage caused by solid particle impact:

Part 2: Mechanical properties of materials directly associated with erosion damage [J]. Wear, 2005, 259 (1): 102~109.

[22] Mason J S, Smith B V. The erosion of bends by pneumatically conveyed suspensions of abrasive particles [J]. Powder Technology, 1972, 6 (6): 323~335.

[23] Njobuenwu D O, Fairweather M. Modelling of pipe bend erosion by dilute particle suspensions [J]. Computers & Chemical Engineering, 2012, 42: 235~247.

[24] Suzuki M, Inaba K, Yamamoto M. Numerical simulation of sand erosion in a square-section 90-degree bend [J]. Journal of Fluid Science and Technology, 2008, 3 (7): 868~880.

[25] Sommerfeld M, Huber N. Experimental analysis and modelling of particle-wall collisions [J]. International Journal of Multiphase Flow, 1999, 25 (6): 1457~1489.

[26] Ahlert K R. Effects of particle impingement angle and surface wetting on solid particle erosion of AISI 1018 Steel [D]. Tulsa: The University of Tulsa, 1994.

[27] Njobuenwu D O. Modelling and simulation of particulate flows in curved ducts [D]. Leeds: University of Leeds, 2010.

[28] Njobuenwu D O, Fairweather M, Yao J. Coupled RANS-LPT modelling of dilute, particleladen flow in a duct with a 90° bend [J]. International Journal of Multiphase Flow, 2013, 50: 71-88.

6 钢包底喷粉多相流传输行为及反应动力学

L-BPI 工艺优越的脱硫效率和夹杂颗粒去除效果是该工艺应用成功开发和推广的基本保障。在已研制出具有防钢水渗漏、防粉剂堵塞、耐磨性的底喷粉元件基础上，如何利用底喷粉系统实现高效脱硫，并有效去除脱硫产物夹杂就成为高品质洁净钢生产的一个关键问题，为此需要对钢包底喷粉过程中气-液-粉多相流传输行为和精炼反应动力学等方面开展深入研究工作。

6.1 钢包底喷粉过程的多相流传输和反应现象

图 6-1 为钢包底喷粉过程气-液-粉-多相流传输及反应行为的示意图。在钢液中，气粉流的动力学传输及反应行为十分复杂，主要包含气泡上浮、钢液湍流流动、粉剂间的碰撞聚合、粉剂与气泡间碰撞吸附、粉剂进入渣层去除，以及顶渣-钢液和粉剂-钢液界面多元组分共同反应等多个单元现象，其中这些单元现象之间又相互影响。因此深入研究并揭示钢包底喷粉过程各个单元现象行为以及各喷吹操作参数对其影响规律，对于提高钢液洁净度有着至关重要的意义。

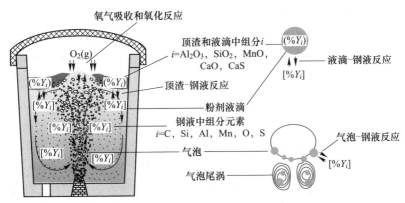

图 6-1　钢包底喷粉过程中气-液-粉多相流传输和精炼反应行为示意图

目前对钢包底喷粉过程中的多相流传输行为和精炼反应动力学研究仍属于空白阶段。但从粉剂传输和反应本质来讲，钢包底喷粉与顶枪喷粉过程又有很多相似之处。国内外学者自 20 世纪 70 年代以来对钢包顶枪喷射冶金工艺进行了大量的理论和实验研究[1~17]，一些学者建立数学模型描述了冶金反应器中顶枪喷粉脱硫的动力学行为[1,3,10~14]。这些研究对于底喷粉研究有着重要的借鉴意义，但即使如此，在上述模型中，仍有很多重要的传输现象和反应机理没有被考虑，主要如下：

（1）钢液湍流流场和气泡行为的影响。在前人研究中，除了 Kaddah 和 Szekely[1]采用 CFD 描述了钢液流场和硫分布浓度场外，其他模型均没有考虑鼓泡流所形成的钢液湍流流场及气含率分布对钢液中粉剂和组分元素传输、反应及浓度分布的影响。而 Kaddah 和 Szekely 模型[1]采用了准单相流方法来描述鼓泡流行为，该方法计算量小，但可应用范围小，且仍有很多重要因素没有考虑，如气液相间作用力、气泡诱导湍流、气泡湍流扩散等重要现象，因而该模型无法准确描述复杂喷吹流动工况。

为了准确描述钢包内部的气液两相流行为，作者首次在欧拉模型中综合考虑了钢包内液体脉动造成的气泡扩散现象，以及气泡上浮诱导所产生的液体湍流现象[18]，明晰了曳力、升力和虚拟质量力等气液相间作用力模型对气液两相流的影响，合理确定了模型参数，解决了底吹钢包内气液两相流行为理论描述的关键问题，进而为更加复杂的底喷粉过程中多相流传输和精炼反应行为的描述奠定了基础。

（2）粉剂-气泡碰撞黏附行为。如图 6-1 所示，当脱硫粉剂被喷吹进入钢液后，一部分粉剂会在液体带动下在钢包内部循环流动，另一部分粉剂会由于与气泡的相互碰撞而黏附于气泡表面，进而随着气泡一起快速上浮至钢液表面。被气泡黏附的粉剂与钢液的接触时间和接触面积相比于独立弥散粉剂颗粒均会减小，因此粉剂-气泡碰撞黏附行为对粉剂利用率和脱硫效率有着重要影响。

作者曾提出颗粒与气泡之间多个不同的碰撞机理，如颗粒-气泡湍流随机碰撞、颗粒-气泡湍流剪切碰撞和气泡尾涡捕获等，并研究得知气泡-颗粒间的碰撞黏附速率在鼓泡流股中是非常强烈的，其对最终颗粒去除效率起着重要影响[19]。因此，对于钢包底喷粉过程，脱硫粉剂黏附于气泡表面的行为对粉剂传输及钢液脱硫效率的影响也必须被考虑。

（3）粉剂间的碰撞聚合行为。钢液内粉剂颗粒尺寸对粉剂的传输和脱硫效率有着非常重要的影响，如粉剂上浮速率、粉剂-钢液接触面积、粉剂-气泡的黏附速率等参数均与粉剂尺寸有着直接关系。在钢包湍流体系中，钢液内粉剂颗粒在不同的碰撞机制共同作用下，其尺寸会逐渐变大。作者曾对颗粒间的湍流剪切碰撞、斯托克斯浮力碰撞和湍流随机碰撞作用机理进行了详细描述和研究。研究表明：湍流剪切碰撞为夹杂颗粒聚合长大的主导机制，且当吹气流量（标态）超过 100L/min 时，夹杂颗粒间的湍流随机碰撞作用开始逐渐增强[19]。而在底喷粉过程中，大量粉剂随着载气流进入钢液后主要分布于湍流强烈的鼓泡流区域，因此粉剂间的碰撞聚合作用也会非常强烈，其对粉剂传输行为和脱硫效率的影响也是不可忽视的。

（4）粉剂的去除行为。在底喷粉过程中，从理论上讲，粉剂在钢液内的停留时间越长，越有利于粉剂利用率和脱硫效率的提高。但在钢包内，细小的粉剂颗粒会随着钢液或气泡一起运动，当这些颗粒接近顶部渣层或壁面时，一部分颗粒会由于它们自身上浮、气泡尾涡和湍流运动碰撞等作用影响被顶部渣层或壁面吸附，进而也会影响着钢液内部粉剂的停留时间和脱硫效率。另外，钢中粉剂脱硫产物也会以夹杂物形态残留于钢液内部，并可能危害产品质量。因而也十分有必要考虑底喷粉过程中的粉剂去除行为对钢液脱硫率和洁净度的影响。

（5）顶渣-钢液和粉剂-钢液界面的多组分同时反应。对于顶渣-钢液界面或粉剂-钢液界面反应机制，前人提出的数学模型[1,2,10~14]只考虑了硫元素参与的化学反应。但实际上，由于渣层、粉剂和钢液中均含有 Al、Si、Mn、S 等多种元素组分，在渣-钢液界面和粉剂-钢液界面上，这些组分会同时参与氧化还原反应。作者曾建立 CFD-SRM 耦合模型来描述底吹钢包中渣-金界面上 Al、Si、Mn、Fe 和 S 等多种元素同时参与的反应行为，通过研究发现了渣-金界面上脱铝、脱硫、脱硅、脱锰反应之间的相互影响，且存在一定的动态反应平衡关系[20,21]。因此，对于底喷粉过程也必须考虑多种组分元素同时参与的顶渣-钢液及粉剂-钢液界面反应。

（6）气泡与钢液反应模型。在钢包鼓泡流区域中，大量的粉剂会被黏附到气泡表面上，并随着气泡快速上浮。在上浮过程中，气泡表面黏附的粉剂也会与钢液接触，进而发生化学反应，如图 6-1 所示。对于钢包底喷粉而言，喷入的粉剂浓度主要集中在鼓泡流区域，且该区域湍流强烈，气泡黏附粉剂的速率较大。因此，气泡与钢液的界面反应可能对钢液脱硫效率产生重要影响，也需要被考虑在内。

（7）硫饱和度的影响。目前很多学者[22~26]已经研究了硫在渣中的物理和化学行为，其中 CaS 在 CaO-Al$_2$O$_3$ 渣系中的溶解饱和摩尔浓度约为 4%，并且随着渣中 CaO 浓度的降低或 Al$_2$O$_3$ 浓度的增大而减小。在喷粉脱硫精炼时，—CaO 基混合渣料比固体 CaO 熔点低，脱硫效率高[27~30]。当选取混合渣料粉作为脱硫剂喷吹进入钢包内部后，细微粉剂会迅速熔化为渣滴，并与钢液产生剧烈的脱硫反应，渣滴内的脱硫产物 CaS 浓度会迅速增加，而 CaO 浓度会迅速减少。一旦 CaS 浓度达到饱和状态时，脱硫产物 CaS 将会以固相形式出现，此时相关的热力学和动力学行为将发生改变，进而影响着粉剂脱硫效率。因此，CaS 饱和度及 CaS 固相析出现象对脱硫效率的影响也需要被考虑。

综上所述，深入研究并揭示底喷粉过程上述各个单元现象以及各喷吹参数对其影响规律，对提高脱硫效果和效率有着至关重要的意义。因此，本研究建立了 CFD-PBM-SRM 耦合模型描述钢包底喷粉过程中多相流传输行为及精炼反应动力学。通过考虑上述各个单元现象和机理，采用商用软件与自编计算机程序相结合的方法，分别对钢包底喷粉过程的气泡行为、钢液湍流流场、粉粒传输和去除行为、组分元素的变化及分布进行数值仿真。用热态实验结果对数值模拟结果进行验证，在模型得到检验和完善的基础上，进而考察工业规模钢包底喷粉过程中气-液-粉多相流传输行为和精炼脱硫效率，揭示喷粉参数对粉剂传输和脱硫效率的影响规律，并阐明上述各传输和反应机制的贡献和影响，为钢包底喷粉新工艺的工业化生产提供理论基础。

6.2 CFD-PBM-SRM 耦合数学模型的建立

6.2.1 模型假设

模型条件假设如下：

（1）底吹钢包中的钢液为牛顿流体，且湍流是各向同性的。

（2）钢液中的气泡和粉剂颗粒物均视为球形的，且气泡在上浮过程中尺寸保持不变。

（3）在钢液中，通常颗粒碰撞聚合后会生成簇形颗粒物，如图 6-2a 所示；但为了简化模型，假设两个球形颗粒相互碰撞聚合后形状不变，仍生成球形夹杂颗粒，如图 6-2b 所示。另外，由于大部分夹杂物颗粒尺寸大于 $1\mu m$，因而忽略了夹杂物布朗碰撞的影响。

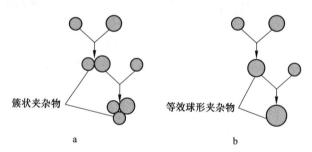

簇状夹杂物   等效球形夹杂物

a   b

图 6-2 夹杂物的(a)簇形和(b)球形碰撞聚合形态

（4）当粉剂颗粒运动到钢渣界面时，假设粉剂会完全被顶部渣层吸收，且被渣层吸收后的粉剂颗粒不再返回钢液内部。

（5）由于顶渣厚度相对钢液高度很小，在顶部渣层中各个组分浓度，如 Al_2O_3、SiO_2 和 MnO 等被认为是均匀分布的。根据双膜理论，各个组分的浓度梯度仅出现在钢-渣界面附近。

（6）在喷粉过程中，当颗粒初始动能足够大时，则可以完全穿透气-液界面进入金属液中；而颗粒初始动能较小时，则不能克服表面张力的阻碍作用，并残留在气泡内部。目前研究者[31~35]提出了不同的参数计算式来表达粉剂穿透气液界面的条件和穿透率，其中 Langberg 等人[34]提出了粉剂流穿透率 η_p 公式为：

$$\eta_p = 1 - \frac{\pi}{We_j} \tag{6-1}$$

式中　We_j——颗粒射流韦伯数，可以采用下式计算：

$$We_j = \frac{m_p u_p}{\sigma D_0} \tag{6-2}$$

式中　m_p——喷粉粉剂质量流量；

　　　u_p——粉剂喷吹速率；

　　　σ——气液表面张力；

　　　D_0——喷吹元件特征直径。

　　对于钢包底喷粉过程，底吹气体流量（标态）为 $200 \sim 800 L/min$，喷粉流量为 $3 \sim 12 kg/min$。根据式（6-1）和式（6-2）可得，采用各个底喷粉参数下 $\eta_p \geqslant 0.92$。为了简化模型，统一取值 η_p 为 1。

　　（7）由于喷吹的粉剂由 CaO 基多元合成渣系组成，其熔点温度低，且粒度细小。因此，假设粉剂一旦进入钢液后，将迅速升温并变为液态渣滴形态。

　　（8）渣滴与气泡发生碰撞黏附后，裸露在气泡外部的渣滴体积与整个渣滴体积之比 f 介于 0 到 1 之间。但为了简化模型，统一假设 f 取值为 0.5，如图 6-3 所示。

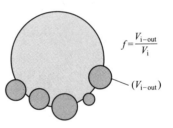

图 6-3　渣滴-气泡碰撞黏附的示意图

6.2.2　CFD 模型

　　依据 Euler-Euler 方法，分别建立了描述气-液-粉三相的质量和动量守恒方程，其中，每一相的质量守恒方程可以表述为：

$$\frac{\partial}{\partial t}(\alpha_k \rho_k \boldsymbol{u}_k) + \nabla \cdot (\alpha_k \rho_k \boldsymbol{u}_k) = S_k \tag{6-3}$$

式中，ρ_k、α_k、$\boldsymbol{u}_k$、S_k 分别为气相（$k=1$）、液相（$k=g$）、粉剂相（$k=p$）的密度、体积比率、速度矢量以及质量源项。

　　在当前模型中，S_1 和 S_g 均为零，而粉剂相质量源项 S_p 则需要通过后续的 PBM 和 SRM 模块来求解。由于整个模型计算域被气体-液体-粉剂三相所共享，因而模型的约束条件 $\alpha_1 + \alpha_g + \alpha_p = 1$ 需要被满足来封闭方程。

　　每一相的动量守恒方程可以表述为：

$$\frac{\partial}{\partial t}(\alpha_k \rho_k \boldsymbol{u}_k) + \nabla \cdot (\alpha_k \rho_k \boldsymbol{u}_k \boldsymbol{u}_k) = -\alpha_k \nabla p + \nabla \cdot \{\alpha_k \mu_{\text{eff}}[\nabla \boldsymbol{u}_k + (\nabla \boldsymbol{u}_k)^{\text{T}}]\} + \alpha_k \rho_k \boldsymbol{g} + \boldsymbol{M}_k \tag{6-4}$$

式中, $\overline{M}_k$ 表示气液粉三相之间的相互作用力, 并可以表述为:

$$\overline{M}_g = F_D^{g-1} + F_{TD}^{g-1} \tag{6-5}$$

$$\overline{M}_p = F_D^{p-1} \tag{6-6}$$

$$\overline{M}_1 = -(\overline{M}_g + \overline{M}_p) \tag{6-7}$$

式中　$\overline{M}_g$——气泡所受到的液体的作用力;

F_D^{g-1}, F_{TD}^{g-1}——气液相间的曳力和湍流扩散力, 这两项均对底吹钢包内气泡分布、液体速度及湍动能等参数有着重要影响;

　　　$\overline{M}_p$——粉剂颗粒所受到的液体的作用力;

　　　$\overline{M}_1$——液体所受到的来自气相和粉剂相的作用力, 见式 (6-7)。

F_D^{g-1} 为气液相间的曳力, 通常在气液相间作用力中占着主导地位, 该作用力的一般形式可以表述为:

$$F_D^{g-1} = K_{gl}(\bar{u}_g - \bar{u}_1) \tag{6-8}$$

$$K_{gl} = \frac{3\alpha_g\alpha_1\rho_1 C_D}{4d_g}|\bar{u}_g - \bar{u}_1| \tag{6-9}$$

式中　K_{gl}——由于曳力作用的相间动量交换系数;

　　　d_g——气泡直径。

根据 Sano 和 Mori[36] 的研究, 气泡直径的计算公式如下:

$$d_g = \left[\left(\frac{6\sigma d_0}{\rho_1 g}\right)^2 + 0.0248(Q_g^2 d_0)^{0.867}\right]^{\frac{1}{6}} \tag{6-10}$$

式中　Q_g——底吹气体流量;

　　　d_0——喷嘴直径;

　　　σ——气液表面张力系数。

在式 (6-9) 中, C_D 为气液间曳力系数, Kolve 模型[37]认为在不同流动体系会造成气泡形状的变化, 进而引出不同的曳力参数表达式。在他的模型中选取了三个参数 C_{Ddis}、C_{Dvis} 和 C_{Dcap} 来分别表示在黏性体系 (气泡为球形)、气泡扭曲变形体系 (气泡为椭球形) 和气泡球冠形体系下的曳力系数, 其表达式分别为:

$$C_{Dvis} = 24/Re(1 + 0.1Re^{0.75}) \tag{6-11}$$

$$C_{Ddis} = 2/3\left(\frac{(g\rho_1)^{0.5}d_g}{\sigma^{0.5}}\right)\left(\frac{1 + 17.67(1 - \alpha_g)^{1.286}}{18.67(1 - \alpha_g)^{1.5}}\right)^2 \tag{6-12}$$

$$C_{Dcap} = 3/8(1 - \alpha_g)^2 \tag{6-13}$$

当 $C_{Ddis} < C_{Dvis}$ 时为黏性体系, 气液间曳力系数 C_D 可以表示为:

$$C_D = C_{Dvis} \tag{6-14}$$

当 $C_{Dvis} < C_{Ddis} < C_{Dcap}$ 时为气泡扭曲变形体系, 气液间曳力系数 C_D 可以表

示为：

$$C_D = C_{Ddis} \tag{6-15}$$

当 $C_{Ddis} > C_{Dcap}$ 时为气泡球冠体系，气液间曳力系数 C_D 可以表示为：

$$C_D = C_{Dcap} \tag{6-16}$$

F_{TD}^{g-l} 为气液相间的湍流扩散力，在气液两相流中，液体往往会出现强烈的脉动行为，进而可能会对离散相颗粒分布产生重要影响。基于 Tchen 理论，一些学者[38,40]提出滑移速度的概念，用来表述流体湍流脉动对颗粒扩散分布的作用，并以湍流扩散力的形式表达如下：

$$F_{TD} = - K_{gl} u_{drift} \tag{6-17}$$

$$u_{drift} = \frac{D_{gl}^t}{\omega_{gl}} \left(\frac{1}{\alpha_l} \nabla \alpha_l - \frac{1}{\alpha_g} \nabla \alpha_g \right) \tag{6-18}$$

式中　u_{drift}——滑移速度，它表示液体湍流脉动对颗粒空间分布的影响；

　　　ω_{gl}——扩散 Prandtl 数，它取值为 0.75；

　　　D_{gl}^t——湍流扩散系数，它可以表述为：

$$D_{gl}^t = \frac{1}{3} k_{gl} \tau_{gl}^t \tag{6-19}$$

式中　k_{gl}——气液两相湍流速度脉动之间的协方差系数；

　　　τ_{gl}^t——流体-气泡湍流特征时间。

$$k_{gl} = 2k_l \left[\frac{b + \eta_r}{1 + \eta_r} \right] \tag{6-20}$$

$$\eta_r = \frac{\tau_{gl}^t}{\tau_{gl}^F} \tag{6-21}$$

$$\tau_{gl}^t = \frac{\tau_l^t}{\omega_{gl}} [1 + C_\beta \zeta^2]^{-0.5} \tag{6-22}$$

$$\tau_{gl}^F = \frac{1}{K_{gl}} \alpha_g \rho_l \left(\frac{\rho_g}{\rho_l} + C_A \right) \tag{6-23}$$

$$\tau_l^t = \frac{3}{2} C_\mu \frac{k_q}{\varepsilon_q} \tag{6-24}$$

式中　τ_{gl}^F——颗粒被流体运动携带的预松弛时间；

　　　τ_l^t——湍流漩涡的存活特征时间。

$$\zeta = \frac{| \bar{u}_g - \bar{u}_l |}{\sqrt{(2/3) k_l}} \tag{6-25}$$

$$C_\beta = 1.8 - 1.35 \cos^2 \theta \tag{6-26}$$

$$b = (1 + C_A) \left(\frac{\rho_p}{\rho_q} + C_A \right)^{-1} \tag{6-27}$$

式中　θ——颗粒平均速度与流体平均速度间的夹角；

　　　C_A——虚拟质量系数，取值为 0.5。

6.2.3　湍流模型方程

钢包中气液两相流的湍流脉动行为关系着气泡分布、颗粒传输和碰撞去除，以及相间对流传质等现象，因此对气液两相湍流行为的准确描述至关重要。

$k\text{-}\varepsilon$ 湍流模型最初被用来描述单相流体的湍流脉动行为，而对于气液两相流，由于相间相互作用关系复杂，目前对于它们湍流行为的描述仍有一些难题没有解决，比如气泡诱导湍流和两相湍流之间的相互影响等。

为了准确描述钢包内气液两相的湍流脉动行为，本研究对 $k\text{-}\varepsilon$ 模型进行修正，引入了由气泡运动引起的液体湍流脉动现象，即气泡诱导湍流，并加载到 $k\text{-}\varepsilon$ 方程源项，同时也考虑了气液相间湍流的相互作用。修正后的 $k\text{-}\varepsilon$ 可以表述为如下形式：

$$\frac{\partial}{\partial t}(\alpha_1\rho_1 k_1) + \nabla\cdot(\alpha_1\rho_1\bar{u}_1 k_1) = \nabla\cdot\left(\alpha_1\frac{\mu_t}{\sigma_k}\nabla k_1\right) + \alpha_1 C_{k,1} + \alpha_1 G_b - \alpha_1\rho_1\varepsilon_1 + \alpha_1\rho_1\Pi_{k,1}$$

$$(6\text{-}28)$$

$$\frac{\partial}{\partial t}(\alpha_1\rho_1\varepsilon_1) + \nabla\cdot(\alpha_1\rho_1\bar{u}_1\varepsilon_1) = \nabla\cdot\left(\alpha_1\frac{\mu_t}{\sigma_\varepsilon}\nabla\varepsilon_1\right) + \alpha_1\frac{\varepsilon_1}{k_1}(C_{1\varepsilon}(G_{k,1}+G_b) - C_{2\varepsilon}\rho_1\varepsilon_1) +$$
$$\alpha_1\rho_1\Pi_{\varepsilon,1}$$
$$(6\text{-}29)$$

式中　k_1——液体的湍动能；

　　　ε_1——液体湍流耗散率；

　　　$G_{k,1}$——由液体平均速度梯度产生的湍动能；

　　　G_b——由气泡上浮所诱导产生的液体湍动能。

$$G_{k,1} = \mu_t(\nabla\bar{u}_1 + (\nabla\bar{u}_1)^T) : \nabla\bar{u}_1 \tag{6-30}$$

$$G_b = C_b\frac{\mu_t}{\mu_{\text{eff}}}(\rho_1 - \rho_g)g\alpha_g\bar{u}_{\text{rel}} \tag{6-31}$$

在式（6-28）和式（6-29）中，$\Pi_{k,1}$、$\Pi_{\varepsilon,1}$ 分别表示离散颗粒相湍流脉动对液体连续相湍流的影响，它们可以被表述为：

$$\Pi_{k,1} = K_{gl}\frac{\rho_g}{\rho_1 + \rho_1 C_A}(-2k_1 + k_{gl} + \bar{u}_{\text{rel}}\cdot\bar{u}_{\text{drift}}) \tag{6-32}$$

$$\Pi_{\varepsilon,1} = C_{3\varepsilon}\frac{\varepsilon_1}{k_1}\Pi_{k,1} \tag{6-33}$$

$k\text{-}\varepsilon$ 湍流模型中各个参数的赋值见表 6-1。

表 6-1 *k-ε* 湍流模型参数

表 6-1 *k-ε* 湍流模型参数

C_μ	$C_{1\varepsilon}$	$C_{2\varepsilon}$	$C_{3\varepsilon}$	σ_k	σ_ε
0.09	1.44	1.92	1.2	1.0	1.3

6.2.4 粉剂的群体平衡模型（PBM）

钢包底喷粉过程中，粉剂微粒在钢包内传输行为主要涉及到湍流运动、碰撞聚合和去除等复杂现象。本研究采用群体平衡模型 PBM 来描述钢液中粉剂微粒行为，PBM 方程可以表达为如下关系：

$$\frac{\partial(\rho_p \alpha_i)}{\partial t} + \nabla \cdot (\rho_p \overline{u}_p \alpha_i) = \rho_p V_i \Bigg(\sum_{k=1}^{N} \sum_{j=1}^{N} \left(1 - \frac{1}{2}\delta_{kj} \right) \beta_{kj}(V_k, V_j) n_k n_j \xi_{kj} -$$

$$\sum_{j=i}^{N} \beta_{ij}(V_i, V_j) n_i n_j \Bigg) + \rho_p V_i S_i^{tot}$$

$$(i, j = 0, 1, \cdots, N-1) \tag{6-34}$$

$$\xi_{kj} = \begin{cases} \dfrac{V - V_{i-1}}{V_i - V_{i-1}} & V_{i-1} < V_{ag} < V_i \\[2mm] \dfrac{V_{i+1} - V_{ag}}{V_{i+1} - V_i} & V_i < V_{ag} < V_{i+1} \\[2mm] 0 \end{cases} \tag{6-35}$$

式中，ρ_p、u_p 为粉剂颗粒相的密度和速度；δ_{kj} 为模型参数，当 $i \neq j$ 时，δ_{kj} 取 0，否则取 1；α_i 为粉剂尺寸为 d_i 的体积分数；$\beta(V_i, V_j)$ 为颗粒间的聚合速率；V_i、V_j 为尺寸为 d_i 和 d_j 的颗粒体积；S_i^{tot} 为不同机制作用下尺寸为 d_i 颗粒的去除速率，这些参数可以采用下式计算：

$$\alpha_i = V_i n_i(V_i) \qquad i = 0, 1, \cdots, N-1 \tag{6-36}$$

$$\beta_{ij} = \beta_{ij}^{TR} + \beta_{ij}^{TS} + \beta_{ij}^{S} \tag{6-37}$$

$$S_i^{tot} = S_i^{Wall} + S_i^{IF} + S_i^{BIB} + S_i^{BIR} + S_i^{BIS} + S_i^{Wake} \tag{6-38}$$

式中，β_{ij}^{TR}、β_{ij}^{TS}、β_{ij}^{S} 分别为粉剂颗粒-颗粒湍流随机碰撞速率、颗粒-颗粒湍流剪切碰撞速率、颗粒-颗粒斯托克斯浮力碰撞速率；S_i^{Wall}、S_i^{IF}、S_i^{BIB}、S_i^{BIR}、S_i^{BIS}、S_i^{Wake} 分别为尺寸为 d_i 颗粒的壁面吸附速率、自身上浮进入渣层速率、颗粒-气泡浮力碰撞速率、颗粒-气泡湍流随机碰撞速率、颗粒-气泡湍流剪切碰撞速率，以及气泡尾涡捕捉颗粒速率。

6.2.4.1 钢液中颗粒-颗粒碰撞聚合机理

如前所述，在钢液中促使颗粒相互碰撞聚合的机理主要包括湍流随机碰撞、湍流剪切碰撞、斯托克斯上浮碰撞以及布朗碰撞等。其中布朗碰撞仅在颗粒尺寸小于 1μm 时，才会对颗粒的聚合产生显著的影响；而对于钢包底吹过程中，所考察的颗粒尺寸大部分均大于 1μm，因而忽略了颗粒之间的布朗碰撞对颗粒聚合长大的影响。

A　颗粒-颗粒湍流剪切碰撞

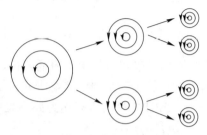

在湍流流场中，液体漩涡不断产生，并逐渐的破裂分解成更小的漩涡以耗散漩涡能量，如图 6-4 所示。其中分解后的最小漩涡尺寸被称为 Kolmogorov 微尺寸 η，在此漩涡中，黏性力对流体流动开始占主导作用，而惯性力作用比较微弱。Kolmogorov 微尺寸可以通过下式计算：

图 6-4　液体中湍流漩涡示意图

$$\eta = \left(\frac{\nu^3}{\varepsilon}\right)^{1/4} \qquad (6-39)$$

当颗粒颗粒尺寸小于 Kolmogorov 微尺寸时，颗粒将被包含在漩涡中，并在黏性力作用下跟随流体一起运动，其中在漩涡外围的颗粒速率大于处于漩涡中心的颗粒，并会导致颗粒发生碰撞，如图 6-5 所示；其中颗粒-颗粒碰撞速率由漩涡中的剪切速率决定，Camp 与 Stein 等人[41]，以及 Saffman 与 Turner 等人[42]根据各向同性湍流统计理论计算得出了该剪切速率。Higashitani 等人[43]根据两个碰撞颗粒的轨迹分析，引入模型系数（捕捉效率）对 Saffman-Turner 理论进行修正，即颗粒湍流剪切碰撞 β_{ij}^{TS} 可表述为：

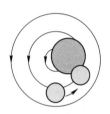

图 6-5　湍流剪切碰撞示意图

$$\beta_{ij}^{TS} = 1.294\zeta_{eff}^{p-p}(\varepsilon/\nu)^{0.5}(r_i + r_j)^3 \qquad (6-40)$$

式中，$(\varepsilon/\nu)^{0.5}$ 为湍流剪切速率；ζ_{eff}^{p-p} 为颗粒湍流剪切碰撞的捕获概率，它主要与两个相互碰撞颗粒之间的范德华力和黏性力的大小有关，可以表述为下式：

$$\zeta_{eff}^{p-p} = 0.732\left(\frac{5}{N_T}\right)^{0.242} \qquad (6-41)$$

N_T 为黏性力与范德华力之间的比值，它可以表述为：

$$N_T = \frac{6\pi\mu_1(r_i + r_j)^3(4\varepsilon/15\pi\nu)^{0.5}}{8A_{psp}} \qquad (6-42)$$

A_{psp} 为 Hamaker 常数。

根据前人文献研究，在钢液中的氧化铝颗粒的 A_{psp} 取值为 3.98×10^{-19} J。为了简化模型，对于钢水中的非金属颗粒的 Hamaker 统一取此值。

B　颗粒-颗粒湍流随机碰撞

底吹气体搅拌钢包中，液体湍流运动非常强烈。相应地，由于 Kolmogorov 微

尺寸与湍流耗散率 ε 成反比，在气液两相流中心，当颗粒尺寸 d_i 大于 Kolmogorov 微尺寸时，颗粒将在液体湍流脉动漩涡影响下呈现出随机运动；此时，由颗粒随机运动所导致的聚合速率可以表述为：

$$\beta_{ij}^{\mathrm{TR}} = \frac{\pi}{4}(d_i + d_j)^2 u_{\mathrm{rel}} \tag{6-43}$$

式中，u_{rel} 为两个颗粒间的湍流运动相对速度。为了计算 u_{rel}，本研究类比了液体中气泡或液滴的湍流运动理论，即认为尺寸为 d_i 的颗粒湍流脉动速度近似等于具有相同尺寸漩涡的脉动速度。这是因为较小的漩涡没有足够的能量来影响颗粒运动，而过大的漩涡会携带颗粒一起运动，而对于颗粒间的相对运动 u_{rel} 影响很小。因此，尺寸分别为 d_i 和 d_j 颗粒间的湍流相对速度差 u_{rel} 可以用具有相同尺寸规模的漩涡速度来表示：

$$u_{\mathrm{rel}} = [(u_i^{\mathrm{T}})^2 + (u_j^{\mathrm{T}})^2]^{1/2} \tag{6-44}$$

式中，u_i^{T} 为尺寸为 d_i 的液体漩涡的湍流脉动速度。

根据经典湍流理论，可以得出：

$$u_i^{\mathrm{T}} = 1.4(\varepsilon d_i)^{1/3} \tag{6-45}$$

为了保证不同尺寸颗粒碰撞速率的连续性，假设尺寸小于 Kolmogorov 微尺寸的颗粒也会呈现出随机运动，如图 6-6 所示，并加入了模型修正系数 $(d/\eta)^3$，因而颗粒-颗粒湍流随机碰撞聚合速率 β_{ij}^{TR} 可以表述为：

当 $[d_1 = \min(d_i, d_j)] \leqslant \eta \leqslant [d_2 = \max(d_i, d_j)]$ 时，得出：

$$\beta_{ij}^{\mathrm{TR}} = \frac{\pi}{2}(d_i + d_j)^2 (d_2^{2/3} + \eta^{2/3})^{1/2} \varepsilon^{1/3} \left(\frac{d_1}{\eta}\right)^3 \tag{6-46}$$

当 $d_1 > \eta$ 时，得出：

$$\beta_{ij}^{\mathrm{TR}} = \frac{\pi}{2}(d_i + d_j)^2 (d_2^{2/3} + d_1^{2/3})^{1/2} \varepsilon^{1/3} \tag{6-47}$$

当 $d_2 < \eta$ 时，得出：

$$\beta_{ij}^{\mathrm{TR}} = \frac{\pi}{2}(d_i + d_j)^2 \sqrt{2} (\varepsilon \eta)^{1/3} \left(\frac{d_1 d_2}{\eta^2}\right)^3 \tag{6-48}$$

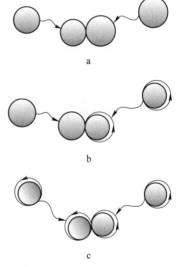

图 6-6 不同尺寸颗粒的湍流随机碰撞示意图
a—$\min(d_i, d_j) > \eta$；
b—$\min(d_i, d_j) \leqslant \eta \leqslant \max(d_i, d_j)$；
c—$\max(d_i, d_j) < \eta$

C 颗粒-颗粒斯托克斯浮力碰撞

在底吹钢包精炼过程中，钢液中颗粒由于与钢液之间的密度差而上浮，它的

上浮速率 u_i^S 可以根据斯托克斯定律计算：

$$u_i^S = \frac{g(\rho_1 - \rho_p)d_i^2}{18\mu_1} \qquad (6\text{-}49)$$

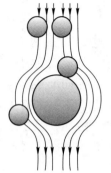

因此，颗粒上浮速率 u_i^S 与颗粒尺寸 d_i^2 成正比。对于不同尺寸的颗粒，由于它们之间上升速度差会导致较大颗粒追赶上较小颗粒发生碰撞聚合，且颗粒尺寸差别越大，它们之间的相对速率越大。但在较大颗粒上浮过程中，其周围流场会影响其他较小颗粒的运动轨迹，并可能会降低它们之间的实际碰撞概率，如图 6-7 所示。因此本研究提出了颗粒上浮碰撞概率参数，即颗粒-颗粒斯托克斯浮力碰撞速率 β_{ij}^S 可以采用下式计算：

$$\beta_{ij}^S = \frac{2g\pi(\rho_1 - \rho_{inc})}{9\mu_1}(r_i + r_j)^3|r_i - r_j|E_s^{p-p} \qquad (6\text{-}50)$$

图 6-7　颗粒斯托克斯浮力碰撞示意图

式中，E_s^{p-p} 为斯托克斯碰撞效率，它表示两个颗粒在上浮过程中的实际碰撞概率。

目前仍没有相关文献报道颗粒的碰撞效率，但已有不少文献研究了颗粒-颗粒或颗粒-气泡之间的实际碰撞概率，其中 Dukhin 等人[44]在 Sutherland 模型[45]的基础上，通过耦合惯性力的影响对模型进行了修正，后来 Dai 等人[46]通过对比不同的斯托克斯碰撞效率模型发现，Dukhin 模型的预测结果与实测结果最为吻合。因此，选取 Dukhin 修正模型来计算颗粒之间的实际碰撞效率 E_s^{p-p}，它可以表述如下：

$$E_s^{p-p} = E_{c\text{-}SU} \times \sin^2\theta \times \exp\left\{3K\left[\cos\theta\left(\ln\frac{3}{E_{c\text{-}SU}} - 1.8\right) - \frac{2 + \cos^3\theta - 3\cos\theta}{2E_{c\text{-}SU}\sin^2\theta}\right]\right\}$$

$$(6\text{-}51)$$

式中，$E_{c\text{-}SU}$ 为 Sutherland 等人[45]提出的碰撞效率模型，它可以采用下式表达：

$$E_{c\text{-}SU} = \min\left\{\left(\frac{-G}{1-G}\left(1 + \frac{d_1}{d_2}\right)^2 + \frac{3}{1+G}\frac{d_1}{d_2}\right),\ 1\right\} \qquad (6\text{-}52)$$

$$G = \frac{u_{d_1}^S}{u_{d_2}^S} = \left(\frac{d_1}{d_2}\right)^2 \qquad (6\text{-}53)$$

G 为无因次常数，它被定义为尺寸 d_1 和 d_2 两个颗粒颗粒间上浮速度比值；$u_{d_1}^S$、$u_{d_2}^S$ 为颗粒的斯托克斯上浮速度；K 为 Stokes 数，可以被定义为：

$$K = \frac{2u_{d_1}^S u_{d_2}^S}{gd_2} \qquad (6\text{-}54)$$

$$\beta' = \frac{4E_{c\text{-}SU}}{9K} \qquad (6\text{-}55)$$

$$\theta = \arcsin\{2\beta'[(1+\beta'^2)^{1/2} - \beta']\}^{1/2} \qquad (6-56)$$

6.2.4.2 颗粒去除机理

在底吹钢包的湍流体系中，本研究考虑了 6 种颗粒去除机理，分别为壁面吸附渣-金界面处颗粒自身上浮去除、气泡-颗粒浮力碰撞去除、气泡-颗粒湍流随机碰撞去除、气泡-颗粒湍流剪切碰撞去除、气泡尾涡捕捉去除等。另外，本研究同样考虑了钢包顶部渣圈对颗粒去除的影响。

A　颗粒壁面吸附去除

在冶金反应器中，当钢液中的颗粒与耐火材料壁面接触时会被其吸附。目前大部分学者在描述壁面吸附时，均把颗粒向耐火材料壁面的传输视为由壁面附近钢液湍流脉动决定的质量传输过程。根据 Oeters[47]，及 Engh 和 Lindskogm 等人[48]提出的数学模型，在壁面附近，颗粒由钢液内部向耐火材料壁面的质量传输系数可以采用下式计算：

$$K_i = \frac{cu'^3 r_i^2}{\nu^2} \qquad (6-57)$$

式中　u'——液体湍流脉动速度；

　　　c——常数，Oeters，Engh 和 Lindskog 等人分别取值为 6.2×10^{-3} 和 5.8×10^{-3}。

后来，Zhang 等人[49]根据 Kolmogorov 经典湍流模型，通过引入固体壁面附近的湍流耗散率修正了湍流传输系数，其颗粒的壁面吸附去除速率 S_i^{Wall} 可以表示为：

$$S_i^{\mathrm{Wall}} = \frac{0.0062\varepsilon^{3/4}}{\nu^{5/4}} \frac{A_{\mathrm{s}}}{V_{\mathrm{cell}}} n(V_i) \qquad (6-58)$$

式中　A_{s}，V_{cell}——钢包模型壁面附近的单元网格的法向截面面积和体积。

B　颗粒自身上浮去除

钢包中液面附近钢水中的颗粒可以依靠自身的上浮运动进入顶部渣层而去除。在模型中，不仅考虑了颗粒的斯托克斯上浮运动，而且考虑了由液体湍流引起的颗粒随机上浮运动。因此，由颗粒自身上浮运动而导致的颗粒去除速率 S_i^{IF} 可以表述为下式：

$$S_i^{\mathrm{IF}} = (u_i^{\mathrm{S}} + C_{\mathrm{up}}u_i^{\mathrm{T}}) \frac{A_{\mathrm{s}}}{V_{\mathrm{cell}}} n(V_i) \qquad (6-59)$$

式中　u_i^{S}——颗粒的斯托克斯上浮速度；

　　　u_i^{T}——颗粒的湍流随机脉动速度，如图 6-8 所示；

　　　C_{up}——由颗粒湍流随机脉动所导致的实际上浮概率，在模型中，根据湍流脉动的各向同性，C_{up} 取值为 1/6。

C　颗粒-气泡浮力碰撞去除

在底吹搅拌多相流体系中，Dai 等人[46]总结了目前不同学者建立的由上浮速度差引起的气泡-颗粒碰撞机理模型。对于由颗粒-气泡浮力碰撞所导致的颗粒去除速率 S_i^{BIB} 可以表述为下式：

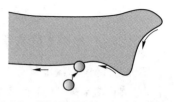

图 6-8　颗粒湍流随机上浮去除机理

$$S_i^{\mathrm{BIB}} = \frac{\pi}{4}(d_i^2 + d_g^2)(u_g - u_p)E_s^{\mathrm{g-p}}\frac{6\alpha_g}{\pi d_g^3}n(V_i)$$

$$(6\text{-}60)$$

式中，$E_s^{\mathrm{g-p}}$ 为气泡-颗粒浮力碰撞效率，它可以通过式（6-51）~式（6-56）来计算获得。

D　颗粒-气泡湍流随机碰撞去除

在底吹钢包湍流体系中，颗粒可能会由于液体漩涡脉动影响而呈现出随机运动，尤其在气液两相流中心处，当颗粒尺寸大于 Kolmogorov 微尺寸时，颗粒的湍流随机运动会更加明显。类似于前面所提到的颗粒-颗粒湍流随机碰撞，颗粒也会因与气泡之间发生湍流随机碰撞而被去除，该去除速率 S_i^{BIR} 可以表述为下式：

当 $d_i > \eta$ 时，得出：

$$S_i^{\mathrm{BIR}} = C\frac{\pi}{4}(d_i + d_g)^2(\varepsilon d_i)^{1/3}\frac{6\alpha_g}{\pi d_g^3}n(V_i) \tag{6-61}$$

当 $d_i \leqslant \eta$ 时，得出：

$$S_i^{\mathrm{BIR}} = C\frac{\pi}{4}(d_i + d_g)^2(\varepsilon\eta)^{1/3}\left(\frac{d_i}{\eta}\right)^3\frac{6\alpha_g}{\pi d_g^3}n(V_i) \tag{6-62}$$

E　颗粒-气泡湍流剪切碰撞去除

类似于前面所述的颗粒-颗粒湍流剪切碰撞，颗粒-气泡湍流剪切碰撞也应被考虑，尤其是对于较小尺寸的气泡，更应如此。在气体搅拌体系中，尺寸大于气泡的液体漩涡将有足够的能量来捕获气泡并携带气泡和颗粒一起运动。在这种情形下，气泡与颗粒之间的碰撞速率是由漩涡中的剪切速率及碰撞效率所决定的。因此，颗粒-气泡的湍流剪切碰撞去除速率可以表述为下式：

$$S_i^{\mathrm{BIS}} = 1.294\zeta_{\mathrm{shear}}^{\mathrm{p-g}}(\varepsilon/\nu)^{0.5}(R_i + R_j)^3\frac{6\alpha_g}{\pi d_g^3}n(V_i) \tag{6-63}$$

式中　$\zeta_{\mathrm{eff}}^{\mathrm{g-p}}$——颗粒-气泡湍流剪切碰撞的实际碰撞捕获效率，它可以通过式（6-41）和式（6-42）计算获得。

对于钢液中气泡-颗粒间的 Hamaker 常数 A_{psg} 取值应变为 $6.47 \times 10^{-19}\mathrm{J}$。

F 气泡尾涡捕捉颗粒去除

一般在吹气搅拌体系熔池中，随着气泡的上浮，一对尾涡会在气泡底部周期性地形成与脱离，与此同时，液体中的颗粒也会被气泡尾涡携带一起上浮，并随着尾涡脱落而脱离气泡，如图 6-9 所示。因此，在钢包顶部液面附近的颗粒也同样会被气泡尾涡捕获后随气泡进入渣层，并随着尾涡脱落而被顶渣吸收。在本模型中，气泡尾涡捕捉颗粒的去除速率 S_i^{Wake} 可以表述为：

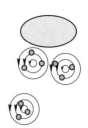

$$S_i^{\text{Wake}} = \lambda \alpha_g (u_g - u_1) \frac{A_s}{V_{\text{cell}}} n(V_i) \qquad (6\text{-}64)$$

图 6-9 气泡尾涡捕捉颗粒示意图

式中 λ——模型常数，它表示气泡尾涡与气泡的体积比率。

Tsuchiya 和 Fan 等人研究显示，在 $1500<Re_b<8150$ 范围内，气泡尾涡的平均面积要比气泡面积大 3.3 ± 1.2 倍，而且其比值随气泡雷诺数 Re_b 的变化不大。因此，选取了尾涡与气泡平均面积比值为 3.3，并得出了在不同气泡球冠高度下，气泡尾涡与气泡本身体积比值 λ 的取值范围为 3.45 ± 0.45。在模型中，λ 均取值为 3.45。

G 渣圈的影响

钢包中钢液顶渣将在底吹鼓泡流作用下形成渣圈，渣圈的存在会对颗粒去除行为产生重要影响。在钢包渣圈处，当气泡上浮至钢液面时，黏附在气泡表面的颗粒将随着气泡破裂而重新返回钢液中，如图 6-10 所示。目前很多学者已经研究表明渣圈尺寸与底吹流量、渣层属性和厚度等参数有着直接关系。Krishnapisharody 和 Irons 等人[46]依据前人所做的大量实验数据，提出了描述渣圈尺寸大小的计算公式：

$$\frac{A_e}{H^2} = -0.76\left(\frac{Q_g}{g^{0.5}H^{2.5}}\right)^{0.4} + 7.15\left(1 - \frac{\rho_s}{\rho_1}\right)^{-0.5}\left(\frac{Q_g}{g^{0.5}H^{2.5}}\right)^{0.73}\left(\frac{h}{H}\right)^{-0.5} \quad (6\text{-}65)$$

式中 A_e——渣圈面积；

h，ρ_s——渣层厚度和渣密度。

6.2.5 组分质量传输方程

6.2.5.1 钢液中各个组分方程

在钢包内，钢液中的 ［Al］、［Si］、［Mn］、［S］等组分元素的质量传输主要靠分子扩散、液体对流和湍流输运，以及化学反应等多种方式。这些组分传输

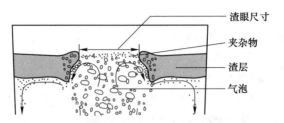

图 6-10   钢包内渣圈及其对颗粒行为影响的示意图

行为可以统一表述为下式：

$$\frac{\partial}{\partial t}\left(\alpha_l\rho\,\frac{[\%Y_i]}{100}\right) + \nabla\cdot\left(\alpha_l\rho\bar{u}_1\,\frac{[\%Y_i]}{100}\right) = \nabla\cdot\left(a_1\frac{\mu_t}{Sc_t}\left(\nabla\frac{[\%Y_i]}{100}\right)\right) + S_i^{l-top} + S_i^{l-p} + S_i^{l-b}$$

(6-66)

式中，i 为 S、Al、Si、Mn 和 Fe 等钢液中的各个组分元素；$[\%Y_i]$ 为钢液中组分元素 i 的局部质量浓度；S_i^{l-top} 为发生在钢液液面处的化学反应所导致的组分 i 的质量传输方程源项；S_i^{l-p}、S_i^{l-b} 分别表示发生在钢液内部的粉剂-钢液界面及气泡-钢液界面上的化学反应所导致的组分传输方程源项，这几项需通过 SRM 模型计算，并将在后面章节中详细叙述。

S_i^{l-top} 主要包含顶渣-钢液界面反应源项 S_i^{l-slag} 和渣圈内的钢液-空气界面反应源项 S_i^{l-air}，即：

$$S_i^{l-top} = S_i^{l-slag} + S_i^{l-air}$$

(6-67)

6.2.5.2   弥散渣滴中各组分传输方程

在钢包底喷粉过程中，粉剂会被喷入钢包并大量弥散分布于钢液内部。由于喷吹的粉剂由 CaO 基多元合成渣系组成，其熔点温度低、粒度小。因此，粉剂一旦进入钢液后，将迅速升温并变为液态渣滴形态。渣滴中的 CaO、Al_2O_3、MnO 及 CaS 等组分元素的质量传输行为也十分复杂，一方面为物理运动传输行为，即跟随着渣滴本身黏附于气泡表面或上浮进入顶部渣层；另一方面为化学反应传输行为，即随着粉剂-钢液界面反应而发生组分迁移。这些组分传输行为可以统一表述为下式：

$$\frac{\partial}{\partial t}\left(\alpha_p\rho_p\,\frac{(\%Y_i)_p}{100}\right) + \nabla\cdot\left(\alpha_p\rho_p\bar{u}_p\,\frac{(\%Y_i)_p}{100}\right) = \nabla\cdot\left(\alpha_p\frac{\mu_t}{Sc_t}\left(\nabla\frac{(\%Y_i)_p}{100}\right)\right) + S_i^{p-b} + S_i^{p-1} + S_i^{p-slag}$$

(6-68)

式中 i——粉剂中的 CaO、Al_2O_3、SiO_2、MnO、FeO 和 CaS 等各个组分元素；

$(\%Y_i)_p$——粉剂中组分 i 的局部质量浓度；

S_i^{p-b}——由粉剂-气泡的相互作用所导致的渣滴中组分 i 的质量传输源项；

S_i^{p-1}——发生在粉剂-钢液界面上化学反应所导致的组分 i 的质量方程源项；

$S_i^{\text{p-slag}}$——在钢包顶渣-钢液界面附近，钢液中的弥散渣滴依靠自身浮力或气泡尾涡捕捉作用而进入顶部渣层，并造成了渣滴中组分元素 i 的质量迁移。

$S_i^{\text{p-b}}$ 主要包含两项，一是在钢包鼓泡流区域内，渣滴由于与气泡的相互碰撞而黏附于气泡表面，成为上浮气泡一部分，并造成了渣滴中组分元素 i 的迁移，即 $S_{\text{p-b},i}^{\text{plume}}$；二是在钢包顶部渣圈区域内，黏附于气泡表面的渣滴会随着气泡在钢液面破裂而返回钢液内部，重新成为独立的弥散渣滴，并相应的造成了渣滴中元素 i 的组分元素迁移，即 $S_{\text{p-b},j}^{\text{eye}}$。其计算式可以采用下式表达：

$$S_i^{\text{p-b}} = S_{\text{p-b},i}^{\text{plume}} + S_{\text{p-b},i}^{\text{eye}} \tag{6-69}$$

$$S_{\text{p-b},i}^{\text{plume}} = -(S_k^{\text{BIB}} + S_k^{\text{BIR}} + S_k^{\text{BIS}})\rho_p V_p(\%Y_i)_p \tag{6-70}$$

$$S_{\text{p-b},i}^{\text{eye}} = \rho_g \alpha_g (\%Y_i)_g \tag{6-71}$$

式中，S_k^{BIB}、S_k^{BIR}、S_k^{BIS} 分别为尺寸为 d_k 的颗粒与气泡浮力的碰撞速率、湍流随机碰撞速率以及湍流剪切碰撞速率。

在式（6-68）右边的 $S_i^{\text{p-l}}$ 与式（6-66）中的 $S_i^{\text{l-p}}$ 大小相等，但方向相反，即：

$$S_i^{\text{p-l}} = -S_i^{\text{l-p}} \tag{6-72}$$

式（6-68）中，$S_i^{\text{p-slag}}$ 可以采用下式计算：

$$S_i^{\text{p-slag}} = -(S_k^{\text{Wake}} + S_k^{\text{IF}})\rho_p V_p(\%Y_i)_p \tag{6-73}$$

式中，S_k^{IF}、S_k^{Wake} 分别为尺寸为 d_k 的颗粒自身上浮进入渣层速率和被气泡尾涡捕捉进入渣层的速率。

6.2.5.3 气泡的组分传输方程

在钢包鼓泡流区域中，粉剂会由于与气泡的相互碰撞作用被吸附于气泡表面上，并完全跟随气泡一起运动。因而这些被吸附的粉剂可视为气泡的一部分，它们的质量传输及化学反应等行为与独立弥散于钢液内部粉剂有着很大不同。比如，在气泡上浮过程中，黏附于气泡表面的粉剂与钢液的接触面积和接触时间均要小于独立弥散颗粒，相应地，气泡表面上的粉剂与钢液的反应速率也会降低。另外，由于气泡不断吸附小颗粒粉剂，会使整个气泡组分密度不断发生改变，进而可能会影响着气泡的上浮行为。因此，气泡的组分 i 的传输方程表达式为：

$$\frac{\partial}{\partial t}\left(\alpha_g \rho_g \frac{(\%Y_i)_g}{100}\right) + \nabla \cdot \left(\alpha_g \rho_g \overline{u}_g \frac{(\%Y_i)_g}{100}\right) = \nabla \cdot \left(\alpha_g \frac{\mu_t}{Sc_t}\left(\nabla \frac{(\%Y_i)_g}{100}\right)\right) + S_i^{\text{b-p}} + S_i^{\text{b-slag}} + S_i^{\text{b-l}}$$

$$\tag{6-74}$$

式中　i——气泡中的 Ar、CaO、Al_2O_3、SiO_2、MnO、FeO 和 CaS 等各个组分元素；

$(\%Y_i)_g$——气泡中组分元素 i 的局部质量浓度；

S_i^{b-p}——由在钢液中鼓泡流区域和液面渣圈区域中气泡-粉剂相互作用导致的气泡中组分 i 的质量传输源项；

S_i^{b-slag}——在顶部渣-钢界面处，气泡上浮至渣层发生破裂后，黏附于气泡表面粉剂渣滴进入顶渣，造成的气泡中组分元素 i 的质量传输方程源项；

S_i^{b-l}——由气泡表面颗粒与钢液发生反应所导致的气泡中组分 i 元素质量迁移源项。

式（6-74）与式（6-68）中的 S_i^{p-b} 大小相等，但方向相反，即：

$$S_i^{b-p} = -S_i^{p-b} \tag{6-75}$$

S_i^{b-slag} 表达式如下：

$$S_i^{b-slag} = -\alpha_g \rho_g (\%Y_i)_g \tag{6-76}$$

S_i^{b-l} 需通过后面 SRM 模型计算，其与式（6-66）中的 S_i^{l-b} 大小相等，但方向相反，即：

$$S_i^{b-l} = -S_i^{l-b} \tag{6-77}$$

6.2.6　多界面同时反应模型（SRM）

在底喷粉过程中，钢包内发生化学反应的场所主要有四个，分别为钢液面上顶渣-钢液界面、渣圈区域上空气-钢液界面、钢包内部的粉剂渣滴-钢液界面及气泡-钢液界面。其中各个反应场所均涉及到 Al、S、Si、Mn、Fe 及 O 等多个组分参与的同时反应机制，且这些反应之间相互影响。本研究将采用 SRM 模型求解各个反应速率，并传入 CFD 模块中的组分质量传输方程源项。

6.2.6.1　顶渣-钢液界面反应

在钢包中，当钢液和多元渣系接触时，钢液中 ［Al］、［Si］、［Mn］、［S］和 ［Fe］ 等各种元素将同时和顶渣发生反应，其反应速率 S_i^{l-slag} 可以表述为：

$$S_i^{l-slag} = -\alpha_l \rho_l k_{eff,i} \frac{A_{cell}}{100 V_{cell}} \left\{ [\%Y_i] - \frac{(\%Y_i)}{L_i} \right\} \tag{6-78}$$

式中，［%Y_i］、（%Y_i） 分别为各个元素在钢液和顶渣中的质量分数；$k_{eff,i}$ 为组分 i 在渣-钢间有效质量传输系数，在湍流条件下，渣-钢界面的湍流漩涡脉动将会强烈影响质量传输系数；L_i 为各种元素在钢渣之间的分配比，它是描述渣-金反应热力学能力的重要参数。

由于各种元素的分配比 L_i 都以界面氧活度 a_O^* 作为函数，而使各个渣金反应相互影响，而界面氧活度 a_O^* 则由所有渣金反应共同决定，它可以通过下列氧质量平衡关系式来确定：

$$1.5 \frac{S_{Al}^{l-slag}}{M_{Al}} + 2 \frac{S_{Si}^{l-slag}}{M_{Si}} + \frac{S_{Mn}^{l-slag}}{M_{Mn}} = \frac{S_{FeO}^{l-slag}}{M_{FeO}} + \frac{S_{S}^{l-slag}}{M_{S}} + \frac{S_{O}^{l-slag}}{M_{O}} \quad (6-79)$$

6.2.6.2 渣圈区域空气-钢液界面反应

在渣圈处，钢液直接裸露于空气中，高温下空气中的氧元素将被钢液吸收成为溶解氧，进而与钢液中的 [Al]、[C]、[Si]、[Mn] 和 [Fe] 等元素发生氧化反应，因此渣圈内的氧气吸收和氧化反应等现象也需要被考虑。在钢液面的渣圈区域中，钢液组分元素的反应速率 S_i^{l-air} 可以表述为：

$$S_i^{l-air} = -k_{m,i} \alpha_l \rho_l \frac{A_{cell}}{100 V_{cell}} \{ [\%Y_i] - [\%Y_i] \} \quad (6-80)$$

式中，i 为钢液中的 [Al]、[C]、[Si]、[Mn] 和 [Fe] 等元素，而在渣圈界面上的氧气吸收速率和一氧化碳的生成速率可以表示为：

$$S_{O_2}^{l-air} = -M_{O_2} \frac{k_{g,O_2}}{RT} \frac{A_{cell}}{V_{cell}} \{ p_{O_2} - p_{O_2}^* \} \quad (6-81)$$

$$S_{CO}^{l-air} = -M_{CO} \frac{k_{g,CO}}{RT} \{ p_{CO}^* - p_{CO} \} \quad (6-82)$$

式中，$[\%Y_i]$ 为各个元素在钢液-空气界面的平衡浓度，而 $p_{O_2}^*$ 和 p_{CO}^* 为氧气和一氧化碳在钢-空气反应界面的平衡分压，它们主要受到反应界面氧活度 a_O^* 和碳平衡浓度 $[\%Y_C]^*$ 的影响，而这两个参数可以通过界面各个反应的氧平衡和碳平衡方程来求得，即：

$$\frac{S_C^{l-air}}{M_C} = \frac{S_{CO}^{l-air}}{M_{CO}} \quad (6-83)$$

$$1.5 \frac{S_{Al}^{l-air}}{M_{Al}} + 2 \frac{S_{Si}^{l-air}}{M_{Si}} + \frac{S_{Mn}^{l-air}}{M_{Mn}} + \frac{S_C^{l-air}}{M_C} = 2 \frac{S_{O_2}^{l-air}}{M_{O_2}} + \frac{S_O^{l-air}}{M_O} \quad (6-84)$$

6.2.6.3 渣滴-钢液界面反应

在底喷粉过程中，喷吹的粉剂由 CaO 基多元合成渣系组成，其熔点温度低，粒度小。因此，粉剂一旦进入钢液后，将迅速升温并变为液态渣滴形态。与顶渣-钢液界面反应机理类似，当钢液和多元弥散渣滴接触时，钢中 [Al]、[Si]、[Mn]、[S] 和 [Fe] 等各种元素也将同时和渣滴发生反应，并决定着渣滴-钢液界面氧活度，进而影响着脱硫速率。但不同于顶渣-钢液界面反应的是，由于弥散粉剂颗粒尺寸细微、比表面积大、界面化学反应剧烈，且渣滴本身质量小，因而，渣滴中的脱硫产物 CaS 质量分数会迅速增加，而 CaO 质量分数会迅速减少，这会使渣滴中的 CaS 浓度很快达到饱和状态。此后，脱硫产物 CaS 将会以固相形式出现，相关的热力学和动力学行为将发生改变，并影响着粉剂脱硫效率。

根据文献数据[22,26]，本研究拟合出 S 在 CaO-Al$_2$O$_3$ 渣系中的摩尔饱和浓度的计算式如下：

$$N_{CaS,sat} = 3.33\% \frac{(N_{CaO})}{(N_{Al_2O_3})} - 0.216\% \qquad (6-85)$$

式中　$N_{CaS,sat}$——渣中 CaS 的摩尔饱和浓度；

　N_{CaO}，$N_{Al_2O_3}$——渣中 CaO 和 Al$_2$O$_3$ 的摩尔浓度。

根据渣滴中 CaS 摩尔浓度是否饱和，渣滴-钢液界面反应可以分为以下两类。

A　渣滴中 CaS 未饱和，即 $N_{CaS} \leqslant N_{CaS,sat}$

由渣滴-钢液界面化学反应导致的元素 i 的质量传输源项可以表示为：

$$S_i^{l-p} = -\alpha_1 \rho_1 k_{eff,i}^{l-p} \frac{6\alpha_p}{100 d_p} \left\{ [\%Y_i] - \frac{(\%Y_i)_p}{L_i} \right\} \qquad (6-86)$$

式中，i 为 Al、Si、Mn、S、Fe 等元素；$[\%Y_i]$、$(\%Y_i)_p$ 为各种元素在钢液和渣滴中的质量分数；d_p 为渣滴的直径；$k_{eff,i}^{l-p}$ 为组分 i 在渣滴-钢液界面有效质量传输系数，可由下式计算：

$$k_{eff,i}^{l-p} = \frac{k_m^{l-p} k_p L_i \rho_p}{k_p L_i \rho_p + \rho_1 k_m^{l-p}} \qquad (6-87)$$

k_m^{l-p} 为钢液与粉剂渣滴界面间的组分元素质量传输系数；k_p 为粉剂内部的组分元素质量传输系数。

前面所述的顶渣-钢液界面间的质量传输主要通过湍流漩涡传输来决定的，分子扩散作用可以忽略。但对于钢包中的弥散渣滴，其尺寸微细且接近或小于最小湍流漩涡尺寸 η，此时钢液-粉剂界面间质量传输行为与钢液-顶渣界面行为有着很大不同。目前已有大量文献报道了液体与悬浮颗粒间的质量传输系数，其中 Piero 等人[51]研究了尺寸接近或小于 η 的颗粒的质量传输系数，并认为液体-微粒间的质量传输受湍流扩散和分子扩散共同作用，并可以采用下式计算：

$$Sh = 2 + 0.52 Re_T^{0.52} Sc^{1/3} \qquad (6-88)$$

$$Re_T = \left(\frac{\varepsilon d_p^4}{\nu^3} \right)^{1/3} \qquad (6-89)$$

$$Sc = \frac{\nu}{D} \qquad (6-90)$$

$$Sh = \frac{k_m d_p}{D} \qquad (6-91)$$

式中　Re_T——湍流雷诺数；

　　Sc——施密特数；

　　Sh——舍伍德准数。

　　D——组分元素扩散系数。

结合上式，可得出组分 i 由钢液到渣滴-钢液界面的传质速率系数 k_m^{l-p}：

$$k_m^{l-p} = \frac{2D}{d_p} + 0.52 \frac{Re_T^{0.52} Sc^{1/3} D}{d_p} \tag{6-92}$$

对于液滴内部传输系数，由于微粒尺寸非常细小，可视为刚性球，内部几乎不存在流动，即 Re_T 接近于 0。因此，渣滴内部传质主要为分子扩散，其质量传输系数 k_p 则可以计算为：

$$k_p = \frac{2d_p}{D_p} \tag{6-93}$$

在式（6-86）中，L_i 是各种元素在渣滴和钢液之间的分配比，它是描述渣滴-钢液反应热力学能力的重要参数，并以界面氧活度 a_O^* 作为自变量的函数。界面氧活度 a_O^* 则由所有渣-金反应共同决定，它可以通过下列氧质量平衡关系式来确定。

$$1.5 \frac{S_{Al}^{l-p}}{M_{Al}} + 2 \frac{S_{Si}^{l-p}}{M_{Si}} + \frac{S_{Mn}^{l-p}}{M_{Mn}} = \frac{S_{FeO}^{l-p}}{M_{FeO}} + \frac{S_S^{l-p}}{M_S} + \frac{S_O^{l-p}}{M_O} \tag{6-94}$$

B　渣滴中 CaS 过饱和，即 $N_{CaS} > N_{CaS,sat}$

在钢液中，弥散渣滴与钢液反应迅速，脱硫产生 CaS 质量浓度迅速上升，一旦 CaS 浓度达到饱和状态时，固相的脱硫产物 CaS 将会以固相形式出现。假设固相的活度为 1，其平衡关系可以表示为：

$$[S] + (CaO) \Longrightarrow (CaS)_s + [O] \tag{6-95}$$

$$\log K_S = \log \frac{a_O^*}{a_S a_{CaO}} = -\frac{5629}{T} + 1.654 \tag{6-96}$$

式中　a_{CaO}——渣中氧化钙的活度，其可根据正规溶液模型获取。

当 S 饱和后，析出固相 CaS 时的脱硫反应速率可以表示为：

$$S_S^{l-p} = -\alpha_l \rho_l k_m^{l-p} \frac{6\alpha_s}{100 d_s} \{ [\%Y_S] - [\%Y_S]_{l-p}^* \} \tag{6-97}$$

式中　$[\%Y_S]_{l-p}^*$——界面平衡浓度，它是界面氧势 a_O^* 的函数，并可以计算为：

$$[\%Y_S]_{l-p}^* = \frac{a_O^*}{K_S f_S a_{CaO}} \tag{6-98}$$

通过把 CaS 浓度过饱和状态时的脱硫速率式（6-97）代入式（6-94），求解出粉剂-钢液的界面平衡氧势 a_O^*，进而可得出各种元素的反应速率 S_i^{l-p}。

6.2.6.4　气泡-钢液界面反应

在钢液鼓泡流中，由于气泡与粉剂渣滴的碰撞作用，大量弥散的渣滴会被吸附在气泡表面上，并可被视为气泡的组成部分。同时，在气泡上浮过程中，气泡表面黏附的渣滴会与钢液发生化学反应，如图 6-1 所示。需要说明的是，气泡表面的渣滴-钢液界面反应动力学条件与弥散渣滴有着很大不同：一方面，由于粉剂黏附于气泡表面后，随气泡快速上浮，其粉剂-钢液的接触面积和接触时间均会减小；另一方面，在鼓泡流区域，气泡表面的渣滴会随着气泡做湍流随机脉动，进而气泡-钢液界面附近的组分传质速率也会受到湍流漩涡影响。同样根据气泡表面渣滴中 CaS 浓度是否达到饱和状态，可以分为以下两类情况。

A　气泡表面的渣滴中 CaS 未饱和，即 $(N_{CaS})_g \leqslant (N_{CaS, sat})_g$

虽然黏附渣滴被视为气泡的一部分，但实际上，渣滴与氩气组分仍是分离的，即氩气只存在于气泡内部，而渣滴主要存在于气泡表面附近。另外，由于氩气不参加界面反应，因此在气泡表面黏附渣滴的实际组分 i 的质量分数 $(\%Y_i)_{g, real}$ 应表示为：

$$(\%Y_i)_{g, real} = \frac{(\%Y_i)_g}{1 - (\%Y_{Ar})_g} \tag{6-99}$$

由气泡-钢液界面化学反应导致的元素 i 的质量传输源项可以表示为：

$$S_i^{l-b} = -\alpha_1 \rho_1 k_{eff,i}^{l-b} \frac{6f\alpha_g \rho_g \left[1 - \dfrac{(\%Y_{Ar})_g}{100}\right]}{100 \rho_p d_p} \left[[\%Y_i] - \frac{(\%Y_i)_{g,redl}}{L_i}\right] \tag{6-100}$$

式中　f——渣滴-钢液的有效接触面积比率；

　　　ρ_g——气泡黏附粉剂颗粒后的实际密度。

黏附在气泡表面的渣滴一部分会裸露在气泡外部，一部分会嵌入气泡内部，如图 6-3 所示，本研究为了简化模型，统一取值 f 为 0.5。ρ_g 为气泡黏附粉剂颗粒后的实际密度，它可以采用下式计算：

$$\rho_g = \left[1 - (\%Y_{Ar})_g\right]\rho_p + (\%Y_{Ar})_g \rho_{Ar} \tag{6-101}$$

$k_{eff,i}^{l-b}$ 为表示组分 i 在气泡-钢液界面有效质量传输系数，并可由下式计算：

$$k_{eff,i}^{l-b} = \frac{k_m^{l-b} k_p L_i \rho_p}{k_p L_i \rho_p + \rho_1 k_m^{l-b}} \tag{6-102}$$

在鼓泡流区域，气泡表面的渣滴会随着气泡做湍流随机脉动，进而气泡-钢液界面附近的组分传质速率也会受到湍流漩涡影响。因而传质速率系数 k_m^{l-b} 可以采用下式计算：

$$k_m^{l-b} = c D_{m,i}^{0.5} \left(\frac{\varepsilon_1}{\nu}\right)^{0.25} \tag{6-103}$$

式中　c——模型常数，根据 Lamont 和 Scott 等人[52]研究，c 取值为 0.4；

　　　$D_{m,i}$——组分元素 i 在钢液中的扩散系数；

　　　L_i——各种元素在钢液与气泡界面之间的分配比。

微小颗粒被视为刚性球，内部几乎不存在流动，气泡表面黏附的渣滴内部传质主要为分子扩散，k_p 则可由式（6-93）计算获取。

同样，式（6-102）中的 L_i 由气泡-钢液界面氧活度决定，而界面氧活度 a_O^* 则由所有钢液-气泡界面反应共同决定：

$$1.5\frac{S_{Al}^{l-b}}{M_{Al}} + 2\frac{S_{Si}^{l-b}}{M_{Si}} + \frac{S_{Mn}^{l-b}}{M_{Mn}} = \frac{S_{FeO}^{l-b}}{M_{FeO}} + \frac{S_S^{l-b}}{M_S} + \frac{S_O^{l-b}}{M_O} \quad (6\text{-}104)$$

B 气泡表面渣滴中 CaS 过饱和，即 $(N_{CaS})_g > (N_{CaS,sat})_g$

吸附在气泡表面上的渣滴，在与钢液化学反应过程中，其内部的 CaS 浓度逐渐达到饱和。与前文类似，CaS 饱和后，黏附气泡表面的渣滴-钢液界面的脱硫速率变为如下形式：

$$S_S^{l-b} = \alpha_1\rho_1 k_{m,i} \frac{6f\alpha_g\rho_g\left[1 - \dfrac{(\%Y_{Ar})_g}{100}\right]}{100\rho_p d_p}\left([\%Y_S] - [\%Y_S]_{l-b}^*\right) \quad (6\text{-}105)$$

式中 $[\%Y_S]_{l-b}^*$ ——界面硫元素的平衡浓度，它可以表达为：

$$[\%Y_S]_{l-b}^* = \frac{a_O^*}{K_S f_S a_{CaO,g}} \quad (6\text{-}106)$$

通过把 CaS 浓度过饱和状态时的脱硫速率式（6-105）代入式（6-104），求解出气泡-钢液的界面平衡氧势 a_O^*，进而可得出各个元素的反应速率 S_i^{l-b}。

6.3 模型求解及边界条件

通过建立 CFD-PBM-SRM 耦合模型首次描述钢包底喷粉过程中的多相流传输行为和精炼反应动力学，提出了一些重要现象和机理，并结合计算流体力学软件 Fluent 12.0 和自编计算机程序（UDF），分别对钢包底喷粉过程的气泡行为、钢液湍流流场、粉粒传输和去除行为、组分元素的变化及分布进行数值仿真。

钢包尺寸参数和模型应用参数见表 6-2。由于该反应器呈对称分布，因此选取了 1/2 几何体建模。其中，钢包底部和侧部壁面被设置为无滑移壁面，并采用标准壁面函数来描述流体近壁面处的湍流特征。喷粉元件处采用速度入口边界条件，分别设定粉剂和气体入口速率和所占的体积分数，模型的顶面被设置为自由液面，即气体以它到达顶面的速度离开钢包，液体和粉剂则不允许离开体系。在底吹钢包内，渣圈的形状被处理为圆形，其圆心由钢液面上每股鼓泡流中气含率最大值的位置确定。

表 6-2 80t 钢包尺寸及相关模型参数

参 数	数 值
钢包直径（顶部）/mm	2633
钢包直径（底部）/mm	2388

参　　数	数　　值
熔池深度/mm	2340
吹气流量（标态）/L·min⁻¹	25~400
渣厚/mm	95
钢液密度/kg·m⁻³	7100
顶渣密度/kg·m⁻³	3000
钢液组分扩散系数/cm²·s⁻¹	7.0×10^{-5}
气相组分扩散系数/cm²·s⁻¹	1.58

图 6-11 为 CFD-PBM-SRM 耦合模型的求解方案示意图，整个模型求解包括 CFD 模型、颗粒群体平衡模型（PBM）和同时反应模型（SRM）等三个主要模块。其中，钢包内局部流场、气含率及液体湍流耗散率等参数通过 CFD 模型求解，同时通过求解质量组分传输方程来获取钢包中局部组分质量浓度分布，然后把这些相关参数分别传入 PBM 和 SRM 模块。通过 PBM 模块求解钢包中粉剂尺寸分布、碰撞和去除速率，同时把相关结果参数传入 SRM 模块，通过 SRM 模块求解顶渣-钢液界面、空气-钢液界面、粉剂-钢液界面及气泡-钢液界面反应速率；最后把这两个模块 PBM 和 SRM 模块求解结果参数重新传入 CFD 模块中，更新质

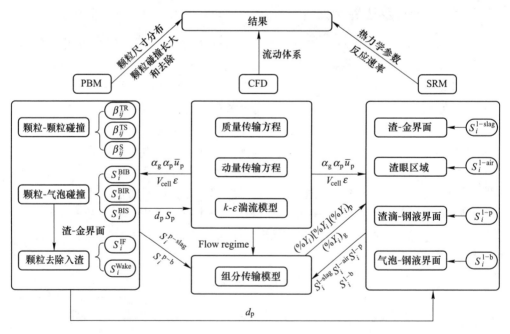

图 6-11　CFD-PBM-SRM 耦合模型的求解方案示意图

量守恒方程、动量守恒方程及组分质量传输方程源项，并计算下一个时间步长的各个参数值，进入下一个循环。

在钢包脱硫过程中，相间反应的热力学平衡决定了钢液脱硫的最终程度。与LF钢包造还原渣脱硫类似，钢包底喷粉也需要良好的热力学条件来保证脱硫效率，在钢液中需要加入Al或Si强脱氧剂保证足够低的界面氧势，顶渣和脱硫粉剂也应具有足够的脱硫能力。为了使钢包底喷粉新工艺更加符合实际生产条件，以国内某钢厂80t LF钢包炉脱硫的实际冶炼典型工况作为初始条件，对钢包底喷粉过程中的多相流行为和脱硫效率进行模拟预测。其中，钢液和顶部渣层中各种元素成分见表6-3。对于底喷粉所用的粉剂，本研究选取了工业用CaO基混合还原渣料作为脱硫剂，并加工渣料为28μm（600目）的粉末颗粒喷入钢液。

表6-3 80t钢包精炼初始时钢液和渣中各个组分元素含量

钢液中成分/%					精炼渣中成分/%						温度/K
[Al]	[Si]	[Mn]	[C]	[S]	(Al_2O_3)	(SiO_2)	(CaO)	(MnO)	(S)	(FeO)	(MgO)	
0.060	0.230	0.620	0.350	0.025	20.82	7.52	53.52	0.15	0.13	1.25	10.31	1842

6.4 钢包底喷粉的动力学分析

6.4.1 钢包底喷粉过程气-液-粉多相流传输行为

6.4.1.1 钢包内的气泡、粉剂分布及钢液流动

实际生产过程中，大吨位钢包大多采用了双透气砖底吹布置。基于此，本研究模拟预测了80t钢包中双孔底喷粉情况下的多相流及精炼动力学行为。考察喷气量、喷粉量及粉剂组分等因素对钢包底喷粉过程中多相流动、粉剂传输、聚合和去除，以及精炼反应等行为的影响规律，为该工艺的大吨位工业钢包现场应用奠定理论基础。

在钢包底喷粉过程中气-液-粉多相流体系对钢液湍流流动、组分传输及化学反应效率有着重要意义。图6-12为模拟预测的80t钢包底喷粉5min后，钢包内气含率 α_g 和粉剂体积含率 α_p 的典型分布云图，其中底吹氩气流量（标态）为200L/min，喷粉量为6kg/min。由图6-12a可见，随着两股气泡群的上浮，在液体湍流作用下，钢包中的鼓泡流逐渐发生扩散，即轴向中心线上气含率随着高度逐渐降低，径向上鼓泡流宽度逐渐增大。在液面附近，气含率 α_g 相对较低，这是由于气泡在液面发生破裂并逸出体系。由图6-12b可见，脱硫粉剂在吹入钢包后，随着鼓泡流股向上流动，并逐渐发生扩散。但与气含率分布不同的是，粉剂无法随气泡逸出钢包，在钢包液面附近，粉剂相的体积分数较大，且会随着钢液在钢包做循环流动，并逐渐弥散分布于钢包内部。

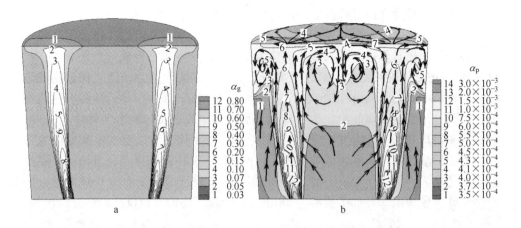

图 6-12　钢包底喷粉过程中的气含率 α_g(a)和粉剂含率 α_p(b)的典型分布云图预测结果

　　底吹钢包中液体湍流流动十分强烈，并会对熔池内的气含率分布、组分元素及粉剂的传输和化学反应等行为产生重要的影响。图 6-13 为模拟预测的 80t 钢包底喷粉 5min 后，钢包内钢液速度和湍动能典型分布云图，由图 6-13a 可见，在气粉流浮力驱动下，两股钢液向上流动，并在液面附近水平流向边壁和熔池中心，进而向下流动形成多个环流运动。由图 6-13b 可见，由于上浮气泡的诱导湍流行为，鼓泡流中心的液体湍动能明显高于其他区域，且随着鼓泡流上浮扩散，液体流股中心湍动能随着高度逐渐降低，但在液面附近，由于较大的液体速度梯度，液体湍动能变大。

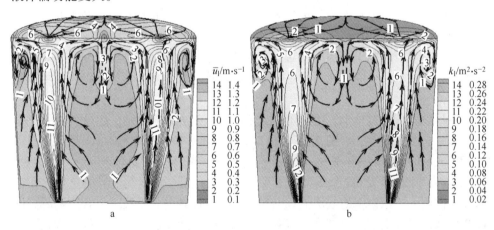

图 6-13　钢包底喷粉过程中的液体流速(a)和液体湍动能(b)分布云图预测结果

　　图 6-14 和图 6-15 分别是模拟预测的 80t 钢包底喷粉过程中，不同喷气量和喷粉量对钢液速度和钢液湍动能分布的影响。其中，底吹喷气量（标态）由

200L/min 增加到 800L/min，而喷粉量则由 0kg/min 逐渐增加到 12kg/min。由图 6-14 可见，在喷粉量一定情况下，随着喷气量的提高，鼓泡流区域内钢液速度和湍动能逐渐增加，但增幅会随着喷气量的增大而逐渐降低，并且相对于鼓泡流区域，钢包其他区域内的液体速度随喷气量变化较小。由图 6-15 可见，在喷气量一定的情况下，随着喷粉量的增大，由于粉剂冲击动量及上浮浮力作用，在钢包鼓泡流区域的钢液流速和湍动能也会缓慢增大，但其增幅明显小于喷气量的影响，而在钢包其他区域，液体速度和湍动能基本不变。

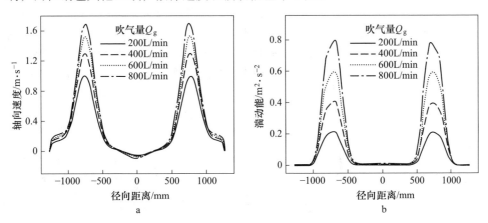

图 6-14　喷气量对距钢包底部 1500mm 处，沿径向方向上的钢液速度(a)和湍动能(b)的影响

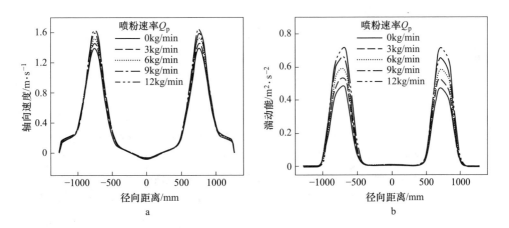

图 6-15　喷粉量对距钢包底部 1500mm 处，沿径向方向上的钢液速度(a)和湍动能(b)的影响

6.4.1.2　粉剂颗粒碰撞聚合及尺寸分布

在钢包底喷粉过程中，粉剂在钢液中的碰撞聚合行为直接影响着其尺寸大小和分布，进而关系着脱硫反应效率和脱硫产物去除效果。之前，作者已经通过研

究发现，颗粒的聚合长大主要是依靠湍流剪切碰撞和斯托克斯碰撞共同作用，且随着气流量的增加，湍流剪切逐渐变成主导机制，而当气流量（标态）超过100L/min 后，鼓泡流区域中的湍流随机碰撞作用会逐渐增强[49]。在实际钢包底喷粉过程中，一般需要较大的载气量来输运粉剂，并会造成强烈的湍流行为。因此，对于钢包底喷粉体系中的粉剂碰撞聚合行为，本研究同时考虑了湍流随机碰撞、湍流剪切碰撞及斯托克斯浮力碰撞三种碰撞机理。

图 6-16 是钢包底喷粉过程中，模拟预测的钢液中粉剂颗粒的数密度随时间变化的典型分布曲线，其中底吹气流量（标态）为 200L/min，喷粉量为 6kg/min。由图可见，在钢液湍流流动中，随着时间的增加，脱硫粉剂颗粒间会不断的碰撞聚合，并形成较大尺寸的粉剂颗粒，即大尺寸粉剂颗粒的数密度随着时间增加逐渐增大。为了直观表征粉剂颗粒在钢包内的尺寸特征，本研究采用了索特尔平均直径 d_{32} 来统计不同条件下的粉剂颗粒尺寸 d_p。

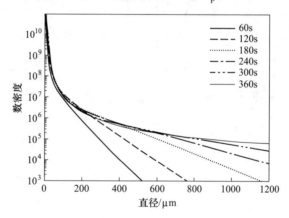

图 6-16　钢包底喷粉过程中，钢液中粉剂颗粒的数密度分布随时间变化的预测结果

图 6-17 为 80t 钢包底喷粉开始后，不同时间下熔池内粉剂平均直径分布云图的模拟预测结果，其中底吹气流量（标态）为 200L/min，喷粉量为 6kg/min。由图可见，在喷粉初始时，鼓泡流区域内粉剂颗粒粒径相对于其他区域较大，达到 23μm，如图 6-17a 所示。但随着喷吹时间的增加，鼓泡流区域的颗粒尺寸基本保持不变，其他区域的粉剂尺寸则迅速增大。这主要是因为，在鼓泡流中心区域，虽然湍流脉动强烈，粉剂聚合速率较快，但所形成的大颗粒会出现明显的湍流随机运动，加速了与气泡的碰撞而被吸附去除，进而使颗粒尺寸逐渐达到动态平衡。而在鼓泡流两侧区域，随着粉滴浓度逐渐增大，颗粒间的碰撞聚合速率逐渐增大，且不会被气泡群黏附去除，因而该区域内的粉滴尺寸会迅速增大，如图 6-17b~d所示。

由前面分析得知，熔池中的颗粒尺寸增长速率主要由两个因素决定，一是颗

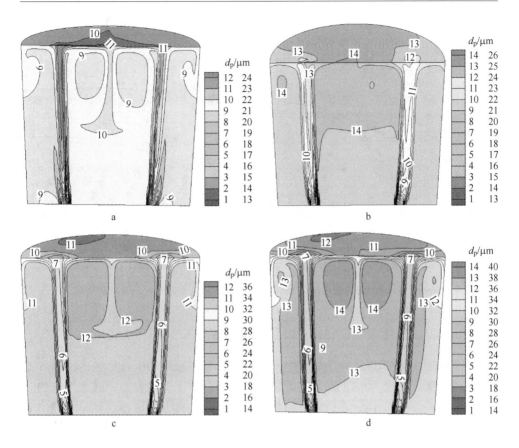

图 6-17　钢包底喷粉过程不同时间下，钢液中粉剂尺寸 d_p 分布云图的预测结果

a—t＝60s；b—t＝300s；c—t＝600s；d—t＝1200s

粒间碰撞聚合的推动作用，二是所形成的大颗粒易进入渣层或与气泡的碰撞黏附去除而产生的抑制作用。

　　图 6-18 是模拟预测的钢包底喷粉过程中，不同喷气量和喷粉量对钢液内粉剂颗粒平均尺寸变化的影响。由图可见，在吹炼初始时，熔池内流动逐渐强烈，颗粒间碰撞聚合作用增强，颗粒尺寸迅速增大，但由于粉剂尺寸越大，就越容易被气泡黏附或进入渣层而去除。因此当粉剂尺寸增加到一定值时，粉剂颗粒尺寸增幅会逐渐减弱。在吹炼中后期，当两个作用逐渐达到平衡时，颗粒尺寸会基本保持不变。但需要说明的是，当吹气量较小时，鼓泡流中心湍流流动较弱，且气含率较低，因此气泡与颗粒的碰撞作用较弱，其对颗粒尺寸增长的抑制作用也相对较弱。在吹炼中后期，所形成的粉剂尺寸也相对较大，如图 6-18a 所示。另外，由图 6-18b 可以看出，在一定吹气量条件下，随着喷粉量的增加，由于钢液中粉剂浓度的增加，粉剂间相互碰撞聚合速率增大，因此熔池内粉剂颗粒尺寸的

增长速率逐渐变大，最终所形成的稳定尺寸也逐渐增大，而且钢液中颗粒尺寸达到稳定分布的时间也随着喷粉量的增加而逐渐缩短。

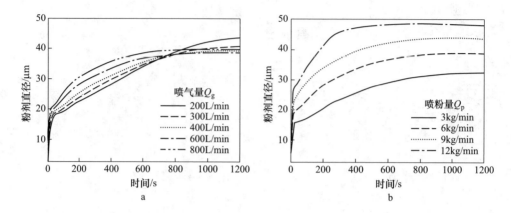

图6-18　模拟预测的喷气量(a)和喷粉量(b)对钢液中粉剂平均尺寸的影响

6.4.1.3　钢包底喷粉过程中颗粒与气泡的相互作用

当喷吹脱硫粉剂进入钢液后，一部分粉剂会在钢液带动下在钢包内部循环流动，而另一部分粉剂会由于与气泡的相互碰撞而黏附于气泡表面，成为气泡的一部分随其一起快速上浮。在钢包底喷粉过程中，深入研究脱硫粉剂黏附于气泡表面的速率，及其对脱硫行为和效率的影响规律，对揭示钢包内精炼动力学行为、提高反应效率及优化吹炼制度均有着重要意义。

图6-19为模型预测的80t钢包底喷粉开始后，在不同时间下的粉剂-气泡碰撞黏附速率 S^{b-p} 分布云图，其中底部喷气量（标态）为200L/min，喷粉量为6kg/min。由图可见，在钢包鼓泡流底部，粉剂颗粒与气泡的碰撞黏附速率最大，且随着气泡的上浮及鼓泡流的扩散，粉剂的黏附速率降低。在钢液面渣圈区域，熔池中粉剂的黏附速率 S^{b-p} 为负值，它表示黏附于气泡的粉滴会随着气泡在渣圈区域破裂而返回钢液。另外，由图6-19也可以看出，随着喷粉时间的增加，钢包中粉剂的黏附速率会逐渐增大。这是因为钢液中的粉剂分布浓度越来越大，粉剂与气泡的黏附作用概率也逐渐增强。

图6-20为钢包底喷粉开始10min后，不同喷粉量对钢包内气泡质量 $\rho_g \alpha_g$ 分布影响的模拟预测结果。由图可见，与单纯吹氩下的情况相比（见图6-20a），在底喷粉过程中，由于粉剂颗粒黏附于气泡表面，会使气泡本身的质量增加4~10倍，且随着喷粉量的增大，粉剂黏附速率增大，熔池内的气泡质量增重也越大。同时，由于气泡本身质量的增加，会增大气泡的惯性力，进而也会影响着气泡的运动行为，并使气泡分布范围略有增大。

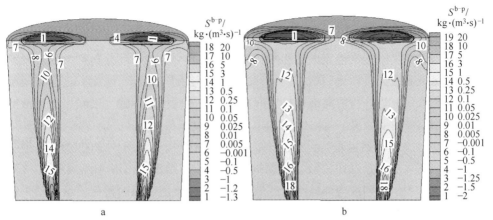

图 6-19 不同时间下的粉剂-气泡碰撞黏附速率的分布云图预测结果

a—t = 60s；b—t = 300s

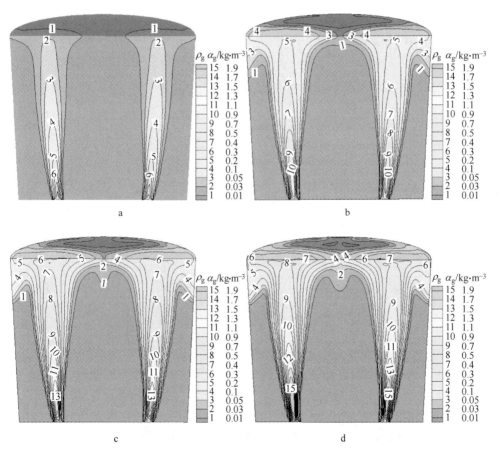

图 6-20 不同条件下钢包底喷粉 10min 后钢包内气泡质量分布云图预测结果

a—Q_p = 0kg/min；b—Q_p = 3kg/min；c—Q_p = 6kg/min；d—Q_p = 12kg/min

由上述研究可知，在钢包底喷粉过程中，钢液内气泡与粉剂颗粒相互作用强烈且复杂。其中在鼓泡流中，大量粉剂会被黏附于气泡表面，而当气泡上浮到钢液面后，这些黏附于气泡表面的粉剂行为又分为两部分，一部分粉剂会随着气泡在渣圈区域破裂而重新返回钢液内部，另一部分会随气泡进入渣层，进而被渣层吸收。深入研究这些行为对准确描述底喷粉过程中的粉剂传输、去除率及钢液的脱硫效率有着重要意义。

图 6-21 为 80t 钢包底喷粉过程中，气泡与粉剂相互作用导致的粉剂-气泡黏附率、粉剂入渣率及返回钢液率随时间变化的预测结果。图中 λ_{p-b} 为粉剂-气泡黏附率，它表示在钢液内部鼓泡流区域中，吸附于气泡表面的粉剂质量与整个钢包内粉剂总质量的比值，即式（6-107）。λ_{p-b}^{slag} 和 λ_{p-b}^{eye} 分别为气泡表面黏附的粉剂在随气泡上浮至钢液液面后，最终进入顶部渣层和返回钢液这两部分所占喷入钢包粉剂总质量的比率，即式（6-108）和式（6-109）。

$$\lambda_{p-b} = \frac{\int_0^t \int S_{p-b}^{plume} dV_{cell} dt}{\int_0^t \int S_{p-b}^{plume} dV_{cell} dt + \int_0^t \int S_{p-top} dV_{cell} dt + \int \rho_p \alpha_p dV_{cell}} \times 100\% \quad (6\text{-}107)$$

$$\lambda_{p-b}^{eye} = \frac{\int_0^t \int S_{p-b}^{eye} dV_{cell} dt}{\int_0^t \int S_{p-b}^{plume} dV_{cell} dt} \times \lambda_{p-b} \quad (6\text{-}108)$$

$$\lambda_{b-p}^{slag} = \lambda_{p-b} - \lambda_{b-p}^{eye} \quad (6\text{-}109)$$

式中，S_{p-b}^{plume} 为钢包鼓泡流区域中，气泡-粉剂碰撞吸附的总速率，它通过式（6-70）

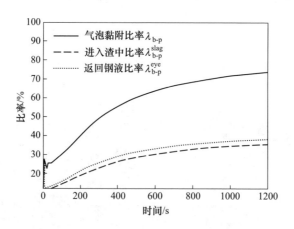

图 6-21　模拟预测的粉剂-气泡黏附率 λ_{p-b}、粉剂入渣率 λ_{p-b}^{slag} 及返回钢液率 λ_{p-b}^{eye} 随时间变化的典型曲线

来计算。S_{p-b}^{eye} 为钢液液面渣圈区域中，吸附在气泡表面颗粒随着气泡破裂而返回钢液内的速率，其可通过式（6-71）来计算。S^{p-top} 为钢液中粉剂颗粒通过自身浮力以及气泡尾涡捕捉而进入顶部渣层的速率，它通过式（6-73）来计算。

由图 6-21 可见，在吹炼初期，随着喷粉时间的增加，粉剂黏附率 λ_{p-b} 迅速增大，这是因为熔池内弥散的粉剂浓度和尺寸越来越大，粉剂与气泡的碰撞黏附速率 S_{p-b}^{plume} 也会逐渐增大。但在吹炼中后期，粉剂的黏附率随时间的增长趋势也会逐渐变缓。这是因为当粉剂黏附速率增大到一定程度后，钢中弥散颗粒浓度和粉滴尺寸会逐渐保持稳定，如图 6-19 所示。

图 6-22 是在底喷粉吹炼开始 20min 后，模拟预测的喷气量对粉剂-气泡的黏附率 λ_{p-b}、入渣率 λ_{p-b}^{slag} 及返回率 λ_{p-b}^{eye} 等参数的影响。其中喷粉量为 6kg/min，喷气量（标态）由 200L/min 增大到 800L/min。由图可见，当喷气量为 200L/min 时，粉剂黏附率 λ_{p-b} 仅为 48.42%，其中有 35.78% 的粉剂会随气泡进入渣层，剩余 12.64% 在渣圈内随气泡破裂重新返回钢液。随着喷气量的增加，黏附率 λ_{p-b} 快速增大，但当喷气流量超过 600L/min 时，λ_{p-b} 增速变缓。另外，可以看出，随着喷气量的增大，由于渣圈尺寸会逐渐增大，相应地，气泡渣圈破裂导致的粉滴返回率 λ_{p-b}^{eye} 会逐渐增大。当吹气量超过 600L/min 时，粉剂黏附率 λ_{p-b} 达 73.67%，其中 λ_{p-b}^{eye} 为 38.17%，λ_{p-b}^{slag} 为 35.5%，即黏附粉剂的返回率开始大于入渣率。

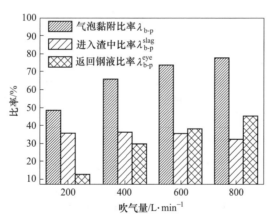

图 6-22 不同喷气量对粉剂-气泡黏附率 λ_{p-b}、入渣率 λ_{p-b}^{slag} 及返回率 λ_{p-b}^{eye} 的影响

图 6-23 是底喷粉吹炼开始 20min 后，模拟预测的喷粉量对粉剂-气泡的黏附率 λ_{p-b}、入渣率 λ_{p-b}^{slag} 及返回率 λ_{p-b}^{eye} 等参数的影响。其中喷气量（标态）为 600L/min，喷粉量由 3kg/min 逐渐增加到 12kg/min。由图可见，随着喷粉量的增加，λ_{p-b} 逐渐增大，当喷粉量超过 6kg/min 时，λ_{p-b} 变化趋势很小。另外，由图也可以看出，随着喷粉量的增加，气泡进入渣层比率 λ_{p-b}^{slag} 也会逐渐增大，当喷粉量超

过 9kg/min 时，粉剂入渣率 λ_{p-b}^{slag} 开始大于返回率 λ_{p-b}^{eye}。这是因为随着喷粉量的增加，气泡黏附的粉剂量增大，气泡的质量和惯性作用相应增大，在钢液径向流动推动作用下，气泡的径向扩散作用增强，如图 6-20 所示，因而会使更多的气泡携带粉剂进入渣层。

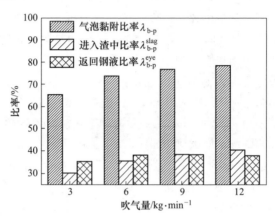

图 6-23   不同喷粉量对粉剂-气泡黏附率 λ_{p-b}、入渣率 λ_{p-b}^{slag} 及返回率 λ_{p-b}^{eye} 的影响

6.4.1.4   钢包底喷粉过程中粉剂的去除

由于喷吹粉剂尺寸极其微细，这些粉剂颗粒和脱硫产物很难依靠自身浮力进入渣层而去除，而是以颗粒形态存在钢液中，并会对钢产品质量造成危害。因而，提高钢液中脱硫粉剂的去除率也是钢包底喷粉的重要任务之一。

之前，已经详细论述了颗粒在钢液的去除机理主要包括：气泡黏附去除、颗粒自身上浮去除、壁面吸附及气泡尾涡捕捉等作用，其中气泡黏附去除又包含气泡-颗粒湍流随机碰撞、气泡-颗粒湍流剪切碰撞以及气泡-颗粒浮力碰撞等三种黏附机制，由于壁面附近流动较弱，壁面吸附去除机制影响微弱。因此，对于钢包底喷粉过程，主要考虑了气泡黏附去除、颗粒上浮去除、气泡尾涡捕捉去除等机制，忽略了壁面吸附机制。

图 6-24 为 80t 钢包底喷粉开始后，钢液液面上粉剂去除速率分布云图的模拟预测结果。其中底吹气流量（标态）为 200L/min，底喷粉量为 6kg/min。由图可见，只有在渣圈外的渣-金界面上，钢液中粉剂才可去除，即粉剂质量源项 S_p^{tot}（见式（6-62））为负值，它表示由于自身上浮、气泡黏附及气泡捕捉等作用，钢液中或气泡黏附的粉剂颗粒最终进入渣层而去除。而在渣圈中心，粉剂颗粒的质量源项 S_p^{tot} 为正值，它表示当气泡上浮至渣圈区域时，黏附在气泡上的粉剂颗粒随着气泡破裂而重新返回钢液。另外，由图也可以看出，粉剂去除速率在渣圈周围比较大，并随着径向方向逐渐降低。

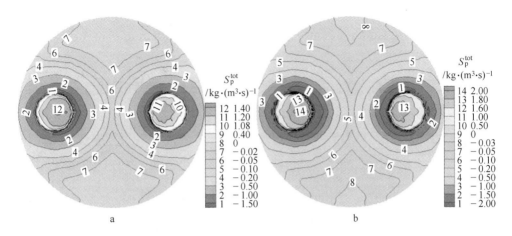

图 6-24 80t 钢包底喷粉开始后模拟预测的粉剂去除速率 $S_{\mathrm{p}}^{\mathrm{tot}}$ 分布云图

a—$t=300\mathrm{s}$；b—$t=600\mathrm{s}$

图 6-25 为模拟预测的在 80t 钢包底喷粉过程中，在各种机制作用下钢液内粉剂颗粒的去除率随时间变化的典型分布曲线。其中吹气流量（标态）为 600L/min，喷粉流量分别为 3kg/min 和 6kg/min。φ^{tot} 为粉剂总去除率，它表示通过不同去除机制，钢液中粉剂颗粒最终进入顶部渣层的质量与钢包内粉剂颗粒总质量之比，φ^{B} 表示在气泡-粉剂湍流随机碰撞、湍流剪切碰撞及浮力碰撞三种机制作用下黏附在气泡上的颗粒随气泡上浮到钢液液面后，最终进入顶部渣层而去除的比率。φ^{F} 表示钢液中粉剂颗粒依靠自身上浮运动进入渣层的比率，φ^{Wake} 表示由气泡尾涡捕捉作用进入渣层的去除比率。其中，这些参数可以分别表示为下列公式：

$$\varphi^{\mathrm{B}} = \lambda_{\mathrm{p-b}}^{\mathrm{slag}} \tag{6-110}$$

$$\varphi^{\mathrm{F}} = \frac{\int_0^t \!\! \int S^{\mathrm{F}} \mathrm{d}V_{\mathrm{cell}} \mathrm{d}t}{\int_0^t \!\! \int \Big(\sum_i^n S_{\mathrm{p-b},i}^{\mathrm{plume}} \Big) \mathrm{d}V_{\mathrm{cell}} \mathrm{d}t + \int_0^t \!\! \int S_{\mathrm{p-top}} \mathrm{d}V_{\mathrm{cell}} \mathrm{d}t + \int \rho_{\mathrm{p}} \alpha_{\mathrm{p}} \mathrm{d}V_{\mathrm{cell}}} \times 100\% \tag{6-111}$$

$$\varphi^{\mathrm{Wake}} = \frac{\int_0^t \!\! \int \Big(\sum_i^n S_i^{\mathrm{Wake}} \Big) \mathrm{d}V_{\mathrm{cell}} \mathrm{d}t}{\int_0^t \!\! \int \Big(\sum_i^n S_{\mathrm{p-b},i}^{\mathrm{plume}} \Big) \mathrm{d}V_{\mathrm{cell}} \mathrm{d}t + \int_0^t \!\! \int \Big(\sum_i^n S_{\mathrm{p-top},i} \Big) S_{\mathrm{p-top}} \mathrm{d}V_{\mathrm{cell}} \mathrm{d}t + \int \rho_{\mathrm{p}} \alpha_{\mathrm{p}} \mathrm{d}V_{\mathrm{cell}}} \times 100\% \tag{6-112}$$

$$\varphi^{\mathrm{tot}} = \varphi^{\mathrm{B}} + \varphi^{\mathrm{F}} + \varphi^{\mathrm{Wake}} \tag{6-113}$$

由图 6-25 可见，在钢包底喷粉过程中，粉剂由气泡黏附作用进入顶渣去除

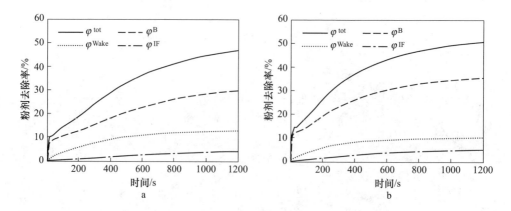

图 6-25   各种去除机制作用下的粉剂去除率模拟预测结果随时间的变化曲线

a—$Q_p = 3$kg/min；b—$Q_p = 6$kg/min

为粉剂去除的主导机制，其次是液面附近气泡尾涡捕捉作用，而依靠粉剂附近自身上浮去除机制的贡献最小。这是因为由底部喷粉元件喷入的粉剂颗粒浓度主要集中在气泡鼓泡流区域，粉剂颗粒与气泡相互碰撞强烈，粉剂的黏附率较大，如图 6-19 所示，并在到达钢液液面后，黏附气泡表面的粉剂随气泡进入渣层而去除。

图 6-26 为在底喷粉吹炼开始 20min 后，模拟预测的喷气量对粉剂去除率和各种去除机理的影响。其中喷粉量为 6kg/min，喷气量（标态）由 200L/min 增大到 800L/min。由图可见，当喷气量为 200L/min 时，粉剂颗粒总去除率为54.41%，其中气泡黏附作用去除率为 33.76%，而自身浮力去除率仅为 8.21%。随着喷气量的增加，粉剂颗粒的去除率逐渐降低。当喷气量增大到 800L/min 时，粉剂的去除率降为 46.08%，这是因为在一定喷粉量下，钢包内粉剂总量不变，随着喷气量的增加，更多的粉剂会黏附于气泡表面上，如图 6-19 所示，相应地，

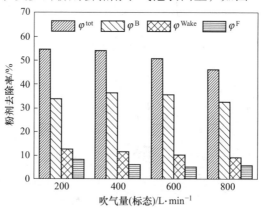

图 6-26   80t 钢包底喷粉 20min 后不同吹气量对粉剂去除率的影响

粉剂依靠自身上浮或气泡尾涡捕捉去除作用会有所减弱。但由于钢包内渣圈尺寸增大，会使大部分黏附气泡表面的粉剂在渣圈区域内重新返回钢液，使气泡黏附去除作用机制减弱，如图 6-22 所示。

图 6-27 是 80t 钢包底喷粉吹炼开始 20min 后，模拟预测的喷粉量对各种去除机制作用下粉剂去除率的影响。其中喷气量（标态）为 600L/min，喷粉量由 3kg/min 逐渐增加到 12kg/min。由图可见，随着喷粉量的增加，粉剂去除率 φ^{tot} 逐渐由 46.8% 增大到 55.1%。这是因为随着喷粉量的增加，气泡黏附的粉剂量增大，在钢液径向流动推动作用下，气泡的径向扩散作用增强，使更多的气泡携带粉剂进入渣层，如图 6-20 所示，进而会使 φ^{B} 和 φ^{tot} 逐渐增大。

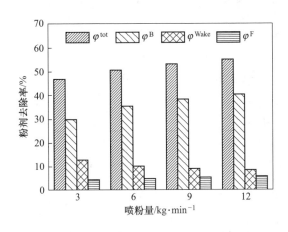

图 6-27　80t 钢包底喷粉 20min 后不同喷粉量对粉剂去除率的影响

6.4.2　钢包底喷粉过程的精炼反应动力学

在钢包底喷粉过程中，钢包中的脱硫效率会受到粉剂中各种元素成分含量、喷气量及喷粉量等多个因素的影响，在钢包内发生化学反应的场所主要有四个，分别为钢液液面上顶渣-钢液界面、渣圈区域上空气-钢液界面、钢包内部的弥散粉剂渣滴-钢液界面及气泡-钢液界面。其中，各个反应场所均涉及到 Al、S、Si、Mn、Fe 及 O 等多个组分参与的同时反应机制，且这些反应之间相互影响。

6.4.2.1　弥散渣滴-钢液界面同时反应

图 6-28 为 80t 钢包底喷粉过程中，钢液中各种元素在粉剂-钢液界面上反应摩尔速率的模拟预测结果。其中，底吹气流量（标态）为 600L/min，喷粉量为 6kg/min，粉剂成分见表 6-3，n_i^{l-p} 表示粉剂-钢液界面反应摩尔速率，它可以表述为下式：

$$n_i^{1-p} = -\frac{S_i^{1-p}}{M_i} \qquad (6\text{-}114)$$

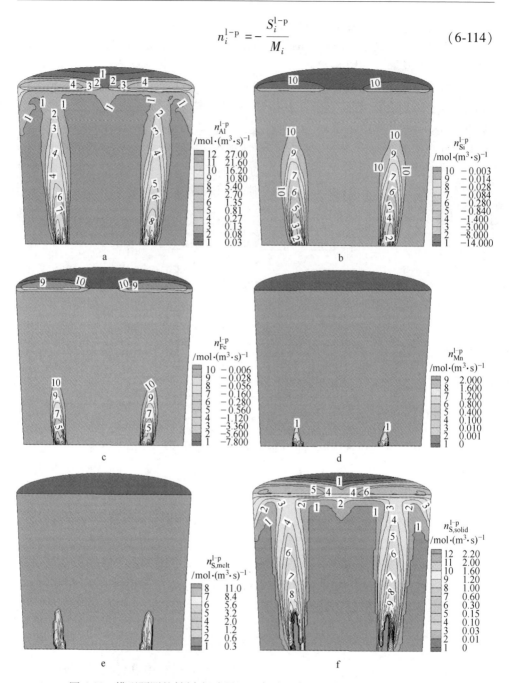

图 6-28　模型预测的粉剂-钢液界面上各种元素的反应摩尔速率分布云图

a—n_{Al}^{1-p}；b—n_{Si}^{1-p}；c—n_{Fe}^{1-p}；d—n_{Mn}^{1-p}；e—$n_{S,melt}^{1-p}$；f—$n_{S,solid}^{1-p}$

由图 6-28 可见，在钢包鼓泡流区域内，n_{Al}^{1-p} 为正值，它表示在粉剂-钢液界面，钢液中［Al］元素将发生化学反应生成（Al_2O_3）进入粉剂渣滴中。n_{Si}^{l-p} 和 n_{Fe}^{l-p} 等值为负，它们表示粉剂渣滴中（SiO_2）和（FeO）将被还原为［Si］和［Fe］进入钢液之中。另外，由图也可以看出，随着粉剂颗粒上浮和反应的进行，粉剂渣滴中各个组分逐渐接近平衡状态，界面反应速率也逐渐降低，但在钢包顶部，粉剂-钢液界面反应速率突然增大，这是因为在渣圈附近，原吸附于气泡表面的粉剂渣滴重新返回钢液，而且这些渣滴组分仍未达到平衡状态，进而会与钢液发生强烈反应所致。

需要说明的是，在图 6-28e 和 f 中，$n_{S,melt}^{l-p}$、$n_{S,solid}^{l-p}$ 表示在渣滴-钢液界面上的脱硫反应速率分别按照式（6-86）和式（6-97）进行，即脱硫产物分别为液态 CaS 和固态 CaS。其中，在钢包底部喷粉元件的出口附近，脱硫产物主要为液态 CaS，而在钢包上部区域，脱硫产物主要为固态 CaS。这主要是因为当粉剂被喷入钢液内后，微细的渣滴与钢液间的化学反应会剧烈地进行。在钢包中，随着粉剂上浮和反应，渣滴内的反应产物 Al_2O_3 浓度会迅速增加，而反应物 CaO 浓度会迅速减少，如图 6-29 所示。因此，CaS 饱和浓度也会随着上浮高度迅速降低，如图6-29c所示，一旦渣滴中 CaS 浓度达到饱和状态时，即 $N_{CaS} > N_{CaS,sat}$，脱硫产物 CaS 将会以固相形式出现，此时相关的热力学和动力学行为将发生改变，并影响着粉剂的脱硫效率。

图 6-30 为在 80t 钢包底喷粉过程中，粉剂-钢液界面上的 Al、Si、Mn、S 等各种元素反应摩尔速率随时间变化的模拟预测结果，其中底吹气流量（标态）为 600L/min，喷粉量为 6kg/min，钢液、渣层及粉剂组分见表 6-3。由于钢液中［Al］强烈的还原脱氧能力，且钢液［Al］初始含量较大，这会造成非常低的界面氧势 a_O^*，进而促进了钢液脱硫反应的进行，同时钢液中过剩的［Al］还会还原渣滴中的（SiO_2）$_p$ 和（FeO）$_p$ 为［Si］和［Fe］进入钢液，这些反应表达式可以表示为：

$$[Al] + [S] + (CaO)_p \Longrightarrow (CaS)_{p,solid} + (Al_2O_3)_p \tag{6-115}$$

$$[Al] + [S] + (CaO)_p \Longrightarrow (CaS)_{p,melt} + (Al_2O_3)_p \tag{6-116}$$

$$[Al] + (SiO_2)_p \Longrightarrow [Si] + (Al_2O_3)_p \tag{6-117}$$

$$[Al] + (FeO_2)_p \Longrightarrow [Fe] + (Al_2O_3)_p \tag{6-118}$$

另外，由图 6-30 可以看出，钢液中脱铝反应速率 n_{Al}^{l-p} 和产物为固态 CaS 的脱硫反应速率 $n_{S,solid}^{l-p}$ 相比于其他反应较为强烈，但随着喷粉时间的增加，它们的反应速率逐渐降低。这是因为反应速率与界面平衡浓度差成正比。随着反应的进行，钢液中硫含量和铝含量逐渐降低，界面反应平衡浓度差也会相应减小，即反应推动力减小。在渣滴-钢液界面上的 n_{Mn}^{l-p} 和 n_{Fe}^{l-p} 反应速率很小，尤其是 n_{Mn}^{l-p} 接近于 0，这是因为虽然界面氧势 a_O^* 很低，但粉剂渣滴中（MnO）$_p$ 和（FeO）$_p$ 本身的初始浓度很小，已接近于界面平衡浓度。

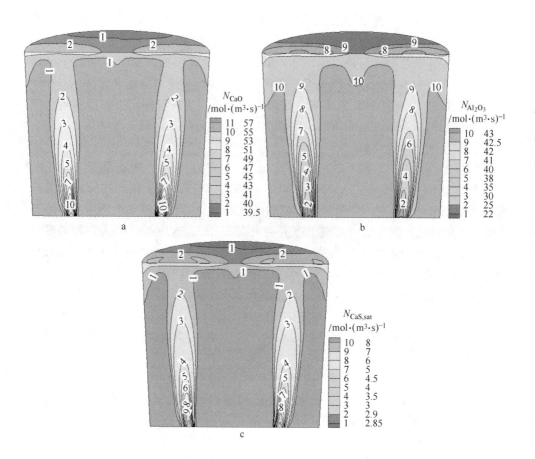

图 6-29　模拟预测的底喷粉过程粉剂中 CaO 摩尔浓度 （a）、
Al_2O_3 摩尔浓度（b）及 CaS 的饱和摩尔浓度（c）分布云图

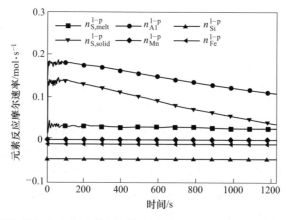

图 6-30　模拟预测的钢包底喷粉过程中粉剂-钢液界面上各元素反应摩尔速率随时间的变化

6.4.2.2 气泡-钢液化学反应

前面叙述已表明，在底喷粉过程的鼓泡流区域内，由于气泡与粉剂渣滴强烈的碰撞作用，大量的弥散渣滴被吸附在气泡表面上而成为气泡的一部分。同时在气泡上浮过程中，气泡表面黏附的渣滴也会与钢液接触并发生化学反应，进而对粉剂利用率和钢液脱硫率造成影响。

图 6-31 为 80t 钢包底喷粉 10min 后，在气泡表面-钢液接触界面上，钢液中各种元素反应速率分布云图的预测结果。图 6-32 是粉剂-钢液界面上的 Al、Si、Mn、S 等各种元素反应摩尔速率随时间变化的模拟预测结果。其中底吹气流量（标态）为 600L/min，喷粉量为 6kg/min。n_i^{l-b} 表示气泡-钢液界面上各种元素的反应摩尔速率，它可以表述为下式：

$$n_i^{l-b} = -\frac{S_i^{l-b}}{M_i} \tag{6-119}$$

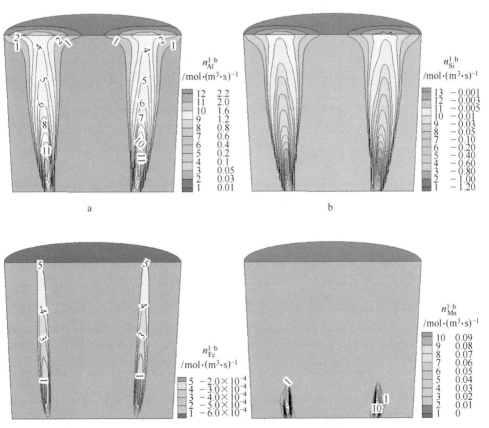

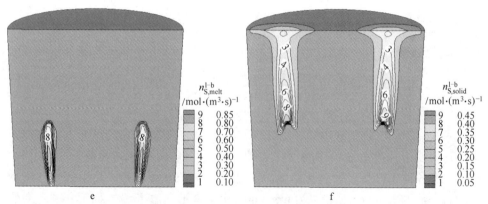

e   f

图 6-31 模型预测的气泡-钢液界面上各元素反应摩尔速率分布云图

a—n_{Al}^{l-b}；b—n_{Si}^{l-b}；c—n_{Fe}^{l-b}；d—n_{Mn}^{l-b}；e—$n_{S,melt}^{l-b}$；f—$n_{S,solid}^{l-b}$

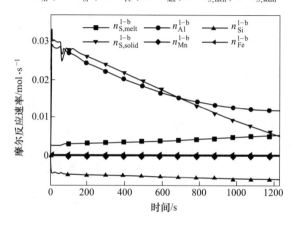

图 6-32 模拟预测的钢包底喷粉过程中，气泡-钢液界面上各元素反应摩尔速率随时间的变化

由图 6-31 可见，与渣滴-钢液界面反应类似的是，在鼓泡流区域中，n_{Al}^{l-b} 为正值，而 n_{S}^{l-b}、$n_{S,melt}^{l-b}$、$n_{S,solid}^{l-b}$ 为负值。其中，在钢包鼓泡流下部区域，脱硫产物主要为液态 CaS，而在钢包上部区域，脱硫产物主要为固态 CaS；而且随着气泡上浮，界面反应速率也逐渐降低。但与渣滴-钢液界面反应不同的是，气泡-钢液界面反应速率最大值不是在喷粉元件处，而是位于喷粉元件上方，这是因为此处粉剂与气泡相互碰撞黏附最为强烈，如图 6-20 所示。另外，相比于粉-钢液界面反应速率，气泡表面黏附粉剂与钢液的反应速率明显偏小，这主要是因为粉剂黏附于气泡表面后，随气泡快速上浮，其渣滴-钢液的接触面积和接触时间均会减小。

6.4.2.3 钢液液面的顶渣-钢液、空气-钢液反应

在底吹钢包内，顶部渣层被底吹气流吹开形成了渣圈区域，在该区域内钢液

将直接接触空气，因此在钢液液面处形成了顶渣-钢液和空气-钢液界面两个反应场所。

图 6-33 为 80t 钢包底喷粉 10min 后，顶渣-钢液和空气-钢液界面上，钢液内各种元素反应摩尔速率分布云图的预测结果。其中底吹气流量（标态）为 600L/min，喷粉量为 6kg/min。$n_i^{\text{l-top}}$ 表示钢液液面上元素 i 的反应摩尔速率，它可以表述为下式：

$$n_i^{\text{l-b}} = -\frac{S_i^{\text{l-top}}}{M_i} = \frac{S_i^{\text{l-slag}} + S_i^{\text{l-air}}}{M_i} \qquad (6\text{-}120)$$

由图 6-33 可见，在渣圈区域内，由于钢液直接和空气接触，氧气将被钢液吸收，并优先氧化钢液中具有较强还原性的组分元素，如图 6-33a、b 中，$S_{\text{Al}}^{\text{l-top}}$ 和 $S_{\text{Si}}^{\text{l-top}}$ 在渣圈内均为正值，它表示这些元素将与氧发生强烈反应而从钢液中去除。在渣圈外围的顶渣-钢液界面上，$S_{\text{Al}}^{\text{l-top}}$ 和 $S_{\text{S}}^{\text{l-top}}$ 为正值，而 $S_{\text{Si}}^{\text{l-top}}$、$S_{\text{Fe}}^{\text{l-top}}$ 为负值，这表示在该界面上脱铝反应较为强烈，并会消耗钢中氧含量而降低界面氧势，进而推动脱硫反应的发生。同时由于较低的界面氧势，顶渣中的（SiO_2）和（FeO）将被钢液中 [Al] 还原为 [Si] 和 [Fe] 进入钢液。另外，由图可见，所有反应的绝对速率在气泡流股中心附近最大，并随着径向方向逐渐减小。

图 6-34 是钢液液面上的 Al、Si、Mn、S 等各元素反应摩尔速率随时间变化的模拟预测结果。由图可见，在顶渣-钢液界面，钢液脱铝和脱硫摩尔速率较快，且随着精炼时间的增加，反应摩尔速率逐渐降低。在喷粉精炼初始时，由于渣中（MnO）浓度低于反应平衡浓度，在顶渣-钢液界面上，钢液中 [Mn] 将发生快速的脱氧反应产生（MnO）进入顶渣中，而后随着渣中（MnO）浓度的增加，逐渐接近平衡浓度，因而反应速率 $S_{\text{Mn}}^{\text{l-top}}$ 迅速衰减接近于 0。另外，钢液中 [Si] 的反应速率 $S_{\text{Si}}^{\text{l-top}}$ 很小，这是因为一方面顶渣中（SiO_2）还原为 [Si] 进入钢液，另一方面在渣圈内的 [Si] 又会与氧发生氧化反应。总体说来，钢液中 [Si] 反应速率接近于 0。

6.4.3 钢包底喷粉的脱硫效率

6.4.3.1 模型验证

为了验证和修正模型，选择了 1.5t 容量的感应炉模拟钢包，采用 28μm（600 目）的 CaO、Al_2O_3 及 SiO_2 混合渣料粉末作为脱硫剂，并通过自行研制的喷粉元件和喷吹系统喷入感应炉内进行脱硫反应。通过每间隔一定时间取出钢样，分析钢样中的硫元素组分变化规律，得出不同条件下的脱硫效率，为数值模型结果验证提供了基础。

图 6-35 为模拟预测的 1.5t 感应炉底喷粉过程中，钢包内气含率 α_g 和粉剂体

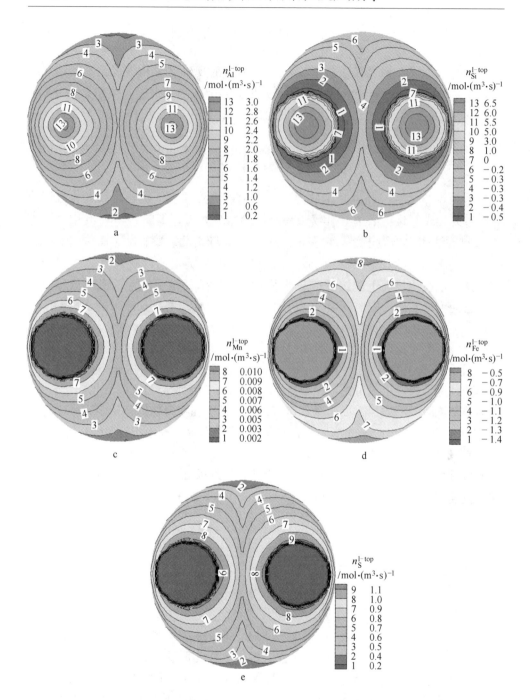

图 6-33　模拟预测的顶渣-钢液和空气-钢液界面上各种元素的反应摩尔速率分布云图

a—n_{Al}^{l-top}；b—n_{Si}^{l-top}；c—n_{Mn}^{l-top}；d—n_{Fe}^{l-top}；e—n_{S}^{l-top}

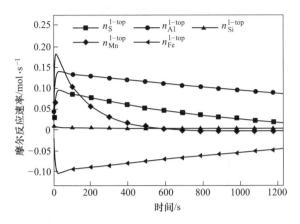

图 6-34 模拟钢包底喷粉过程中，顶渣-钢液和空气-钢液界面上各元素反应摩尔速率随时间的变化

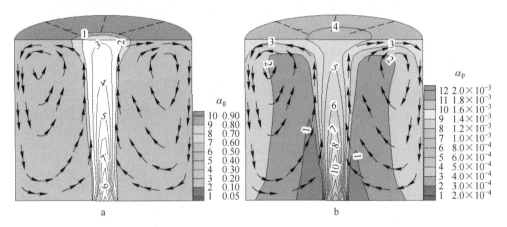

图 6-35 模拟预测的 1.5t 感应炉底喷粉过程中气含率 α_g(a)和粉剂含率 α_p(b)分布云图

积含率 α_p 的典型分布云图，其中底吹氩气流量（标态）为 50L/min，喷粉量为 0.75kg/min，钢液、顶渣以及粉剂组分元素初始浓度见表 6-4 和表 6-5。由图可见，随着炉底中心气粉流的上浮，气泡和粉剂颗粒群逐渐发生扩散，在气泡浮力驱动下，钢液向上流动，并在液面附近水平流向边壁，进而沿着边壁向下流动形成环流。由图 6-35b 可见，与气含率分布不同的是，粉剂颗粒无法随气泡逸出感应炉，在钢液液面附近，粉剂相的体积分数较大，且会随着钢液在炉中做循环流动，并逐渐弥散分布于感应炉内部。

表 6-4 1.5t 感应炉所用的顶渣和底喷粉剂中各组分含量 （%）

(Al$_2$O$_3$)	(SiO$_2$)	(CaO)	(S)	(CaF)	(FeO)	(MnO)
21.32	6.12	57.62	0.08	13.07	1.23	0.12

表 6-5　1.5t 感应炉中底喷粉初始时钢液中各组分含量

钢液	钢液组分/%					喷粉速率 /kg·min⁻¹	温度/K
	[Al]	[Si]	[Mn]	[C]	[S]		
实验钢 1	0.048	0.258	0.673	0.372	0.0323	0.75	1836
实验钢 2	0.063	0.226	0.627	0.305	0.0267	0.75	1830
实验钢 3	0.052	0.252	0.608	0.354	0.0238	0.75	1828

图 6-36 为模拟预测的 1.5t 感应炉底喷粉过程中，在粉剂-钢液界面上脱硫反应摩尔速率，其中底吹氩气流量（标态）为 50L/min，喷粉量为 0.75kg/min。$n_{S,melt}^{l-p}$、$n_{S,solid}^{l-p}$ 表示在粉剂-钢液界面上的脱硫反应速率分别按照式（6-86）和式（6-97）进行，即脱硫产物分别为液态 CaS 和固态 CaS。图 6-37 为在气泡-钢液界面上脱硫反应速率分布云图，由图可见，在感应炉下部区域，脱硫产物主要为液态 CaS；而在钢包上部区域，脱硫产物主要为固态 CaS，与钢液中弥散粉剂-钢液界面脱硫反应速率相比，黏附在气泡表面的粉剂与钢液界面脱硫反应速率很小。

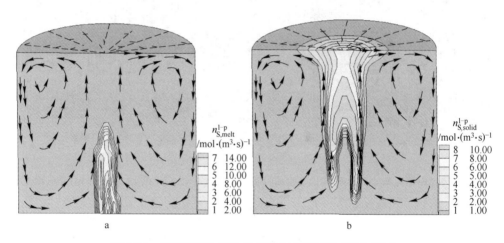

图 6-36　模拟预测的粉剂-钢液界面上脱硫反应摩尔速率

a—$n_{S,melt}^{l-p}$；b—$n_{S,solid}^{l-p}$

图 6-38 为顶渣-钢液界面上的脱硫反应速率分布云图，以及实验现场所拍摄的渣层照片。由图可见，由于 1.5t 感应炉规模与实际钢包相比仍然较小，在 50L/min 底吹气流量（标态）下，炉中钢液液面流动把顶部渣层排开，形成了较大的渣圈区域，顶渣-钢液界面脱硫反应仅仅发生在炉壁周围区域，图中模拟预测的渣圈尺寸与实测渣圈尺寸也吻合良好。另外，由图可以看出，沿着钢液流动径向方向，顶渣-钢液界面脱硫速率逐渐减小，而且脱硫反应速率比钢液中弥散粉剂-钢液界面脱硫速率小，但比气泡-钢液界面脱硫速率大。

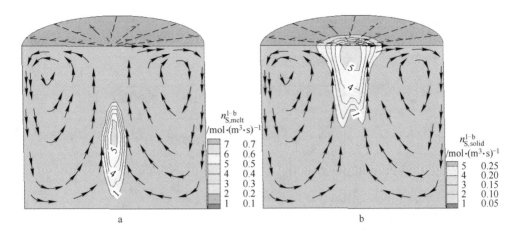

图 6-37 模拟预测的气泡-钢液界面上脱硫反应摩尔速率

$a—n_{S,melt}^{1-b}$；$b—n_{S,solid}^{1-b}$

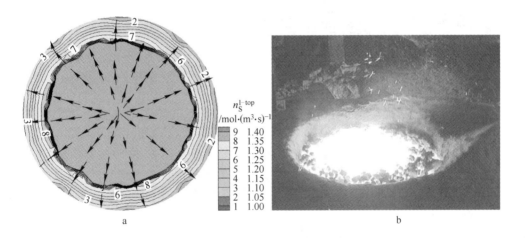

图 6-38 模型预测的顶渣-钢液界面上脱硫反应摩尔速率(a)和实际冶炼拍摄顶部渣层照片(b)

由于在底喷粉过程中，喷粉入口处总会有一部分粉剂不能克服气泡表面张力的阻碍作用，并残留在气泡内部，本研究根据式（6-1）计算了当前喷吹体系的粉剂穿透率 $\eta_p \geqslant 92\%$。另外，由前面研究表明，底喷粉系统的理论喷粉量与实际喷粉量也存在一定偏差，整体的偏差率控制在 8.3% 以内。因此，为了考虑上述因素，本研究提出了模型参数 ψ 来综合表征实际喷吹粉剂的有效利用系数。

图 6-39 为在不同模型参数 ψ 下，模拟预测的 1.5t 感应炉中钢水硫含量随时间的变化，以及与实测数据的对比。由图可见，随着 ψ 系数的降低，脱硫速率逐渐减小，当 ψ 取值为 0.8 时，预测结果与实测结果吻合良好。进而根据所修正模型参数，对三个不同实验条件下的脱硫行为的预测结果进行验证，如图 6-40 所

示，其中吹气流量（标态）为 50L/min，喷粉速率为 0.75kg/min。由图可见，在不同实验条件下，预测结果与实测结果吻合基本良好，该模型可以较好地预测钢包中的脱硫行为。

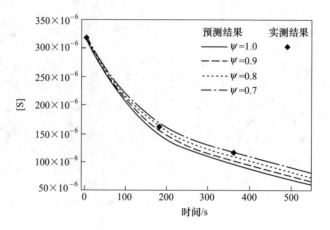

图 6-39　不同模型参数 ψ 下钢液中硫含量随时间变化的预测结果与实测结果的对比

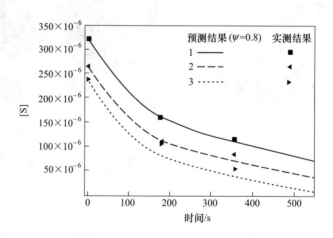

图 6-40　不同实验条件下预测的钢中硫含量随时间变化及与实测结果对比
1—实验钢 1；2—实验钢 2；3—实验钢 3

6.4.3.2　钢包内硫质量浓度分布及脱硫效率

模型在得到检验和完善的基础上，仍需要进一步模拟预测工业规模钢包底喷粉过程精炼脱硫行为，揭示各种脱硫反应机制对钢液脱硫效率的贡献，考察各种喷吹模式对脱硫效率的影响，并合理优化喷吹参数和制度，为该工艺的工业应用奠定理论基础。

在钢包底喷粉过程中，钢液内组分元素的传输分布分别依靠着钢液内的分子扩散、液体湍流输运，以及顶渣-钢液、粉剂-钢液、气泡-钢液和空气-钢液化学反应传质。

图6-41是在钢包底喷粉过程中，不同吹炼时间下钢液内硫质量浓度分布云图的预测结果。由图可见，随着喷粉时间增加，钢液中硫含量浓度逐渐降低。其中在钢包底部喷粉元件附近，由于粉剂-钢液界面及气泡-钢液界面脱硫反应剧烈，此处钢液中硫元素浓度最低。随着粉气流上升，在气泡浮力驱动下，不断有周围较高硫浓度钢液流股混合进入粉气流区域，而且由于脱硫速率随上浮高度逐渐减弱，因此钢液的硫含量随着上浮高度浓度逐渐增大。当钢液达到渣液面后，由于顶渣-钢液界面反应，钢液内的硫元素质量浓度随着径向流动不断降低，最后沿着钢包壁面和两股鼓泡流中心流向钢包内部，进而在整个钢包内形成循环流动，并随着喷吹时间增加不断进行组分传输和脱硫。

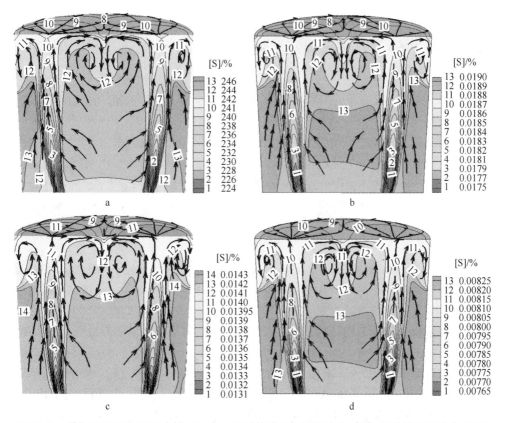

图6-41 模拟预测的钢包底喷粉过程中，不同精炼时间下钢液内 [S] 组分浓度的分布云图

a—$t=60\text{s}$；b—$t=300\text{s}$；c—$t=600\text{s}$；d—$t=1200\text{s}$

图6-42为80t钢包底喷粉过程中，钢液中硫平均质量浓度及各种脱硫机制下

的脱硫比率随喷粉时间的变化曲线预测结果。其中底吹气流量（标态）为 200L/min，喷粉时间为 20min，喷粉速率为 6kg/min，即 1.5kg/t。φ_S 表示钢液总脱硫率，而 φ_S^{l-p}、φ_S^{l-b} 和 φ_S^{l-top} 分别表示由弥散粉剂-钢液界面、气泡-钢液界面和顶渣-钢液界面反应所导致的脱硫分率。

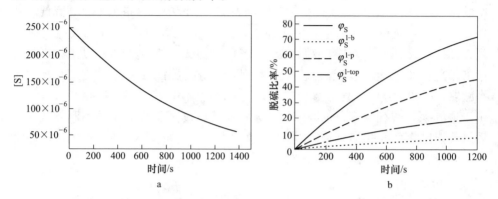

图 6-42　80t 钢包钢液中硫平均质量浓度(a)及各种脱硫机制下的
脱硫比率(b)随时间变化曲线预测结果

由图 6-42a 可见，随着喷粉时间的增加，在粉剂-钢液、气泡-钢液和顶渣-钢液各种反应机制作用下，钢液中平均硫浓度 [S] 由 250×10^{-6} 快速降低，当喷吹粉剂 20min 后，钢液中平均硫质量浓度降到 69.2×10^{-6}，脱硫率为 72.3%。而由图 6-42b 可见，对于三个脱硫反应机制而言，钢液中弥散粉滴与钢液间的脱硫反应贡献最大，φ_S^{l-p} 为 45.01%，其次是顶渣-钢液间的反应，φ_S^{l-top} 占 19.42%，而气泡表面-钢液由于接触时间和接触面积较小，其贡献最小，φ_S^{l-b} 仅为 7.86%。

6.4.3.3　喷气量对脱硫效率的影响

图 6-43 为 80t 钢包底喷粉过程中，不同喷气量对钢液中硫平均质量浓度以及各种界面反应机制下的脱硫比率的影响。其中喷气量（标态）由 200L/min 增加到 800L/min，底喷粉流量为 6kg/min，喷粉总时间为 20min，即喷粉量为 1.5kg/t，钢液、顶渣以及粉剂的初始成分浓度见表 6-3。由图可见，随着喷吹气流量的增大，钢液中的硫最终平均质量浓度 [S] 略有增大，即钢液的脱硫效率逐渐降低。当喷气量由 200L/min 增加到 800L/min 时，底喷粉 20min 后，钢液中硫平均浓度由 69.2×10^{-6} 增加到 82.4×10^{-6}，相应地，脱硫率 φ_S 由 72.3% 降低到 63.9%。这是因为随着喷气量的增加，粉剂与气泡间的碰撞速率增加，更多的弥散粉剂由于黏附在气泡表面，其与钢液间直接接触发生脱硫反应的贡献快速降低，即 φ_S^{l-p} 随着喷气量增大快速降低。虽然同时气泡表面-钢液间脱硫贡献率 φ_S^{l-b} 随着喷气量的增加而逐渐增大，但整体来说，钢液脱硫率 φ_S 随着喷气量增加而逐渐降低。

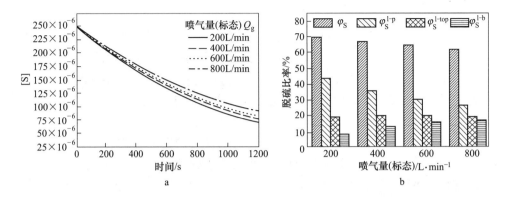

图 6-43 喷气量对 80t 钢包钢液中硫平均质量浓度(a)及脱硫比率(b)影响的预测结果

6.4.3.4 喷粉量对脱硫效率的影响

图 6-44 为 80t 钢包底喷粉过程中，不同喷粉量对钢液中硫平均质量浓度以及各种机制下的脱硫比率的影响。其中，钢液中初始硫质量浓度为 $250×10^{-6}$，底吹气量（标态）为 600L/min，喷粉速率由 3kg/min 增加到 12kg/min，喷粉总时间为 20min，即喷粉量由 0.75kg/t 增大到 3kg/t，钢液、顶渣以及粉剂的初始成分浓度见表 6-3。由图 6-44 可见，当喷粉量为 0.75kg/t 时，20min 后钢液中最终硫平均质量浓度为 $120.22×10^{-6}$，脱硫率 φ_S 仅为 51.9%，其中顶渣-钢液界面反应为脱硫的主导机制。随着喷粉量的增大，脱硫速率迅速增大，钢液中硫最终平均浓度由 $120.22×10^{-6}$ 降到 $43.75×10^{-6}$，脱硫率 φ_S 则由 51.9% 增加到 82.5%。这是因为随着喷粉量的增加，弥散粉剂-钢液界面反应和气泡-钢液界面反应对脱硫率的贡献迅速增大，而顶渣-钢液界面对脱硫的贡献则逐渐降低。

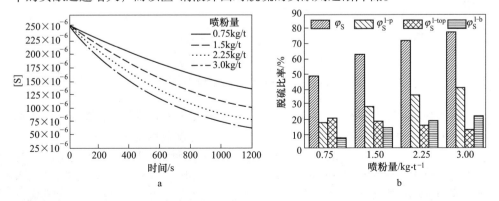

图 6-44 喷粉量对 80t 钢包钢液中硫平均质量浓度(a)及脱硫比率(b)影响的预测结果

6.4.3.5 粉剂成分对脱硫效率的影响

如前所述，在钢包脱硫过程中，相间反应的热力学平衡决定了钢液脱硫的最终程度，与 LF 钢包依靠顶渣脱硫类似，钢包底喷粉也需要良好的热力学条件来保证脱硫效率。由前面研究得知在钢包底喷粉过程中，弥散渣滴-钢液界面反应为脱硫效率的主导机制，因而钢液中粉剂渣滴的组分也无疑会对钢包脱硫效率产生至关重要的影响。为了使粉剂具有低熔点和强脱硫能力特性，本研究采用了 CaO 基混合渣料作为脱硫粉剂喷入钢包，其组分见表 6-3。随着渣中（Al_2O_3）、（SiO_2）等组分的降低，渣的脱硫热力学能力 L_S 迅速增大。对于底喷粉工艺所采用粉剂中（SiO_2）含量已经足够低，因此本研究主要考察（Al_2O_3）含量对钢液脱硫效率的影响。

图 6-45 为 80t 钢包底喷粉过程中，粉剂中（Al_2O_3）不同初始成分含量对钢液中硫平均质量浓度以及各种机制下的脱硫比率的影响。其中，底吹气量（标态）为 600L/min，喷粉量为 1.5kg/t，钢液、顶渣成分见表 6-3。粉剂中（Al_2O_3）含量由 30% 逐渐降低到 1.0%，同时为了保持 CaO 基渣系低熔点的特性，随着（Al_2O_3）含量的降低，相应地加入 CaF_2 来降低渣系熔点，而粉剂中的其他成分含量保持不变，见表 6-3。

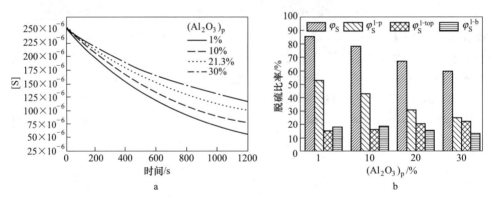

图 6-45　粉剂中（Al_2O_3）含量对 80t 钢包钢液中硫平均

质量浓度(a)及脱硫比率(b)影响的预测结果

由图 6-45 可见，粉剂中（Al_2O_3）含量对钢液脱硫率具有重要影响，当粉剂中 Al_2O_3 含量为 30%，吹炼 20min 后，钢液中最终硫平均质量浓度 100.4×10^{-6}，脱硫率为 59.8%。随着粉剂中（Al_2O_3）含量由 30% 降到 1% 时，钢液中硫最终平均浓度由 100.4×10^{-6} 降到 35.6×10^{-6}，脱硫率则由 59.8% 增加到 85.8%。这主要是因为，粉剂中硫容量以及渣中 CaO 活度等热力学参数与（Al_2O_3）含量成反比，随着（Al_2O_3）含量的减小，粉剂渣滴的脱硫能力迅速增大。

参 考 文 献

[1] Ei-Kaddah N, Szekely J. Mathematical model for desulphurization kinetics in argon-stirred ladles [J]. Ironmaking Steelmaking, 1981, 11 (5): 263~272.

[2] Toshiharu M, Takeshi S, Yoshihiro H, et al. Improvement of desulfurization by addition of aluminum to hot metal in the lime injection process [J]. Transactions of the Japan Institute of Metals, 1982, 23 (12): 768~779.

[3] Ohguchi S, Robertson D G C. Kinetic model for refining by submerged powder injection: Part 1 Transitory and permanent-contact reactions [J]. Ironmaking Steelmaking, 1984, 11 (5): 263~272.

[4] Farias L R, Irons G A. A unified approach to bubbling-jetting phenomena in powder injection into iron and steel [J]. Metall. Mater. Trans. B, 1985, 16 (2): 211~225.

[5] Farias L R, Irons G A. A multi-phase model for plumes in powder injection refining processes [J]. Metall. Mater. Trans. B, 1986, 17 (1): 77~85.

[6] 张信昭. 喷粉冶金基本原理 [M]. 北京: 冶金工业出版社, 1988.

[7] Langberg D E, Nilmani M. The injection of solids using a reactive carrier gas [J]. Metall. Mater. Trans. B, 1994, 25B (5): 653~660.

[8] Coudure J M, Irons G A. The effect of calcium carbide particle size distribution on the kinetics of hot metal desulphurization [J]. ISIJ International, 1994, 34 (2): 155~163.

[9] Langberg D E, Avery S, Nilmani M. The separation of the solids from the carrier gas during submerged powder injection [J]. Metall. Mater. Trans. B, 1996, 27B (5): 773~779.

[10] Seshadri V, Silva C A D, Silva I A D, et al. A kinetic model applied to the molten pig iron desulfurization by injection of lime-based powders [J]. ISIJ International, 1997, 37 (1): 21~30.

[11] 魏季和, 朱守军, 郁能文. 钢液 RH 精炼中喷粉脱硫的动力学 [J]. 金属学报, 1998, 34 (5): 497~505.

[12] 王楠, 邹友生, 邹宗树. 铁水包喷吹镁-碳化钙复合粉剂脱硫的数学模拟 [J]. 钢铁研究学报, 2000, 9 (S1): 16~21.

[13] 朱荣, 汪春雷, 李桂海, 等. 钢包浸渍喷粉脱硫动力学 [J]. 北京科技大学学报, 2001, 23 (3): 208~211.

[14] Zou Z S, Zou Y S, Zhang L B, et al. Mathematical model of hot metal desulphurization by powder injection [J]. ISIJ Int., 2001, 41 (S): 66~69.

[15] Ghoral S, Roy G G, Roy S K. Physical simulation of impurity removal through submerged liquid slag injection in steel melt [J]. ISIJ International, 2004, 44 (1): 37~42.

[16] 李博, 朱荣, 蔡海涛, 等. 150t 钢包精炼炉喷粉脱硫的试验研究 [J]. 钢铁研究学报, 2005 (3): 75~78.

[17] 周建安, 孙中强, 战东平, 等. 铁水包顶底喷粉脱硫对比试验研究 [J]. 东北大学学报 (自然科学版), 2012 (1): 90~93.

[18] Wentao Lou, Miaoyong Zhu. Numerical simulation of gas and liquid two-phase flow in gas-stirred systems based on Euler-Euler approach [J]. Metallurgical and Materials Transactions B, 2013,

44: 1251~1263.

[19] Wentao Lou, Miaoyong Zhu. Numerical simulations of inclusion behavior in gas-stirred ladles [J]. Metallurgical and Materials Transactions B, 2013, 44: 762~782.

[20] Wentao Lou, Miaoyong Zhu. Numerical simulation of desulfurization behavior in gas-stirred systems based on computation fluid dynamies-simultaneous reaction model (CFD-SRM) coupled mode [J]. Metallurgical and Materials Transactions B, 2014, 45: 1706~1722.

[21] Wentao Lou, Miaoyong Zhu. Numerical simulation of slag-metal reactions and desulfurization efficiency in gas-stirred ladles with different thermodynamics and kinetics [J]. ISIJ International, 2015, 55 (5): 961~969.

[22] 陈家祥. 炼钢常用图表数据手册 [M]. 北京: 冶金工业出版社, 2010: 818.

[23] Fincham C J W, Richardson F D. Sulfur in silicate and aluminate slags [J]. J. Iron Steel Inst., 1954, 178: 4.

[24] Hino M, Kitagawa S, Ban-ya S. Sulphide capacities of CaO-Al$_2$O$_3$-MgO and CaO-Al$_2$O$_3$-SiO$_2$ slags [J]. ISIJ International, 1993, 33 (1): 36~42.

[25] Fujisawa T, Inoue S, Takagi S, et al. Solubility of CaS in the molten CaO-Al$_2$O$_3$-CaS slags and the equilibrium between the slags and molten steel [J]. Tstsu-to-Hagané, 1984, 71 (7): 839~845.

[26] Shiro B Y, Makoto H, Tetsuro K, et al. Sulphide capacity and Sulphur solubility in CaO-Al$_2$O$_3$ and CaO-Al$_2$O$_3$-CaF$_2$ slags [J]. ISIJ Int., 2004, 44 (11): 1810~1816.

[27] Shoji T, Mitsuo T, Hatta Y, et al. Improvement of desulfurization by aluminum addition into hot metal in powdered lime injection process [J]. Tetsu-to-Hagané, 1982, 68 (6): 609~617.

[28] Mukawa S. Effect of Flux composition on the rate of desulfurization of hot metal by CaO-Al$_2$O$_3$ flux [J]. Tetsu-to-Hagané, 2004, 90 (6): 408~413.

[29] Yang J, Kuwabara M, Asano T, et al. Effect of lime particle size on melting behavior of lime-containing flux [J]. ISIJ Int., 2007, 47 (10): 1401~1408.

[30] Takahashi K, Utagawa K, Shibata H, et al. The influence of solid CaO and liquid slag on hot metal desulfurization [J]. ISIJ Int., 2012, 52 (1): 10~17.

[31] Ozawa Y, Mori K. Characteristics of jetting observed in gas injection into liquid [J]. Trans. ISIJ, 1983, 23 (9): 764~768.

[32] Farias L R, Irons G A. A unified approach to bubbling-jetting phenomena in powder injection into iron and steel [J]. Metall. Mater. Trans. B, 1985, 16B (2): 211~225.

[33] Engh T A, Johnston A. Injection of non-wetting particles into melts [C]// Pergamon, New York, 1988: 11~20.

[34] Lanberg D E, Avery S, Nilmani M. The separation of the solids from the carrier gas during submerged powder injection [J]. Metall. Mater. Trans. B, 1996, 27B (5): 773~779.

[35] Liu D, He Q, Evans G M. Penetration behaviour of individual hydrophilic particle at a gas-liquid interface [J]. Advanced Powder Technology, 2010, 21 (4): 401~411.

[36] Sano M, Mori K. Fluid flow and mixing characteristics in a gas-stirred molten metal bath [J]. Transactions of the Iron and Steel Institute of Japan, 1976, 17 (2): 344~352.

［37］　Kolev N I. Multiphase Flow Dynamics 2: Thermal and Mechanical Interactions ［M］. Springer, Berlin, Germany, 2nd edition, 2005.

［38］　Simonin O. Eulerian formulation for particle dispersion in turbulent two-phase flows ［C］∥Fifth work shop on two-phase flow predictions Proc, 1990, LSTM Erlangen, Germany, 156~166.

［39］　Simonin C, Viollet P L. Predictions of an oxygen droplet pulverization in a compressible subsonic coflowing hydrogen flow ［J］. Numerical Methods for Multiphase Flows, FED, 1990, 91: 65~82.

［40］　Simonin O, Deutsch E, Minier J P. Eulerian prediction of the fluid/particle correlated motion in turbulent two-phase flows ［J］. Applied Scientific Research, 1993, 51 （1）: 275~283.

［41］　Camp T R, Stein P C. Velocity gradient and internal work in fluid motion ［J］. J. Boston Soc. Civ. Eng., 1943, 30: 219~237.

［42］　Saffman P G, Turner J S. On the collision of drops in turbulent clouds ［J］. J. Fluid Mech., 1956, 1 （1）: 16~30.

［43］　Higashitani K, Yamauchi K, Matsuno Y, et al. Turbulent coagulation of particles dispersed in a viscous fluid ［J］. J. Chem. Eng. Jpn., 1983, 116 （4）: 299~304.

［44］　Dukhin S S. Role of inertial forces in flotation of small particles ［J］. Kolloid. Zh., 1982, 44 （3）: 431~441.

［45］　Sutherland K L. Physical chemistry of flotation. XI. Kinetics of the flotation process ［J］. J. Phys. Chem., 1948, 52 （2）: 394~425.

［46］　Dai Z, Fornasiero D, Ralston J. Particle-bubble collision models-a review ［J］. Adv. Colloid Interface Sci., 2000, 85 （2-3）: 231~256.

［47］　Oeters F. Metallurgy of steelmaking ［M］. Verlag Stahleisen mbH, Dusseldorf, 1994: 323.

［48］　Engh T A, Lindskogm N. A fluid mechanical model of inclusion removal ［J］. Scand. J. Metall., 1975, 4: 49~58.

［49］　Zhang L, Taniguchi S, Cai K. Fluid flow and inclusion removal in continuous casting tundish ［J］. Metall. Mater. Trans. B, 2000, 31B （2）: 253~266.

［50］　Krishnapisharody K, Irons G A. An extended model for slag eye size in ladle metallurgy ［J］. ISIJ. Int., 2008, 48 （12）: 1807~1809.

［51］　Piero M A, Donald J K. Mass transfer to microparticles in agitated systems ［J］. Chem. Engng Sci., 1989, 44 （12）: 2781~2796.

［52］　Lamont J C, Scott D S. An eddy cell model of mass transfer into the surface of a turbulent liquid ［J］. A. I. Ch. E Journal, 1970, 16 （4）: 513~519.

7 钢包底喷粉元件研制与喷吹系统开发

钢包底喷粉元件是钢包底喷粉精炼新工艺的核心部件,研究设计合理的既能防钢液渗透又能防粉剂堵塞的底喷粉元件结构是实现底喷粉钢液脱硫,乃至脱氧合金化处理的技术关键;喷粉过程中粉气流对喷粉元件内部缝隙产生摩擦和磨损,这又要求喷粉元件工艺的稳定性及使用寿命要适应钢包精炼炉次要求。基于以上章节对喷粉元件内钢液渗透现象、喷粉元件内粉气流输送规律以及粉气流对喷粉元件磨损行为的研究,本研究设计开发了抗渗透、无堵塞、能实现连续稳定喷吹且使用寿命长的钢包底喷粉元件。

另外,由于底部耐火砖狭缝长、缝隙小、压损大等特点使其对粉剂流的气固比、稳定性及可操作性等都有着较高的要求。粉剂流的气固比过高或稳定性差都极易造成透气砖堵塞,并使喷粉系统瘫痪,从而造成很大的安全隐患。目前仅依靠传统顶吹类型的喷粉系统并不能很好解决这一难题,其喷气流量和喷粉速率很难准确稳定调节控制。因此,如何确保粉剂能安全、稳定、高效地通过狭缝型喷粉元件是该新技术开发的关键,也是一大难点。本研究通过对高效载气系统、粉剂脉流整定系统、粉剂定量输送和回收等系统的研究开发,突破了超细狭缝元件中粉剂输送的关键工艺技术,研发一体化喷粉装置控制系统,实现了"喷气—喷粉—吹扫—回收"一键自动控制,确保底喷粉系统的稳定长效运行,粉剂流量调节准确率达90%以上,并具备底吹氩和喷粉双重精炼功能。

7.1 钢包底喷粉元件研制

钢包底喷粉元件主体是由耐火材料制成,上端与钢液直接接触,工作环境恶劣,是钢包使用条件最苛刻的部位。为实现钢包底喷粉精炼新工艺,透气砖必须具备良好的高温耐压强度、耐侵蚀性、抗热震性、高温体积稳定性、操作稳定、透气性好、外形尺寸准确、钢液渗透少、安全性好、吹成率高、使用寿命长等特点[1]。另外,透气砖还要求气孔率低,体积密度高,能够阻止渣、钢渗透,耐钢渣侵蚀性能高[2,3]。

目前,广泛应用于钢包底吹氩工艺的狭缝式透气砖可为新工艺用底喷粉元件材质设计提供参考。狭缝式透气砖是钢包吹氩工艺中最常用的结构形式,喷吹过程要求吹通率高,免吹氧清扫,并且与钢包衬或包底使用寿命同步,这对透气砖的材质提出了较高的要求。透气砖材质选择至关重要,国外炉外精炼用透气砖一般采用镁质、铝质和锆质[4]。目前,国内钢包透气砖的材质主要是烧结镁质、铬镁质、刚玉质、铬刚玉质以及刚玉-尖晶石质等[5,6]。烧结镁质、铬镁质和高铝质透气砖产能小,市场上大多数为铬刚玉质或刚玉-尖晶石质透气砖[7]。这主要是因为钢包透气砖工作面在工作和间歇之间温差较大,常因热震而损毁,而尖晶石相能显著提高透气砖抗热震性[8,9]。前人对透气砖原料的选择、配料方式及成型烧结工艺进行了大量的研究[5,10~14],并取得了较好的成果。

7.1.1 喷粉元件几何参数

钢包底喷粉元件主要由三部分构成,即缝隙式透气砖、蓄气室和粉气流输送管。缝隙式透气砖呈圆台状,外面包一定厚度的金属壳,内部填充耐火材料,其中耐火材料中围绕轴心均匀对称布置着一定数目的缝隙,缝隙为粉气流输送通道,贯穿整个透气砖。透气砖外层金属壳通过法兰连接或者直接焊接在蓄气室上。蓄气室呈倒锥状,对粉气流起到缓冲和流化作用,蓄气室下端为粉气流输送管。

缝隙采用直线缝隙式设计,粉气流通过进粉管进入到蓄气室内,经过蓄气室缓冲作用后由缝隙通道喷射到钢包熔池内部,完成精炼过程。透气砖与钢液直接接触,其缝隙设计不仅决定着喷粉过程的安全性和可行性,而且对粉剂的喷入效率、喷吹过程稳定性以及透气砖寿命都有着重要影响,因此缝隙参数是评价喷粉元件优劣的关键参数,对喷粉成败起着决定性作用。在第2章中,我们给出了缝隙参数、底喷粉元件结构及蓄气室锥角等重要参数的设计理论,此处不再赘述。

7.1.2 喷粉元件材质设计

喷粉元件主要由耐火材料制成,外面包裹着金属壳,上端缝隙式透气砖直接与钢液接触,工作环境恶劣,是钢包使用条件最苛刻的部位,也是钢包底喷粉精炼新工艺中最关键的功能元件。为实现该工艺,透气砖材质必须具备良好的高温耐压强度、耐侵蚀性、抗热震性、高温体积稳定性,制成的喷粉元件必须具备透气性好、外形尺寸准确、抗渗透性强、吹成率高、使用寿命长等特点。另外,透气砖还要求气孔率低,体积密度高。由于钢包底喷粉元件长期经受粉气流的冲蚀磨损,还要求其具有强的抵抗粉气流磨蚀的能力。

透气砖的耐磨性主要取决于材料的组成和结构,具体来说有如下几点:

(1)透气砖是由单一晶体构成的致密多晶时,耐磨性取决于组成材料的矿物晶相的硬度,硬度越高,材质耐磨性越好。

(2)透气砖矿相为非同向晶体时,晶粒越细小,材料的耐磨性越好。

（3）透气砖由多相构成时，还与体积密度或气孔率相关，也与各组分间的结合强度有关。

另外，对常温下某一种耐火材料而言，其耐磨性与耐压强度成正比，烧结良好的耐火材料耐磨性也较好。

刚玉质透气砖制品致密度高，气孔率低；耐火度和荷重软化温度高；制品的晶体结构发育完整、晶粒粗大，化学稳定性好，高温结构强度大，导热性好，抵抗熔渣侵蚀性能力强。考虑到加入适量的氧化铬可以显著改善透气砖的高温使用性能，延长使用寿命，因此选择铬刚玉质材料用作钢包底喷粉元件的材质是较优选择，具体透气砖化学组分及物理性能见表7-1。

表 7-1　透气砖的化学组分及理化指标

项　　目		指　　标
耐火材料组分	$w(Al_2O_3)/\%$	$\geqslant 94.0$
	$w(Cr_2O_3)/\%$	$\geqslant 3.0$
	结合剂/%	2
透气砖物理性能	常温抗压强度（110℃×24h）/MPa	$\geqslant 60$
	高温抗折强度（1500℃×1h）/MPa	>15
	体积密度/g·cm^{-3}	$\geqslant 3.3$
	线变化度/%	0~0.5
	耐火度/℃	>1790

为提高透气砖耐磨性，提高透气砖的硬度、体积密度和降低显气孔率，要求氧化铝质量分数大于94%，且基质中不含氧化镁。因为氧化镁降低了体积密度，增加了透气砖显气孔率，不利于提高透气砖的耐磨性能。

选用微粉作为结合剂，其选取原则是微粉的纯度要高，掺入透气砖中不会带入杂质和增加基质液相量，且能够保证耐火材料较高的高温强度。选用国内质量比较好的特种氧化铝高纯超微粉作为透气砖的主要结合剂，并辅以两种粒度不同的微粉形成合理的微粉级配。

本书提出的钢包底喷粉精炼新工艺用底喷粉元件如图7-1所示，其外形如截头圆锥，外面包裹着不锈钢钢套，冷态实验用底喷粉元件透气砖外层钢套采用法兰通过螺栓与喷粉元件蓄气室连接，如图7-1a所示，以便于定期拆装检查粉剂残余情况；高温实验用底喷粉元件透气砖外层钢套直接焊接在蓄气室上，以保证良好的气密性及使用安全。

图 7-1 研制的钢包底喷粉元件
a—冷态实验用底喷粉元件；b—高温实验用底喷粉元件

7.2 钢包底喷粉装置及控制系统

由于钢包底喷粉元件狭缝长、缝隙小、压损大等工艺特点使其对粉气流的气固比、稳定性及可操作性等都有着较高的要求，目前传统喷吹设备主要针对直径大于 15mm 的大口径顶喷枪，由于其控制精度低、可调节性差、脉动强烈等问题无法满足新工艺超细狭缝型喷粉的要求，因此必须开发出适合钢包底喷粉工艺的新型装置及控制系统。

7.2.1　喷粉装备现状与问题

　　传统喷粉冶金装置的种类较多，如按照粉剂输送方式不同，可以分为压力式输送和旋转叶轮式输送两类。压力式输送主要是利用喷粉罐和载气流间的压力差推动粉剂输送进入管道和冶金反应器。如图 7-2 所示，它主要由喷粉罐、流化室和喷射混合器三部分组成。德国 TN 型、瑞典 SL 型、法国的 IRSID 型、美国 ESMII 都属于此类喷粉装置。精炼粉料装入喷粉罐后，压缩气体分三路进入喷粉装置：一路由顶部进入喷粉罐，形成压力差将物料向下推送；二路由喷粉罐下部锥体进入流化室，主要起流化作用，将物料打散，破坏搭桥；最后一路由喷射混合器进入形成气粉混合流，并被压送至冶金反应器。喷粉速率需要靠喷粉罐与载气流间的压差和出粉喉口面积大小来调节。此类压力式喷粉装置适合密度大、不易挂料的粉剂，且喷粉速率大，粉气比高。但由于压力系统反馈的滞后性，且喷粉管路内压力与出粉量、载气流量和喷射器几何尺寸之间关联的复杂性，很难保证喷粉装置压差的稳定控制，即出粉量的精度控制和稳定性较差，且脉动强烈。因此，对于细小管道内和底喷粉元件内的粉剂输送，一旦出现喷粉脉动过大，很容易造成管道或喷粉元件堵塞。

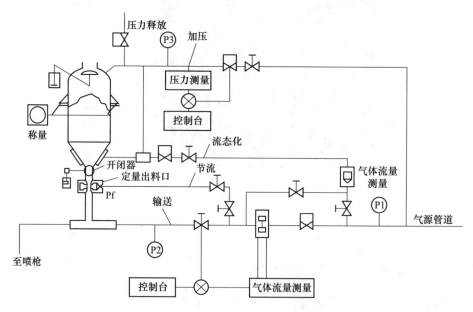

图 7-2　压力式喷粉装置示意图

　　旋转叶轮式喷粉装置最早由日本名古屋制铁所开发成功，后来在新日铁各钢厂推广。如图 7-3 所示，它主要由喷粉罐、流化室和旋转叶轮组成。乌克兰开发的单吹颗粒镁喷吹技术也属于此类。其特点是用叶轮给料控制粉量，在喷吹时保持罐压和粉管压力相等，靠粉剂自重流出，喷粉罐的工作压力无法预先给定，取决于钢液对枪口的静压力和气粉流阻力损失。此类装置出粉量均匀，容易调节，适用于大管道稀相输送，但在高压工况下，粉剂易受出粉口压力波动影响出现断续流，叶轮与壳体间缝隙易漏粉，容易出现大颗粒物卡轮现象，且维护成本高。

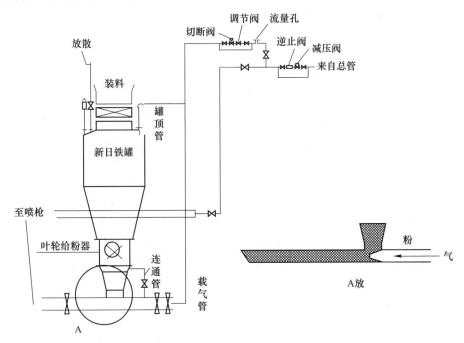

图 7-3　旋转叶轮式喷粉装置示意图

目前此两类喷粉装置均已广泛应用于国内外顶枪喷粉冶炼工艺，如 1985 年宝钢一炼钢引进日本鱼雷罐车内喷吹石灰、萤石的脱硫装置；1998 年宝钢、鞍钢、包钢引进美国 ESMII 公司镁基复合喷吹技术；2002 年太钢二炼钢引进了乌克兰单吹颗粒镁脱硫技术；2004 年本钢引进 Danieli Corus 镁基复合喷吹技术；南钢引进日本 Diamond 公司复合喷吹技术。

目前这些喷吹设备主要针对直径大于 15mm 的大口径的顶部喷枪，但钢包底喷粉元件缝隙尺寸通常小于 0.3mm，对于粉剂输送的稳定性、脉动性和准确性有着更高的要求。因此从喷粉装置稳定性、控制精度和脉动性角度考虑，要开发出适合钢包底喷粉工艺的新型装置及控制系统。首先需要开发稳定的载气流和压力压差控制系统来解决气粉流稳定性差和粉剂堵塞问题；其次需要解决流化压力、流化流量与喷粉速率的匹配问题，进而消除脉流强烈和粉剂断续流；最后需要开发完善的二级控制系统，实现一键自动喷粉，解决粉剂流量精确定量问题。

7.2.2　新型高效载气系统

在钢包底喷粉新工艺中，载气系统不仅是粉剂输送的动力源，而且还承担着钢液搅拌、成分温度调节和夹杂物去除等重要精炼功能。载气系统的较大脉动会引起并加剧喷粉系统的脉动性，甚至堵塞。要实现钢包强吹喷粉、钢液搅拌和软吹去夹杂等精炼多功能切换，需要大的底吹量程范围，即载气系统流量（标态）需要在 20~3000L/min 内精确调节，因此底喷粉精炼新工艺对载气系统的稳定性、流量量程、调节精度都有着较高的要求。

目前钢包底吹控制系统主要采用气体质量流量控制器，其在单独底吹氩气条件下具有精度高、重复性好、稳定可靠等优点。但通过前期大量实验发现，在底喷粉过程中，由于气体质量流量控制器本身有效量程小，无法兼顾载气系统大小流量切换，且喷吹的粉剂流对载体系统的反作用导致强烈脉动性，尤其是在高压强喷粉时，气体质量控制器抗干扰性差，易导致粉剂堵塞和脉动现象。为此，开发了新型喷粉载气系统，采用 V 形槽口的比例调节阀，结合 PID 控制和模糊控制理论，开发了恒流恒压比例调节新系统。其可以根据不同精炼功能，选择定流量变压力控制，或者定压力变流量控制，并结合喷粉和载气系统的相互作用机制，开发出气粉流振荡回稳控制系统，实现了对钢包底喷粉载气系统的精确稳定控制，并具有 20~4000L/min 宽气流量程（标态），兼具了钢包底吹氩和喷粉多重精炼功能（见图 7-4）。

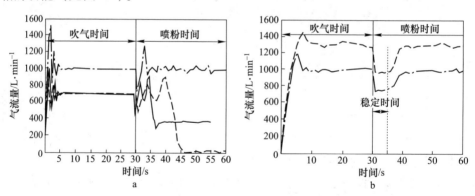

图 7-4　钢包底喷粉过程中原载气控制系统(a)和新型载气控制系统(b)的对比

7.2.3　新型喷吹装置及一体化系统

本研究研发的装置由喷粉罐体、气流平衡系统、流化补偿系统、密封系统、粉剂定量系统、控制监测系统等组成，针对原供气系统量程小和粉剂脉动强的难题，研发了 20~4000L/min 超大量程（标态）高稳定性的 V 形阀自控供气系统，消除了喷粉过程脉动现象；结合载气流量和喷粉流量，开发了"流化自整定"控制系统，解决了流化压力、流化流量与喷粉速率的匹配问题，打破受力平衡，解决了高压输送粉剂两侧堆积和搭桥的问题。设计精确称重模块和喷粉实时计量系统，实时准确监测粉剂喷吹速率。研制了喷粉元件的新型气室和粉剂回收系统装置，解决了喷粉元件内和管道内粉剂残余富集导致堵塞问题。PLC 控制系统为S7-300 系列可编程控制器，其通过工业以太网与上位机交互，接受上位机指令，并向上位机传送采集到的现场工况信息，包括载气流量、喷粉速率、压力、喷粉时间、钢液温度等（见图 7-5）。

图 7-5　开发的钢包底喷粉装置

通过研发一体化喷粉装置控制系统，突破了超细狭缝元件中粉剂输送的关键工艺技术，实现了"喷气—喷粉—吹扫—回收"一键自动控制，确保底喷粉系统的稳定长效运行，实现了在超细狭缝元件中精确调节、连续稳定、安全可靠的输送粉剂，粉剂流量调节准确率达 90% 以上，并具备底吹氩和喷粉双重精炼功能。

7.3　钢包底喷粉精炼冷态实验

冷态实验不仅是检验钢包底喷粉精炼新工艺喷粉元件、喷粉设备及喷吹系统可靠性和稳定性的有效手段，而且通过冷态喷粉实验还可以有效掌握喷吹工艺参数的影响规律，为进一步应用和推广奠定基础。因此，基于实验室研究工作，我们对钢包底喷粉精炼新工艺开展了冷态实验。

采用上述底喷粉精炼新工艺喷粉系统对三组喷粉元件进行冷喷实验，考察喷粉元件喷吹稳定性。各底喷粉元件参数及喷吹工艺参数见表 7-2，开发的 A、B两组喷粉元件目标是应用于 2t 中频感应炉，C 组底喷粉元件目标是应用于 45t 钢包工业实验，因此底喷粉元件在形状和尺寸上存在一定差别。冷态实验条件下，选取 $28\mu m$（600目）的 CaO、Al_2O_3 和 SiO_2 的混合渣料粉末，其堆积密度为 $640kg/m^3$，采用氮气作为载气体，进行空喷实验。

表7-2　冷态实验喷粉元件及喷吹工艺参数

项　　目		喷粉元件 A	喷粉元件 B	喷粉元件 C
喷粉元件参数	上底面直径 ϕ_1/mm	60	60	110
	下底面直径 ϕ_2/mm	80	80	150
	透气砖高度 H_0/mm	120	150	380
	缝隙条数 $n/$条	20	24	40
喷吹工艺参数	喷吹气体成分	氮气		
	粉剂种类及粒度	混合渣料粉剂，$28\mu m$（600目）		
	吹气量（标态）$Q/L \cdot min^{-1}$	30~400	50~500	100~1000
	喷粉速率/$kg \cdot min^{-1}$	0.2~2	0.5~2	0.75~5

根据各组喷粉元件具体工艺参数要求，对喷粉元件进行冷喷测试，具体实验步骤如下：

（1）检查连接管路，检测控制系统，接通电源，向喷粉罐中加入 $28\mu m$（600目）混合渣料粉剂 50kg。

（2）喷吹开始，接通主气路，采用变压恒流方式供气，确保喷吹过程中不因管路阻力、透气砖压损、粉剂加入等因素的影响而导致喷吹流量的改变，此时供粉系统仍处于关闭状态。

（3）供气量稳定，开启供粉系统，根据表7-2中透气砖参数及喷吹工艺要求，调节喷粉速率和吹气量，喷粉开始。

（4）喷粉过程中全程录像，记录不同时刻各工艺条件下喷粉元件的喷吹效果。

（5）喷粉结束，先关闭供粉系统阀门，保持主气路供气状态，待喷粉元件无粉剂喷出时，关闭主气路。

实验考察了三组底喷粉元件在冷态实验条件下空喷效果，图7-6分别给出了各底喷粉元件的喷吹效果图。从图上可以看出，本研究研发的钢包底喷粉元件，配合自主开发的钢包底喷粉系统实现了连续、稳定喷吹，喷吹过程无粉剂堵塞管路或喷粉元件的现象发生。同时，吹气量易于调节，喷粉量连续可控，为进一步推进钢包底喷粉精炼新工艺的热态实验做准备。

图7-7为喷粉系统喷吹混合渣料粉剂 10min 后，喷粉总量的理论值与实测值的对比，其中喷吹粉剂为 $28\mu m$（600目）的 CaO、Al_2O_3 及 SiO_2 的混合渣料粉末，

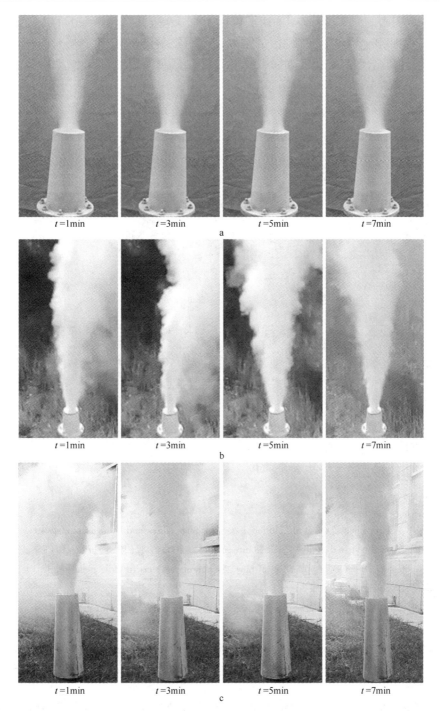

$t=1$min　　　　$t=3$min　　　　$t=5$min　　　　$t=7$min

a

$t=1$min　　　　$t=3$min　　　　$t=5$min　　　　$t=7$min

b

$t=1$min　　　　$t=3$min　　　　$t=5$min　　　　$t=7$min

c

图 7-6　不同时刻底喷粉元件冷喷实验效果

a—喷粉元件 A；b—喷粉元件 B；c—喷粉元件 C

粉剂的堆积密度为 0.64kg/m³。由图可见，除了在较低喷粉速率下的误差有所偏大外，喷粉量的实际值与理论值的整体误差率控制在 8.3% 内，喷粉的理论出粉量与实测值吻合较好，该底喷粉系统可实现连续稳定供粉，为钢包底喷粉高温热态和工业实验奠定了基础。

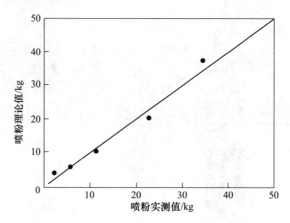

图 7-7　喷粉系统喷吹粉剂 10min 后喷粉总量的理论值与实测值的对比

综上所述，研究开发的新型装置具备手动、自动控制、粉剂定量连续调节、粉气流快速切换、安全保护等多种功能；克服了目前传统喷吹工艺系统无法满足该新工艺要求的难题，实现了超细狭缝元件中精确调节、连续稳定、安全可靠的输送粉剂。粉剂流量调节准确率达 90% 以上，并具备底吹氩和喷粉双重精炼功能，为钢包底喷粉新工艺的工业应用提供了保障。

参 考 文 献

［1］ Li B, Yin H, Zhou C Q, et al. Modeling of three-phase flows and behavior of slag/steel interface in an argon gas stirred ladle ［J］. ISIJ International, 2008, 48 (12): 1704~1711.

［2］ Chaudhuri S, Stein D. Application of new gas purging systems in ladle metallurgy ［J］. Interceram, 1992, 41 (5): 313~316.

［3］ Ouchi T. Wear and countermeasures of porous plugs for ladle ［J］. Taikabutsu Overseas, 2001, 21 (4): 270~275.

［4］ Jia Q L, Ye F B, Zhang Y C. Fabrication, microstructure and properties of nitrides bonded alumina ccstables by in situ nitridation reaction ［J］. Advanced Materials Research, 2011, 284: 69~72.

［5］ 张继国, 杨勇, 刘永杰. 长寿型透气砖的生产和性能改进 ［J］. 现代技术陶瓷, 2004 (2): 19~22.

［6］ 岳卫东, 聂洪波, 李继伟, 等. 大型精炼钢包用刚玉-尖晶石质透气砖的研制与使用 ［J］.

耐火材料，2005，39（6）：442~444.

［7］ 王龙，马武，刘劲松，等. 环形狭缝式透气砖的研制与应用［J］. 耐火材料，2007，41（6）：446~448.

［8］ 熊飞，岳卫东，韩玉明. 新型长寿命低温处理透气砖的研制及应用［J］. 硅酸盐通报，2009，6（28）：613~618.

［9］ Braulio M A L, Bittencourt L R M, Pandolfelli V C. Selection of binders for in situ spinel refractory castables［J］. Journal of the European Ceramic Society, 2009, 29（13）: 2727~2735.

［10］ Mukhopadhyay S, Poddar P K D. Effect of preformed and in situ spinels on microstructure and properties of a low cement refractory castable［J］. Ceramics International, 2004, 30(3): 369~380.

［11］ 寇志奇，范天元，张立明，等. 狭缝式透气砖的研制与应用［J］. 耐火材料，2001，35（2）：92~94.

［12］ Ko Y C. Influence of the total fines content on the thermal shock damage resistance of Al_2O_3-spinel castables［J］. Ceramics International, 2001, 27（5）: 501~507.

［13］ 周卫胜，焦兴利，刘前芝，等. 钢包透气砖在生产中的应用［J］. 安徽冶金科技职业学院学报，2004，16（2）：13~16.

［14］ 王会先，禄向阳，窦景一，等. 基质对刚玉透气砖抗渣性能的影响［J］. 耐火材料，2000，34（5）：268~271.

8 钢包底喷粉高温热态和工业实验

L-BPI 工艺应用和推广的技术保障是其可靠性与应用可行性,为此,需要在实验室理论与实验研究的基础上,进行高温热态实验和中间规模工业现场试验,重点研究考察研制的钢包底喷粉元件的工作状态、喷粉工艺参数对喷粉元件工作状态及效果的影响规律,并对底喷粉元件和喷吹参数进行进一步完善,为钢包底喷粉的工业化推广奠定基础。

8.1 钢包底喷粉热态实验

选择 1.5t 容量的感应炉模拟钢包,选择 CaO 基混合渣料粉作为脱硫剂,并通过自行研制的喷粉元件和喷吹系统喷入感应炉内进行脱硫反应。通过每间隔一定时间取出钢样,分析钢样中的硫元素组分变化规律,得出不同条件下的脱硫效率,为数值模型结果验证提供基础,并为工业试验积累数据和经验。具体实验步骤如下:

(1) 实验前,需要为 1.5t 中频感应炉砌炉按照图 8-1 所示,将喷粉元件安装到炉底中心位置,并进行砌炉。砌炉要求紧密、细致、保证良好的结合性,砌炉完成后,用石墨电极大载荷加热 30min,观察有载荷状态下透气砖与炉底耐材的结合状况。停电测量透气砖与连接管道的温度,观察透气砖与炉底的烧结结合状态,如是否出现膨胀、裂缝现象。需用玻璃水、细镁砂对裂缝处进行灌注、补炉护炉。

(2) 砌炉后,连接气管路,开通各个阀门确保管道无漏气现象,保证吹氩正常运行。通过触摸屏控制各个阀门部件,并设定系统为恒流变压供气,即喷粉罐系统可根据该工艺中透气砖的阻力、供粉量、钢水静压力等参数来自动调节工作压力以保持系统恒定流量吹氩。

(3) 将废钢和渣料加入感应炉中,开启感应装置加热熔化废钢和渣料,每间隔 10min 对炉底透气砖进行一次观察,观察是否有漏钢或者有金属过热状态。废钢全部熔化后(见图 8-2),测量钢水温度和熔池深度,待达到冶炼要求后,把铝粒加入渣圈中心进行脱氧,并开启吹氩装置加速熔池成分温度混合均匀,2min 后,调小吹气量后进行取样分析作为底喷粉前的初始冶炼条件。

(4) 开启底喷粉设备控制系统、调节喷粉流量和吹氩流量,开启自动控制

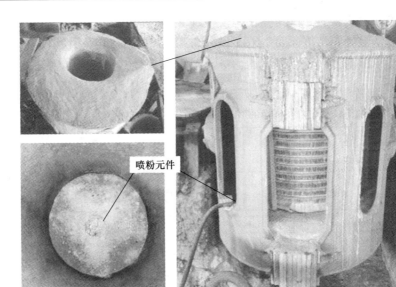

喷粉元件

图 8-1　1.5t 感应炉底喷粉实验装置示意图

图 8-2　1.5t 感应炉废钢熔化照片

按钮，让系统自动监控运行。在喷粉过程中，观察喷吹情况，喷粉时间控制在 6min，每隔 3min 取样一次。

（5）喷粉结束后，关闭喷粉阀门，并继续保持吹氩状态，吹氩流量控制在 10L/min，用来均匀成分温度，并利用气泡去除夹杂物。待冶炼结束后，关闭吹氩口，组织出钢，经过扒渣处理后，将钢水倒入模中铸块。

本研究在 1.5t 感应炉中共进行了 3 炉次底喷粉高温热态实验，其中喷粉时所用的载气流量（标态）为 50L/min；为了达到较好的脱硫效果，冶炼顶渣采用实际工业生产用的预熔渣系，加入量为 30kg，其成分见表 8-1，喷吹粉剂为加工达到 28μm（600 目）的还原预熔渣料，喷粉速率为 0.75kg/min，喷粉时间为

6min，即喷粉量为 3kg/t。在废钢熔化后，加入铝块脱氧，吹气搅拌 2min 后进行首次取样作为底喷粉冶炼前的初始成分，见表 8-2。由表可见，这些钢水中 [S] 含量均在 0.023% 以上，[Al] 初始含量达到 0.048% 以上，为喷粉脱硫创造了良好的还原条件。

表 8-1　1.5t 感应炉所用的顶渣和底喷粉剂中各组分含量 　　　（质量分数，%）

Al₂O₃	SiO₂	CaO	S	CaF	FeO	MnO
21.32	6.12	57.62	0.08	13.07	1.23	0.12

表 8-2　1.5t 感应炉中底喷粉初始时钢液中各组分含量

项目	钢液组分/%					喷粉速率 /kg·min⁻¹	温度/K
	Al	Si	Mn	C	S		
组 1	0.048	0.258	0.673	0.372	0.0323	0.75	1836
组 2	0.063	0.226	0.627	0.305	0.0267	0.75	1830
组 3	0.052	0.252	0.608	0.354	0.0238	0.75	1828

表 8-3 为开始底喷粉脱硫 3min 后，进行的第二次取样，由表可见，铝含量和硫含量均迅速降低，钢液中 [C] 含量也有所降低，而其他成分变化较小。这是因为在底喷粉时，炉中粉剂与钢液接触后，快速脱硫并消耗了钢液中 [Al]，见反应式（8-1）。另外，由于在钢液液面处形成了较大的渣圈区域，如图 8-3 所示，在渣圈区域内，高温钢液和空气直接接触，空气中的氧会被钢液吸收，并氧化钢中 [Al]、[C]、[Si] 等较强还原组分，见反应式（8-2）~式（8-5）。

表 8-3　1.5t 感应炉中底喷粉 3min 时钢液中各组分含量

项目	钢液组分/%					喷粉速率 /kg·min⁻¹	温度/K
	Al	Si	Mn	C	S		
组 1	0.028	0.256	0.671	0.332	0.0161	0.75	1834
组 2	0.039	0.226	0.628	0.280	0.0108	0.75	1827
组 3	0.032	0.250	0.060	0.312	0.0105	0.75	1827

$$[Al] + [S] + (O^{2-}) = (S^{2-}) + (Al_2O_3) \qquad (8\text{-}1)$$

$$\frac{1}{2}O_2(g) = [O] \qquad (8\text{-}2)$$

$$2[Al] + 3[O] = Al_2O_3 \qquad (8\text{-}3)$$

$$[C] + [O] = CO(g) \qquad (8\text{-}4)$$

$$[Si] + 2[O] = SiO_2 \qquad (8\text{-}5)$$

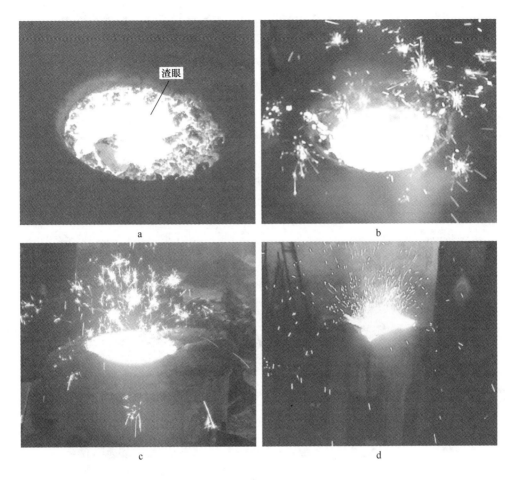

图 8-3 喷粉前后熔池行为对比

a—喷粉前熔池俯视图；b—喷粉过程熔池俯视图；c—喷粉过程熔池侧视图；d—喷粉过程熔池主视图

表 8-4 为脱硫结束后，进行的第三次取样，由表可见，经过 6min 后的喷粉脱硫，钢液中［S］和［Al］含量已经降低到较低水平，在感应炉中底喷粉量为 3kg/t 时，不同炉次中钢液中去除［S］含量为 0.018% ~ 0.021%，即脱硫率为 63.4% ~ 76.1%。可以看出在感应炉中脱硫率略有偏低，这主要是因为 1.5t 感应炉规模相对钢包规模仍明显偏小，在同样的底喷粉模式条件下，感应炉所形成的渣圈尺寸过大，如图 8-4 所示；在钢液湍流作用下，渣圈内发生了强烈的氧气吸收和氧化反应，过多消耗了钢液中［Al］含量，提高了钢液氧势，这些都对脱硫效果造成了不利影响。

在感应炉上完成喷粉实验后，对服役底喷粉元件进行分析，考察喷粉元件内粉剂残余情况、钢液渗透情况以及耐火材料侵蚀情况。图 8-5 给出了底喷粉元件高度方向上不同截面解剖图，底喷粉元件高度为 150mm，图 8-5a 为底喷粉元件顶部，其直接与钢液接触，从图上可以看出，服役透气砖顶部被熔渣覆盖，透气砖表面发生侵蚀；底喷粉元件不同截面照片显示，本研究设计的喷粉元件缝隙内未发生钢液渗透，缝隙通透且无粉剂残余，喷粉元件工作状况良好。

表 8-4　1.5t 感应炉中底喷粉 6min 时钢液中各组分含量

项目	钢液组分/%					喷粉速率 /kg · min^{-1}	温度/K	脱硫率/%
	Al	Si	Mn	C	S			
组 1	0.015	0.252	0.673	0.308	0.0117	0.75	1833	63.4
组 2	0.025	0.212	0.626	0.245	0.0084	0.75	1826	68.5
组 3	0.024	0.247	0.610	0.289	0.0057	0.75	1824	76.1

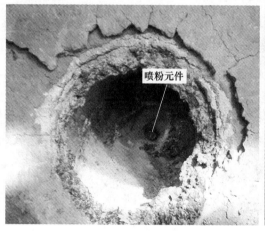

图 8-4　喷粉元件从感应炉底部拆出过程

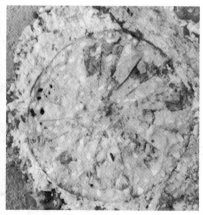

a　　　　　　　　　　　　　　　b

c

图 8-5 服役透气砖不同高度截面钢液渗透、侵蚀和粉剂堵塞图

a—$z=150$mm；b—$z=140$mm；c—$z=130$mm

　　本研究进一步分析了底喷粉元件受钢液和熔渣的侵蚀行为，服役喷粉元件解剖结构如图 8-6 所示。从图上可以看出，服役透气砖与钢液接触端出现一条明显

10mm

侵蚀线

10mm

图 8-6 钢液侵蚀底喷粉元件剖析图

的侵蚀线，侵蚀线前端耐火材料发生了变性，其硬度和强度都发生变化，工作过程中易脱落；三炉次喷粉实验结束后，磨损线深度约9.3mm，可估算透气砖侵蚀速率为3.1mm/炉次。本研究开发的用于45t钢包的喷粉元件透气砖高度为380mm，其服役寿命大于80炉次，满足钢包底喷粉精炼新工艺的使用要求。

8.2　钢包底喷粉工业实验

　　由于钢包底喷粉元件长期经受粉气流的磨损，还要求其具有强的抵抗粉气流磨蚀的能力。在1.5t感应炉热态试验的基础上，研发了用于45t钢包工业级试验的底喷粉元件，如图8-7所示，其中狭缝缝隙宽度0.18mm，缝隙条数为30条，透气砖高为500mm。图8-8所示为研制的用于工业级钢包底喷粉的装置及自动控制系统，该装置由喷粉罐体、气流平衡系统、流化补偿系统、密封系统、粉剂定量系统、PLC控制监测系统等组成。改进了喷粉元件参数和喷吹控制系统，针对钢包底部透气砖渗钢共性难题，开发了循环冷却控压防渗漏装置，解决了由渗钢造成的堵塞难题。研

图8-7　45t钢包底喷粉元件

发了"喷气—喷粉—吹扫—回收"一键自动控制，确保底喷粉系统的稳定长效运行机制。

图8-8　工业级钢包底喷粉的装置及自动控制系统

　　图8-9为针对底喷粉元件的粉气流均匀性难题开发的配套导流气室，缝隙占

比率提高 25 倍，大大减小透气砖进粉阻力，显著提高粉剂流的均匀性和过粉量。供粉压力（阻力）减小 27%，冷态粉剂无堵塞率提高至 99%。

采用本研究研发的喷粉元件和自动化喷粉装置在 45t 钢包的底喷粉工业试验过程如图 8-10 所示，主要包含：红包出钢—测温取样—钢包底喷粉—测温取样—连铸等工序。在 45t 钢包中共成功进行了 60 余炉次底喷粉热态试验，其中喷粉时所用的载气流量为 400~600L/min（标态），脱硫粉剂平均粒度为 23μm，喷粉速率为 2.0~3.0kg/min，喷粉时间为 8~12min，喷粉过程平均温降为 27℃，温降速率约为 2.7℃/min。底喷粉与原单独底吹搅拌时相比钢液温降速率变化不大，可见，喷吹粉剂造成的

图 8-9 新型喷粉导流气室

图 8-10 45t 钢包底喷粉工业试验过程

a—红包出钢；b—测温取样；c—钢包底喷粉；d—送至连铸区

物理吸热和反应吸收相比钢包炉衬和渣层散热对钢液温度影响较小。钢包底喷粉过程中的钢液界面情况如图 8-11 所示，喷粉试验前后钢液成分变化的部分取样测量结果见表 8-5。由此可见，经过底喷粉脱硫后，钢液中硫质量分数可由 0.031% 左右降至 0.007%，且随着喷粉量和喷粉时间的增加，脱硫效果增强。

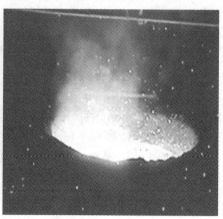

图 8-11　底喷粉过程中的钢液界面情况

表 8-5　喷粉试验前后钢液成分

喷粉速率 /kg·min⁻¹	喷粉时间	成分（质量分数）/%				
		C	Si	Mn	P	S
2.1	初始	0.224	0.552	1.268	0.025	0.027
	10min	0.213	0.490	1.300	0.026	0.008
2.4	初始	0.273	0.509	1.429	0.022	0.029
	10min	0.269	0.478	1.478	0.023	0.009
2.7	初始	0.252	0.448	1.524	0.020	0.031
	12min	0.247	0.401	1.513	0.022	0.007

8.3　问题与展望

目前钢包底喷粉成功实施了 60 余炉次的 45t 钢包工业试验，连续喷粉突破 6 炉，解决了渗漏、堵塞、安全、稳定、高效等关键技术问题。但仍有一些问题需要进一步研究解决：

（1）喷粉元件狭缝渗钢问题。狭缝砖理论不渗漏条件为缝隙宽度小于 25μm，目前钢厂用常规透气砖狭缝宽度一般在 0.15~0.25mm 之间，狭缝型喷粉元件缝隙宽度小于 0.3mm。因此，透气砖渗钢现象几乎不可避免，尤其是在气体停吹后，气室压力突降，极易发生钢液渗漏，造成狭缝冷凝夹钢。目前钢铁企业主要依靠透气砖反烧吹氧来消除透气砖顶部的夹钢层，但效果不甚理想，这也是造成底喷粉工艺无法连续喷吹突破更多炉次的原因。

（2）喷粉速率低的问题。基于安全因素考虑，底喷粉元件常用狭缝宽度小于0.3mm的狭缝型耐火砖。由于其狭缝长、缝隙小、压损大等特点，目前底喷粉稳定输出只能达到4kg/min的喷粉速率。这对于大吨位钢包的深脱硫需求来说是不足的，需要开发新型喷粉元件来满足更高的底喷粉速率。

目前研究团队正在进一步推进钢包底喷粉的工业化应用，并取得了一些重要进展和成效。针对透气砖狭缝渗钢问题，开发了新型控压控流装置，该装置由控压、控流、节流三个模块单元组成，在不影响现有操作工艺条件下，可有效自动调节气流压力和流动方向，可实现吹氩时自动储气，停吹时自动补气，使透气元件保持全程微正压，有效地防止了钢液和熔渣渗入透气砖狭缝。目前已经成功实现了工业应用，如图8-12所示。渗钢深度由原来30mm以上降至1mm之内，消除了透气砖的渗钢现象，免氧气清扫工序，从而为底喷粉连续喷吹更高炉次奠定了坚实基础。另外，已开发了应用于260t钢包的集疏管型底喷粉元件，正在推进喷粉速率大于30kg/min底喷粉工业试验。

图8-12 钢包防渗漏装置安装图

L-BPI工艺属于一项原创新性技术，其成功开发及应用，不仅给钢铁行业提供了一项新的精炼技术，改变了长期依赖引进、跟踪、模仿的局面，而且对钢铁生产流程的变革和节能减排有深远影响。此工艺实现应用将克服传统铁水预处理存在铁损大、转炉回硫、搅拌器或喷枪污染，以及传统的LF钢包炉脱硫工艺存在处理时间长、消耗大等问题，不仅可以实现不用铁水预脱硫而实现低硫钢和超低硫钢的生产，而且也为取消LF炉长时间深脱硫处理开辟了一条新途径，从而大幅度提升洁净钢的生产效率。L-BPI工艺技术将依据不同冶炼钢种及冶炼工艺要求，制定实施不同长流程或短流程的工艺制度，合理配置钢包底喷粉新工艺和钢铁企业现有的脱硫工艺的调节制度，确保生产钢种的资源效率最优化。如通过与 RH 结合形成 RH-BPI 工艺（见图 8-13），可使底喷粉工艺更加高效化和多功能化（去除杂质元素和夹杂物、脱氧合金化、调整成分、均匀温度和成分等），将对高端产品的高效化、低成本生产产生极其重要的影响。

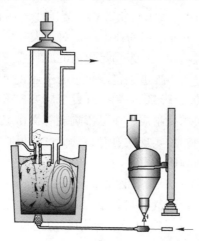

图 8-13　RH-BPI 工艺示意图

索　引